北京市高等教育精品教材

过程控制装置

GUOCHENG KONGZHI ZHUANGZHI

第四版

◎ 张永德 编著

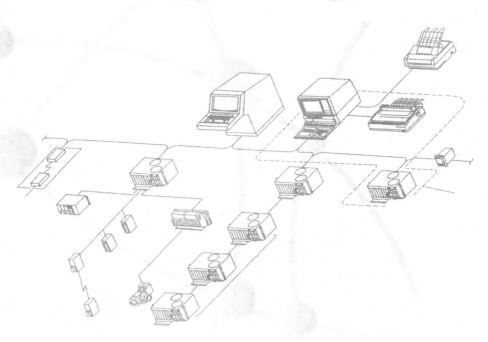

化学工业出版社

·北京·

本书是北京市高等教育精品教材《过程控制装置》的第四版。从过程控制装置的构成原理、结构特点、线路分析、工程应用等重点内容出发，精选素材，侧重介绍可编程逻辑控制器、数字式仪表、集散控制系统、现场总线、气动调节阀的相关技术及应用。基于强化基础、突出应用的理念，注重理论联系实际，注重工程性和系统性的平衡。每章的最后配备了习题和思考题，方便学生学习和复习。

本书可作为本科院校、高职高专院校自动化专业、测控技术专业及仪器专业的教学用书，亦可供从事过程控制系统设计和维护的工程技术人员参考。

图书在版编目（CIP）数据

过程控制装置/张永德编著 . —4 版 . —北京：化学
工业出版社，2017.8（2020.9 重印）
北京市高等教育精品教材
ISBN 978-7-122-29552-1

Ⅰ.①过…　Ⅱ.①张…　Ⅲ.①化工过程-过程控制-
控制设备-高等学校-教材　Ⅳ.①TQ056.2

中国版本图书馆 CIP 数据核字（2017）第 088301 号

责任编辑：刘　哲　　　　　　　　　　装帧设计：张　辉
责任校对：王　静

出版发行：化学工业出版社(北京市东城区青年湖南街 13 号　邮政编码 100011)
印　　装：北京虎彩文化传播有限公司
787mm×1092mm　1/16　印张 18¾　字数 494 千字　2020 年 9 月北京第 4 版第 2 次印刷

购书咨询：010-64518888　　　　　　售后服务：010-64518899
网　　址：http://www.cip.com.cn
凡购买本书，如有缺损质量问题，本社销售中心负责调换。

定　　价：49.00 元

前　言

　　《过程控制装置》作为北京市高等教育精品教材，不断跟踪国内外过程控制装置制造和应用的最新动态，围绕基本理论和基本知识，不断充实、完善教材内容，为培养合格的学生、造就创新的人才添砖加瓦。

　　本书共分六章：第一章总论，第二章可编程逻辑控制器，第三章数字式仪表，第四章集散控制系统，第五章现场总线，第六章气动调节阀。

　　本书在第三版的基础上，对原书的第一章和第二章进行了整合梳理，归纳组合成新的第一章。第二章为新增内容可编程逻辑控制器，围绕重点产品进行了硬件和软件的描述。第三章对原有的内容进行裁剪、改造、瘦身，蜕变成新的章节。第四章删掉了一半原有内容，添加了浙大中控 ECS700 的素材，打造新的面目。第五章和第六章成熟内容，进行了保留。综上所述，第四版《过程控制装置》，从控制装置的原理、结构、应用、操作，各方面内容安排比例适中，在可读性、技术性、实用性诸方面具有更大的权重。本书是北京化工大学多年来教学理念和教学实践的积淀，具有一定的特色，特别适合作为本科院校和高职高专院校相关专业的教学用书，欢迎选用。

　　本书打破同类教材多年的编写习惯，强调气电合一、模和数合一、多种控制装置集合应用的特点，萃取精华，压缩学时，以便适应不断发展的新形势的需求。本书具有起点高、信息量大、实用性强的特点，可以作为控制系统设计、运行和维护的工程技术人员的参考用书。

　　在本书第四版编写工作中北京化工大学赵立强博士提供了部分资料，在此表示衷心感谢。

　　鉴于作者的水平，书中不妥之处在所难免，恳请专家和读者批评斧正。

编者

2017 年 5 月

目　录

第一章 总 论

生产过程是在一定的条件下进行的，因此需要对相关的参数进行控制。图 1-1 是一个储罐液位手动控制系统。稳态时，单位时间的流入量和流出量相等，储罐的液位恰好维持在生产所要求的高度上。假如工况的变化使流出量增加了，导致储罐的液位下降，为了使储罐的液位保持在既定的目标上，操作人员必须根据液位的变化情况和生产所要求的液位进行比较，做出相应的判断，开大进料阀，使储罐的液位重新保持在要求的高度上。上述操作过程由人工完成，称之为人工调节。

所谓自动化就是采用过程控制装置，部分或全部地取代人，对生产过程进行自动控制。

在上例中，只要给储罐安装变送器、调节器，并把进料阀换成执行器，就可以实现液位的自动控制，如图 1-2 所示。变送器把检测的储罐液位转换成标准的测量信号（称之为被调参数）送给调节器，调节器把测量信号和给定信号（要求的液位高度）进行比较，其偏差信号经过运算后转换成输出信号，控制执行器去改变储罐的流入量，从而使储罐液位保持在要求的高度上，实现了自动控制。

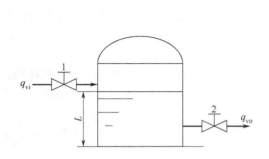

图 1-1　储罐液位手动控制系统示意图

q_{vi}—物料的流入量；q_{vo}—物料的流出量；

L—储罐的液位；1—进料阀；2—出料阀

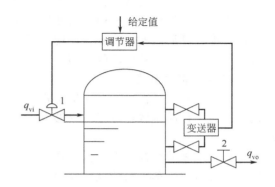

图 1-2　储罐液位自动控制系统示意图

1—执行器；2—出料阀

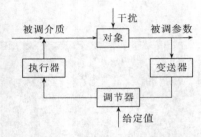

图 1-3　自动控制系统的方框图

从上述液位控制系统的分析中可以看出，一个自动控制系统一般是由对象、变送器、调节器和执行器构成的，方框图如图1-3所示。其中对象是需要调节其工艺参数的生产设备；变送器是检测工艺参数并把它转换成标准统一信号的检测装置；调节器是把变送器送来的测量信号和给定信号进行比较的偏差信号，按照预先设定好的调节规律进行运算之后，转换成标准统一信号的控制装置；执行器是把调节器的输出信号转换成直线位移或角位移，控制阀门开度的执行装置。

当然一个自动控制系统，除了这些基本的仪表装置之外，根据需要还可设有显示、转换、计算、辅助、给定装置等。这些形形色色的仪表就是过程控制装置。

第一节　过程控制装置的分类与发展

一、分类

1. 按能源形式分类

可以分为气动仪表、电动仪表、液动仪表和混合式仪表。目前电动仪表使用最为广泛。

气动仪表采用 $1.4 \times 10^2 \, kPa$ 的气压信号作为能源，20世纪40年代起就用于工业生产，由于结构简单、工作可靠、本质防爆、易于维修等特点，时至今日仍有使用。

电动仪表采用交流电源或直流电源作为能源，虽然只有50多年的历史，但是信号无滞后，易于远距离传输，易于集中显示和操作，便于和计算机连用等，使之获得日新月异的发展。尤其是防爆技术的解决、元器件的更新换代，使电动仪表的应用更加广泛。

2. 按信号形式分类

可以分为模拟式仪表和数字式仪表。目前模拟式仪表和数字式仪表均有使用，无疑数字式仪表的使用越来越广泛。

模拟式仪表的传输信号通常为连续变化的模拟量，如气压信号、电压信号、电流信号等，这种仪表大都线路简单、工作可靠、抗高频干扰能力强。由于生产、使用的历史较长，无论是制造者还是使用者都积累了丰富的经验。

数字式仪表的传输信号通常为断续变化的数字量，如脉冲信号、频率信号，这种仪表功能多样、编程灵活、安全可靠、使用方便，除了具有常规的算法之外，还能实施许多复杂的算法，因此受到越来越广泛的欢迎。

3. 按结构形式分类

可以分为基地式仪表、单元组合式仪表、组装式综合控制装置、集散控制系统和现场总线控制系统。目前集散控制系统和现场总线控制系统的使用非常普遍，是今后发展的主流趋势。

基地式仪表的结构是把测量、指示、记录、调节等均放在一个表壳中，结构简单，价格低廉，比较适用于单参数的就地控制。

单元组合式仪表的结构是根据检测和控制系统中各环节的不同功能和使用要求，将整套仪表划分成若干单元，各单元之间采用统一的标准信号联系，经过不同的搭配，就可以构成各种复杂程度不同的自动检测控制系统。单元组合式仪表通用性强，使用灵活，适用于多种工业参数的检测和控制。

组装式综合控制装置的结构分成两大部分：一是控制柜，二是操作台。控制柜内设有若干组件箱，每个组件箱内又可以插入若干组件板，组件板采用高密度安装，插接方便，由于采用矩阵端子接线方式，所以改装非常容易。操作台利用数字逻辑技术、顺序控制技术、CRT 显示技术进行集中显示和操作，不但缩小了体积，而且改善了人机联系，更加易于操作和监视。组装式综合控制装置以成套装置的形式提供给用户，简化了工程，缩短了安装时间，方便了用户，在化工、电站等部门的自动控制系统中使用较多。

集散控制系统的结构大体分成三部分：过程控制装置、人机接口装置、通信网络。它对生产过程采用微处理机进行分散控制，而全部信息经过通信网络送到人机接口装置上，人机接口装置对各个分散系统进行监控，操作人员通过人机接口装置进行集中监视、操作和管理，便可综观全局，进行整合运作。整个装置的特点是功能分散、负荷分散、危险分散，操作集中、显示集中、管理集中，呈现出分散和集中的理念。

现场总线控制系统的结构大体分为两部分：现场总线和现场总线装置。现场总线是连接现场总线装置和自动化系统的数字式、双向传输多分支结构的通信网络，现场总线装置是包括变送器、执行器、服务器和网桥、辅助装置、监控装置在内的智能型节点装置。现场总线控制系统的通信网络是开放性互连网络，信号的传输全部实现了数字化，系统的结构达到了彻底的分散化。现场总线装置具有互操作性，不同厂家的产品可以互连、互换，也可以统一组态，在技术和标准上实现了全部开放的原则。

二、发展

过程控制装置经历了自力式、基地式、单元式、集散式和总线式几个发展阶段。生产的发展对过程控制装置不断提出新的需求，促使它向更完善的方向转化。随着工业部门大型、高效率、临界参数的新型生产设备相继涌现，对过程控制装置提出了更高的要求。

① 控制功能多样化。按照生产设备运行的要求，不但要有各种反馈控制功能和新的控制策略，还要有顺序控制、程序控制和联锁保护。

② 系统要易于功能扩展。由于生产工艺的改进，要求自动控制系统能够从简单到复杂逐步改进，以便适应生产工艺的需求，这就要求过程控制装置能够灵活地构成小、中、大规模不同的控制系统，使之具有良好的扩展性。

③ 高质量、高可靠性。由于现代化的大型工业设备很多是在临界状态下工作，因此对自动控制系统的可靠性提出了极苛刻的要求，不仅要求过程控制装置本身高质量、高可靠性，而且要求控制系统也需要严密的安保措施，一旦系统发生问题，能够迅速判断故障所在，及时采取有效措施，防止事故进一步扩大。

④ 操作简单易行。随着大型、高效率、临界工艺设备的出现，自动控制系统越来越庞大复杂，所用的过程控制装置也越来越多，增加了操作人员监视和操作的负担，万一出现事故也难于应付。为了改善操作条件，需要将各个领域的最新技术加以综合利用。

⑤ 解决系统安装工程问题。制造厂不但要生产单件仪表，而且要考虑系统安装工程问题，使整套自动控制系统在制造厂预先集成，既可以减轻设计和安装单位的工作量，又可以加速基建周期，节约安装费用。

为了适应上述这些要求，新型的过程控制装置不断涌现，质量不断完善，性价比不断提高，过程控制装置的变革，在深度和广度方面都将超过以往的历史，开创一个新的纪元。

第二节　过程控制装置的信号制和传输方式

自动控制系统中使用的各类过程控制装置，有的安装在现场设备或管道上，比如变送器和执行器；有的安装在控制室，比如调节器、记录仪和运算器等。为了把这些过程控制装置连接起来，构成功能各异的控制系统，在过程控制装置之间应该有一个统一的标准联络信号和适当的传输方式。

一、信号制

所谓信号制是指在成套仪表系列中，各个仪表的输入、输出采用何种统一的联络信号进行传输。目前过程控制装置使用的联络信号一般包括模拟信号、数字信号、频率信号和脉宽信号。就模拟信号而言，气动模拟信号大都采用 $(0.2 \sim 1.0) \times 10^2$ kPa 气压信号作为联络信号，电动模拟信号大都采用 $4 \sim 20$mA 的直流电流信号，$1 \sim 5$V 的直流电压信号作为联络信号。

从信号的取值范围来看，下限可以是零，也可以是某一值；上限可以较低，也可以较高。信号下限从零开始，便于模拟量的加、减、乘、除、开方等数学运算，也可以使用通用刻度的指示、记录装置。信号下限从某一值开始，表明电气零点和机械零点分开，便于检验信号传输线有无断线及装置是否断电，同时为制作两线制变送器提供了条件。

信号上限高一点，可以产生较大的电磁力，有利于某些过程控制装置的设计制造；但是上限值过大，在传输导线中的功率损耗增大，导致装置的电源变压器加大，造成装置的体积增加。信号上限高一点，对于使用集成运算放大器的过程控制装置，可以降低对集成运算放大器失调参数的要求，有利于装置的生产和成本的降低；但是上限值过大，对集成运算放大器的输出幅度和共模电压范围的要求也相应地增加。

二、传输方式

1. 电流信号传输

应用直流电流作为传输联络信号时，若一台发送仪表的输出电流要同时传送给几台接收仪表时，所有这些仪表必须串联连接，如图1-4所示。图中 R_o 为发送仪表的输出阻抗，R_{cm} 为连接导线的电阻，R_i 为接收仪表的输入阻抗。在实际使用中，导线长度及接收仪表的台数是随着使用条件在一定范围内变化的，因此负载电阻也是个变量。当负载电阻变化时输出电流也将发生变化，从而引起传输误差。因此要求发送仪表具有"恒流特性"（负载电阻在一定的范围内变化时，输出电流基本不变的特性称为恒流特性）。

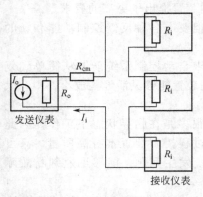

图 1-4　直流电流信号传输时
仪表之间的连接

直流电流的传输误差

$$\varepsilon = (I_o - I_i)/I_o$$
$$\varepsilon = \{[I_o - R_o I_o/(R_o + R_{cm} + nR_i)]/I_o\} \times 100\%$$
$$\varepsilon = [(R_{cm} + nR_i)/(R_o + R_{cm} + nR_i)] \times 100\% \tag{1-1}$$

式中　n——接收仪表的台数。

由式(1-1)可见，为了保证传输误差在允许的范围内，要求 $R_o \gg R_{cm} + nR_i$，因此

$$\varepsilon \approx [(R_{cm} + nR_i)/R_o] \times 100\% \tag{1-2}$$

R_i 和 R_o 可根据允许误差和经济技术指标来确定。为了保证传输信号在 $3\sim5\mathrm{km}$ 内不受影响，考虑到一台发送仪表的输出电流应同时送给几台接收仪表，要求它的输出阻抗 R_o 要足够大，而接收仪表的输入阻抗 R_i 应尽量小。

上述分析表明：传输信号采用直流电流时发送仪表的输出阻抗很高，相当于一个恒流源，传输导线长度在一定范围内变化时仍可保证精度。因此直流电流信号适于远距离传输。

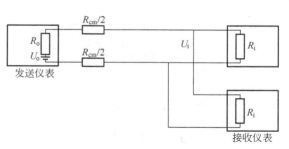

图 1-5　直流电压信号传输时仪表之间的连接

电流信号传输还有以下特点：

① 直流电流经过电阻很容易转换成直流电压，这就为要求直流电压输入的过程控制装置提供了方便；

② 直流电流与磁场作用产生机械力容易，这为设计某些过程控制装置创造了条件；

③ 由于串联工作，当一台过程控制装置出现故障时，将影响其他装置的正常工作。

2. 电压信号传输

应用直流电压作为传输联络信号时，若一台发送仪表的输出电压要同时传送给几台接收仪表时，所有这些仪表必须并联连接，如图 1-5 所示。在并联连接时，由于接收仪表的输入阻抗 R_i 不可能无限大，信号电压 U_o 将在发送仪表输出阻抗 R_o 及连接导线电阻 R_{cm} 上损失一部分电压 ΔU，从而造成直流电压信号的传输误差：

$$
\begin{aligned}
\varepsilon &= (\Delta U/U_o)\times100\% \\
&= [(U_o-U_i)/U_o]\times100\% \\
&= \{[U_o-(U_oR_i/n)/(R_o+R_{cm}+R_i/n)]/U_o\}\times100\% \\
&= [(R_o+R_{cm})/(R_o+R_{cm}+R_i/n)]\times100\%
\end{aligned}
\tag{1-3}
$$

为了减少传输误差，一般要求 $R_i/n\gg R_o+R_{cm}$，因此

$$
\varepsilon\approx[n(R_o+R_{cm})/R_i]\times100\%
\tag{1-4}
$$

由式(1-4)可见，接收仪表的输入阻抗 R_i 越大，误差越小。并联仪表的数量越多，则总的输入阻抗就越小，误差就越大，因此必须对并联仪表的数量进行限制。为了减少传输误差，要求发送仪表的输出阻抗 R_o 和连接导线电阻 R_{cm} 应尽量小。当远距离传输电压信号时，连接导线电阻 R_{cm} 势必增大，从而对接收仪表的输入阻抗 R_i 提出很高的要求，而输入阻抗过高易于引入干扰。因此直流电压信号不适于远距离传输。

电压信号传输还有以下特点：

① 由于并联工作，取消或补入一台过程控制装置不会影响其他装置的正常工作。

② 对过程控制装置输出级的耐压要求可以降低，从而提高了装置的可靠性。

3. 变送器与控制室装置之间的信号传输

变送器是现场仪表，其输出信号送到控制室，而它的供电又来自控制室。变送器的信号传输和供电方式有以下两种。

（1）四线制传输

供电电源和输出信号分别由两根导线传输，如图 1-6 所示。图中的变送器为四线制变送器。以前使用的变送器大多数是这种形式。在这种传输方式中，若变送器的一个输出端与电源的负端相连，就成了三线制传输。

（2）二线制传输

电源线和信号线公用两根导线传输，如图1-7所示。图中的变送器为二线制变送器。目前使用的变送器大多采用这种形式。使用二线制变送器，不仅可以节省大量电缆和安装费用，而且又便于安全防爆，因此得到较快的发展。

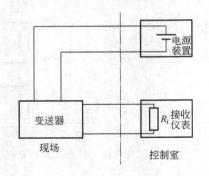

图1-6 变送器的四线制传输

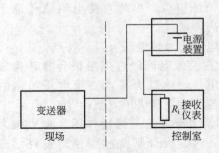

图1-7 变送器的二线制传输

第三节 安全防爆的相关知识

一、防爆的相关知识

自燃物质、助燃物质和激发能量三者称为爆炸三要素。而自燃物质和助燃物质合在一起称为爆炸性混合物。

在石油、化工等工业部门中，生产过程现场往往含有甲烷、乙烷、氢、氧等易燃易爆的气体。这些可燃性气体是自燃物质，空气中的氧是助燃物质，它们按一定比例混合后就形成了爆炸性混合物。含有爆炸性混合物的生产过程现场一般称为危险场所，其危险程度可分为三类：

第一类危险场所，含有可燃性气体或蒸汽的爆炸性混合物的场所，称为Q类危险场所。

第二类危险场所，含有可燃性粉尘或纤维混合物的场所，称为G类危险场所。

第三类危险场所，火灾危险场所，称为H类危险场所。

第一类危险场所又根据其危险程度的不同，分为如下三级：

Q-1级是在正常情况下能形成爆炸性混合物的场所；

Q-2级是在正常情况下不能形成爆炸性混合物，仅在不正常情况下才能形成爆炸性混合物的场所；

Q-3级是在不正常情况下，只能在局部地区形成爆炸性混合物的场所。

目前过程控制装置的防爆都是针对第一类危险场所而设计的。

根据我国电力设计技术规范的规定，装置的防爆结构可分为安全型（A）、隔离型（B）、充油型（C）、通风充气型（F）、安全火花型/本质安全型（H）、特殊型（T）6大类。过程控制装置使用的防爆结构主要是隔离型和安全火花型。

隔离型防爆结构是把过程控制装置的电路和接线端子全部放在隔爆表壳内，表壳的强度要足够大，表壳接合面间隙要足够深，而最大间隙宽度要足够窄。即使过程控制装置因事故产生火花，造成表壳内部爆炸时，也不会引起装置外部的爆炸性混合物爆炸。

具有隔离型防爆结构的过程控制装置可用在Q-2级和Q-3级的场合，在过程控制装

6

置安装及维护正常情况下，它是安全的，倘若装置揭开表壳，它就失去防爆性能。因此在通电运行的情况下不能打开表壳进行检修和调整。对于含有氢、乙炔和二硫化碳的过程现场，不宜采用隔离型防爆结构。其原因是这些气体所要求的隔爆表壳在机械加工上有困难，即使解决了机械加工方面的问题，装置在长时间使用后，由于磨损，也很难长期保持要求的间隙，因而会逐渐丧失防爆能力。这些都是具有隔离型防爆结构的过程控制装置的弱点。

安全火花型防爆结构是指在正常状态或事故状态下所产生的火花及达到的温度均不能引起爆炸性混合物爆炸的一种防爆类型。正常状态是指电气设备在设计规定条件下的工作状态，在电路的正常断开和闭合时也有可能产生火花。事故状态是指发生短路、断路、接地及电源故障等情况。

安全火花型防爆结构的装置（从原理上讲）可用于一切危险场所，适用于所有的爆炸性混合物，其安全性能也不随时间而变化，维护检修方便，可在运行状态下进行调整和维修。

二、安全火花型防爆装置及防爆系统

安全火花型防爆装置有两种性质的电路：一种是安全火花电路，这种电路严格依照国家防爆规程进行设计；另一种是非安全火花电路，即一般电路。当两种电路处于同一块印刷电路板或者在同一仪表壳体时，必须采取严格有效的措施防止两者接触。差压变送器、温度变送器、电气转换器、电气阀门定位器、安全保持器通常设计成安全火花型防爆装置。

用过程控制装置组成控制系统时有两种情况：一种是如图1-8所示的非安全火花型防爆系统，另一种是如图1-9所示的安全火花型防爆系统。

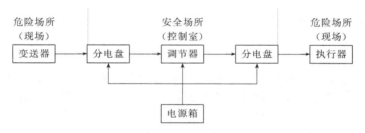

图 1-8　非安全火花型防爆系统

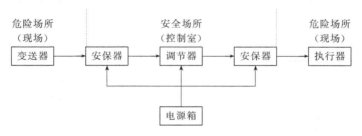

图 1-9　安全火花型防爆系统

在图1-8中，虽然在危险场所使用了安全火花型防爆装置，但是没有安全保持器（安保器）对危险场所和安全场所实行有效的隔离，而是采用分电盘代替。分电盘只能起信号隔离作用，不能限压、限流，所以构成的系统不是安全火花防爆系统。在图1-9中不仅在危险场所使用了安全火花型防爆装置，而且在危险场所和安全场所的仪表之间使用了安全保持器，使安全保持器至危险场所一侧为安全火花电路，而安全保持器至安全场所一侧为非安全火花电路，这就构成了安全火花型防爆系统。电路之所以产生这种质的变化，是设置了安全保持器，所以说安全保持器是构成安全火花型防爆系统的关键。

第四节　调节器的参数

调节器的输入信号是指测量信号 X_i 和给定信号 X_s 比较的偏差信号，用 ΔX 表示：

$$\Delta X = X_i - X_s$$

调节器的输出信号是指调节器接收偏差信号 ΔX 之后产生的输出的变化量，用 ΔY 表示。习惯上，$\Delta X > 0$，称为正偏差，$\Delta X < 0$，称为负偏差。$\Delta X \uparrow$，$\Delta Y \uparrow$，称为正作用调节器。$\Delta X \uparrow$，$\Delta Y \downarrow$，称为反作用调节器。

调节器的输入信号和输出信号可能是电信号，也可能是气信号，还可能是其他物理量。为了采用通式来表达它们的特性，输入信号和输出信号均用相对变化量来表示。调节器的输入信号为偏差信号与测量信号范围的比值，输出信号为输出变化量与输出信号范围的比值，即

$$x = \Delta X / (X_{imax} - X_{imin})$$
$$y = \Delta Y / (Y_{max} - Y_{min})$$

式中　　　　x——用相对变化量表示的调节器的输入信号；

　　　　　　y——用相对变化量表示的调节器的输出信号；

$X_{imax} - X_{imin}$——测量信号的范围；

$Y_{max} - Y_{min}$——输出信号的范围。

一、比例带

比例调节器输出信号和输入信号之间的关系表示为：

$$y = K_P x \tag{1-5}$$

式中　　K_P——比例增益。

比例调节器在阶跃输入信号作用下的输出响应曲线如图 1-10 所示。从图中可以看出比例调节器的特点是响应速度快，调节动作及时迅速。但是控制系统中只用比例调节器将会产生余差。余差的定义是调节过程终止时，测量信号和给定信号之差。

余差的出现来自比例调节器的自身特性，参见图 1-11。$x_s = X_s / (X_{smax} - X_{smin})$ 是用相对变化量表示的给定信号，$x_i = X_i / (X_{imax} - X_{imin})$ 是用相对变化量表示的测量信号，f 是扰动信号。

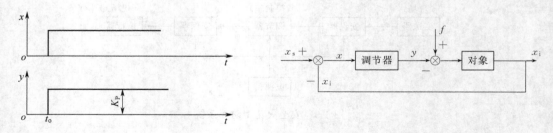

图 1-10　比例调节器的阶跃响应曲线　　　　　　图 1-11　定值控制系统的方框图

假设系统初始处于平衡状态，且 $x_i = x_s$，由于扰动的作用，使测量信号发生变化。如 f 使 x_i 增加，则 $x_i > x_s$，偏差 x 送入调节器，经比例运算后输出 y，它与扰动 f 作用相反，因此使偏差 x 减少。由于输出 y 与偏差 x 有一一对应的关系，要输出一定的 y 去克服扰动

f 的影响，需要相应的偏差 x 存在，所以比例调节器在调节过程终止时，必然存在偏差，即余差。扰动越大，要求补偿它的影响的输出值也越大，余差就越大。系统最大的余差出现在输出信号 $y=100\%$，即

$$x_{\max}=y_{\max}/K_P=1/K_P=\varepsilon\% \tag{1-6}$$

最大余差 $x_{\max}$ 用来衡量调节器的调节精度 $\varepsilon\%$，可见调节器的比例增益 K_P 越大，调节精度越高，系统的余差也越小。

虽然从减少余差的角度出发，希望 K_P 越大越好，但是由于系统存在多个惯性环节，K_P 过大会使系统产生自激振荡。K_P 的大小要根据对象的特性来调整，使得余差既小，又不产生自激振荡，获得较好的调节品质。

比例调节器的整定参数是比例带 P_B。P_B 和 K_P 的关系为

$$P_B=(1/K_P)\times100\% =(x/y)\times100\%$$
$$P_B=\{[\Delta X/(X_{\mathrm{imax}}-X_{\mathrm{imin}})]/[\Delta Y/(Y_{\max}-Y_{\min})]\}\times100\% \tag{1-7}$$

比例带的定义是输入信号的相对变化量和输出信号的相对变化量之比。其实际含义为使调节器输出信号变化 100% 所需输入信号变化的百分数。如图 1-12 所示，比例带 $P_B=50\%$ 表示输出信号变化 100% 时，输入信号需要变化 50%。习惯上比例带总是用百分数表示，故在后面乘以 100%。

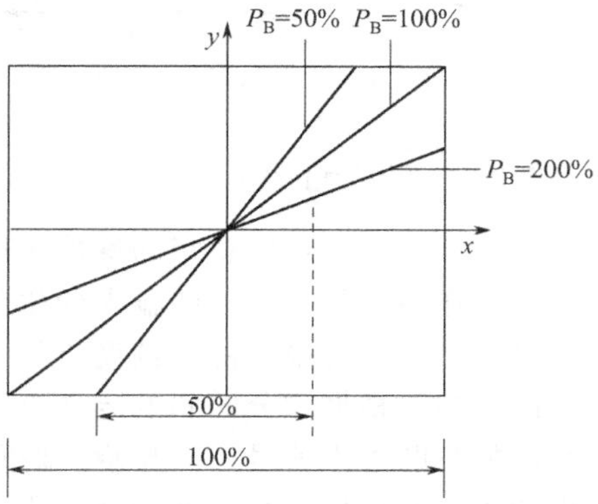

对于输入信号范围（$X_{\mathrm{imax}}-X_{\mathrm{imin}}$）和输出信号范围（$Y_{\max}-Y_{\min}$）都相等的调节器，比例带就等于输入信号的变化量与输出信号的变化量之比：

$$P_B=(1/K_P)\times100\% =(\Delta X/\Delta Y)\times100\% \tag{1-8}$$

图 1-12 比例特性的输入输出关系

例如输入、输出信号均为 4～20mA DC 的比例调节器，输入信号 4～20mA 变化时，输出信号相应地 4～20mA 变化，则 $P_B=[(20-4)/(20-4)]\times100\%=100\%$。

二、积分时间和积分增益

积分调节器的输出信号和输入信号之间的关系为：

$$y=\frac{1}{T_I}\int x\,\mathrm{d}t \tag{1-9}$$

式中　T_I——积分时间；

$1/T_I$——积分速度。

积分调节器在阶跃输入信号作用下的输出响应曲线如图 1-13 所示。从图中可以看出：积分调节器的特点是只要偏差信号存在，输出信号就会随时间不断地变化（增加或减小），直到偏差信号消除为止。积分调节器输出信号变化的快慢与偏差信号的大小和积分速度成正比，而变化的方向则与偏差信号的正负有关。

上述分析表明，积分调节器可以消除偏差，但是调节动作缓慢，在偏差信号刚出现时，调节作用很弱，不能及时克服扰动的影响，导致测量信号的动态偏差增大，调节过程拖长，甚至难以稳定系统。因此很少单独使用积分调节器，绝大多数情况是把积分调节器和比例调节器组合起来，形成比例积分调节器。

比例积分调节器的输出信号和输入信号之间的关系为：

$$y = K_P \left(x + \frac{1}{T_I} \int x \, dt \right) \tag{1-10}$$

比例积分调节器在阶跃输入信号作用下的输出响应曲线如图 1-14 所示。从图中可以看出，输出信号由两部分组成：一部分是比例输出 $y_P = K_P x$；一部分是积分输出 $y_I = K_P x t / T_I$。当比例带一定时，积分时间 T_I 就表示积分作用的强弱。T_I 越小，积分作用越强；T_I 越大，积分作用越弱。当 $T_I = \infty$ 时，表示无积分作用。

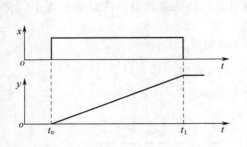

图 1-13　积分调节器的输出响应曲线

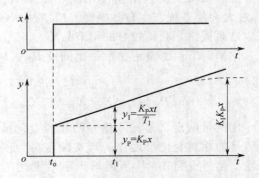

图 1-14　比例积分调节规律的阶跃响应曲线

比例积分调节器可以整定的参数是比例带 P_B 和积分时间 T_I。积分时间的定义是：在阶跃输入信号作用下积分部分的输出变化到和比例部分的输出相等时所经历的时间。积分时间的刻度是以"分"为单位的，刻度值的大小不代表积分速度的快慢，只是表示积分速度增加或减小的方向。根据积分时间的定义可以测试积分时间的大小，通常给比例积分调节器加上一个适度的阶跃输入信号 x，开始一瞬间有一比例输出 $y_P = K_P x$，随后同一方向上，在比例输出的基础上输出信号不断变化，积分输出 $y_I = K_P x t / T_I$，当 $y_I = y_P$ 时所用的时间就是积分时间，即 $t = T_I$。

上述的比例积分调节器在阶跃输入信号的作用下，输出的积分部分随时间不断地增长，只是一种理想状态。实际的比例积分调节器，由于放大器的开环增益为有限值，输出不可能无限增长，而是趋于有限值 $K_P K_I x$。$K_P K_I$ 是 $t \to \infty$ 时实际的比例积分调节器的增益，称为静态增益 $K(\infty)$：

$$K(\infty) = K_P K_I \tag{1-11}$$

式中　K_I——积分增益。

积分增益的定义是：在阶跃输入信号（幅度适当）的作用下，实际的比例积分调节器输出的最终变化量和初始变化量之比，即

$$K_I = y(\infty) / y(t_o) = K_P K_I x / K_P x$$

积分增益表示具有饱和特性的积分作用消除余差的能力。利用终值定理可求出系统余差，而最大余差出现在输出 $y = 100\%$ 处，即

$$x_{max} = y_{max} / K_P K_I = 1 / K_P K_I = \varepsilon \% \tag{1-12}$$

比较式(1-6) 和式(1-12) 可以看出，比例调节器的调节精度为 $1/K_P$，实际的比例积分调节器的调节精度为 $1/K_P K_I$，实际的比例积分调节器和比例调节器相比较，其调节精度增加了 K_I 倍，显然消除余差的能力提高了，可见积分增益是一个重要的质量指标。为了达到提高调节精度的要求，实际的比例积分调节器都希望积分增益大一些。但是积分增益的大小和放大器的开环增益有着密切的联系，例如 ICE 调节器由于放大器的开环增益比较大，因

此 $K_I \geqslant 10^5$。当然调节精度也不仅仅和积分增益有关，还和给定信号的精度及稳定性、放大器的零点漂移、电源电压的波动等因素有关。综合而论，实际的调节精度还要低得多。

三、微分时间和微分增益

微分调节器的输出信号和输入信号之间的关系为：

$$y = T_D \frac{\mathrm{d}x}{\mathrm{d}t} \tag{1-13}$$

式中　T_D——微分时间。

微分调节器在阶跃输入信号作用下的输出响应曲线如图 1-15 所示。从图中可以看出：微分调节器的特点是偏差信号的变化速度越大，微分作用的输出越大，对于固定不变的偏差信号，不管它有多大，都不会有微分输出，所以它不能克服余差。若偏差信号变化速度很慢，但经过时间的积累达到相当大的数值时微分作用也不明显。所以不能单独使用微分调节器，而是需要和比例调节器配合构成比例微分调节器。

比例微分调节器的输出信号和输入信号之间的关系为：

$$y = K_P \left(x + T_D \frac{\mathrm{d}x}{\mathrm{d}t} \right) \tag{1-14}$$

比例微分调节器在阶跃输入信号作用下的输出响应曲线如图 1-16 所示。从图中可以看出，输出信号由两部分组成：一部分是比例输出 $y_P = K_P x$；一部分是微分输出 $y_D = T_D \mathrm{d}x / \mathrm{d}t$。

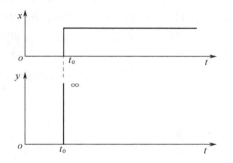

图 1-15　微分调节器的阶跃响应曲线

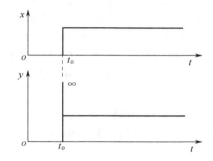

图 1-16　比例微分调节器的阶跃响应曲线

上述的比例微分调节器在实际中是不存在的，因为理想的比例微分调节器缺乏抗干扰能力。若偏差信号中含有高频干扰，会造成输出大幅度变化，引起执行器误动作。所以实际的比例微分调节器都要限制微分输出的幅度，使之具有饱和性。

实际比例微分调节器，在阶跃输入信号的作用下输出响应曲线如图 1-17 所示。由图可见：在 $t = t_0$ 瞬间，输出信号跳变为一有限值 $K_P K_D x$；当 $t > t_0$ 以后，微分输出的下降也不像理想的比例微分调节器那样瞬间完成，而是按时间常数为 t_d 的指数曲线下降，下降的快慢取决于微分时间 T_D；当 $t \to \infty$ 时，最终只剩下比例输出 $K_P x$。

在上述的分析中，K_D 称为微分增益。微分增益的定义是：在阶跃输入信号的作用下，实际的比例微分调节器输出的初始变化量和最终变化量之比，即

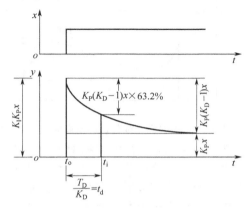

图 1-17　实际比例微分调节器的阶跃响应曲线

11

$$K_D = y(t_o)/y(\infty) = K_P K_D x / K_P x$$

微分增益表示具有饱和特性微分作用输出幅度的大小，K_D 越大，微分作用越强。但是 K_D 过大，容易引入高频干扰，一般将 K_D 限制在 $5 \sim 30$ 范围内。$K_D = 1$，则只剩下比例作用没有微分作用了。若 $K_D < 1$，表示反微分，在噪声较大的控制系统中，它可以起到较好的滤波作用。t_d 称为微分时间常数，微分时间常数的定义是：在阶跃输入信号的作用下，实际的比例微分调节器输出信号，从开始的跳变值下降了最大值和新稳态值之差的 63.2% 所经历的时间。T_D 称为微分时间，微分时间的定义是：微分增益和微分时间常数的乘积，即

$$T_D = K_D t_d$$

微分时间 T_D 表示微分作用的强弱。T_D 越大，微分作用越强；T_D 越小，微分作用越弱；当 $T_D = 0$ 时，微分作用消除了。

比例微分调节器整定的参数是比例带 P_B 和微分时间 T_D。微分时间可以根据实际比例微分调节器的输入输出表达式测定。因为其表达式

$$y = K_P [x + x(K_D - 1) e^{-K_D t / T_D}]$$

在 $t = t_o$ 时，$y(t_o) = K_P K_D x$，这表明在阶跃输入信号作用的瞬间，若比例带 $P_B = 100\%$，输出信号就把偏差信号放大了 K_D 倍。在 $t = t_d$ 时，$y(t_d) = K_P x + (K_P K_D x - K_P x) 0.632$，这表明在阶跃输入信号作用下，输出信号从开始的跳变值按指数规律下降，当所用的时间 t 等于微分时间常数 t_d 时，输出下降了最大值 $K_P K_D x$ 和新稳态值之差的 63.2%，由此可求出微分时间常数 t_d，再乘以微分增益 K_D，就得到微分时间 T_D。

微分时间的刻度是以"分"为单位的，其刻度值表明微分时间的大小，表示微分作用的强弱。

四、相互干扰系数

比例积分微分调节器的输出信号和输入信号之间的关系为：

$$y = K_P \left(x + \frac{1}{T_I} \int x \, dt + T_D \frac{dx}{dt} \right) \tag{1-15}$$

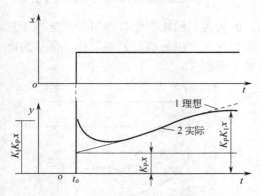

图 1-18　比例积分微分器的阶跃响应曲线

比例积分微分调节器在阶跃输入信号作用下的输出响应曲线如图 1-18 所示。从图中可以看出：曲线（1）表示比例积分微分调节器输出响应特性，曲线（2）表示实际的比例积分微分调节器输出响应特性。两者比较，输出特性均由比例微分输出响应特性和比例积分输出响应特性叠加而成，但是实际的比例积分微分调节器的积分和微分部分均有饱和特性，其原因是实际的比例积分微分调节器的积分增益和微分增益均为有限值。

比例积分微分调节器的特点是既能快速调节，又能消除偏差，还能根据偏差信号的变化趋势提前动作，具有较好的调节性能。

比例积分微分调节器整定的参数是比例带 P_B、积分时间 T_I 和微分时间 T_D。由于实际的比例积分微分调节器存在相互干扰系数 F，使得调节器的 P_B、T_I 和 T_D 的刻度值与实际值不相等，整定一个参数时还会影响其他两个参数，因此在使用实际的比例积分微分调节器时，应注意整定参数之间的相互影响，适当选取数值，以获得良好的调节品质。

第五节　ISB 安全保持器的技术及应用

一、用途

ISB 安全保持器给二线制变送器提供电源，并将二线制变送器送来的 4～20mA DC 输入信号隔离式地传递给调节器。在故障状态下，可对大电流或大电压进行限制，防止它们进入危险场所，以确保现场过程控制装置的安全火花防爆性能。

二、方框图

ISB 安全保持器的方框图如图 1-19 所示，它由多谐振荡器、整流滤波器、调制器、互感器和限能器等组成的。其能量通道是：24V DC 电压由多谐振荡器变换成 8kHz 的交流矩形波电压，经整流滤波器的整流滤波再恢复成 24V DC 电压，穿过限能器给二线制变送器提供电源。信号通道是：由二线制变送器送来的 4～20mA DC 输入信号经过限能器进入调制器，调制成交流信号，经电流互感器耦合到整流滤波器中，再恢复成 4～20mA DC 或 1～5V DC 的输出信号传递给调节器。从上述的分析中可见，ISB 安全保持器的特点就是隔离和限能。所谓隔离，是将危险场所的仪表电路同安全场所的仪表电路用变压器（或电流互感器）进行电气隔离。变压器有 0.1mm 厚的铜板屏蔽接地，防止变压器初、次级击穿时，初级的高压窜入次级，破坏其安全火花性能。所谓限能，是设置了电压电流限制电路（限能器），它能保证即使在变压器次级由于电磁感应而出现高压，或者输出端短路时，进入危险场所的大电压、大电流也被限制在额定数值以下，从而保证了危险场所的安全。当事故消失后，限能器可以自动恢复到正常工作状态。

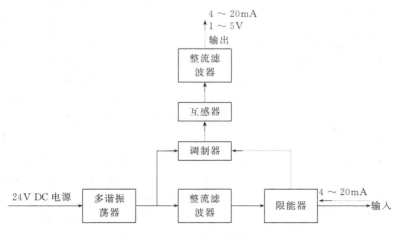

图 1-19　ISB 安全保持器方框图

三、原理

ISB 安全保持器的整机电路如图 1-20 所示。它由输入单元和限制单元组成，输入单元包括多谐振荡器和调制式直流放大器，限制单元包括两套电压电流限能器。

1. 多谐振荡器

多谐振荡器的作用是把 24V 直流电源电压转换成一定频率为 8kHz 的交流矩形波电压，电路如图 1-21 所示。

电源接通后，电源电压 E 通过熔断器 F_1、二极管 V_3、电阻 R_1、基极绕组 $L_{23,25}$、电

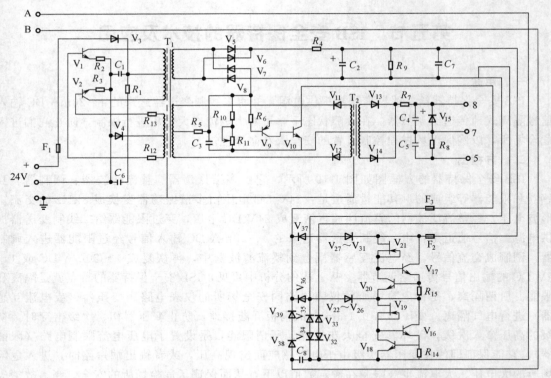

图 1-20 ISB 安全保持器的整机电路图

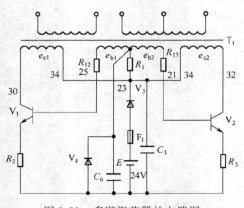

图 1-21 多谐振荡器的电路图

阻 R_{12} 向晶体管 V_1 提供基极偏流。同时经基极绕组 $L_{23,21}$、电阻 R_{13} 向晶体管 V_2 提供基极偏流，使它们的集电极电流均有增长的趋势，但是晶体管 V_1 和 V_2 的工作状态不可能完全对称。假设晶体管 V_1 的集电极电流 i_{c1} 增长得快，根据电磁感应定律，在两个集电极绕组 $L_{34,30}$、$L_{34,32}$ 和两个基极绕组 $L_{23,25}$、$L_{23,21}$ 中分别产生感应电势 e_{c1}、e_{c2}、e_{b1}、e_{b2}。根据同名端的安排，感应电势的方向应满足正反馈的关系，感应电势 e_{b1} 将使晶体管 V_1 饱和导通，感应电势 e_{b2} 将使晶体管 V_2 完全截止。当晶体管 V_1 处于饱和导通状态时，管压降 U_{ce1} 接近于零，集电极绕组 $L_{30,34}$ 上的感应电势 e_{c1} 近似等于电源电压 E。在铁芯的磁化曲线的线性范围内，磁通 Φ 和时间 t 满足下列关系：

$$e_{c1} = L_{30,34} \frac{\mathrm{d}\Phi}{\mathrm{d}t} \approx E$$

则

$$\Phi = \frac{E}{L_{30,34}} t$$

所以磁通 Φ 将随时间 t 线性增长，导致励磁电流也随时间线性增长。晶体管 V_1 的集电

极电流必然随时间而线性增长，但基极电流却随时间而线性减小，因为

$$i_{b1} = \frac{e_{b1} - U_{be1} - U_{v4} - i_{e1}R_2}{R_{12}}$$

式中，U_{v4}为二极管V_4的正向压降。

由于$i_{c1} \approx i_{e1}$，所以随着i_{c1}的增长，i_{b1}就要减小。当两者的变化过程满足$i_{c1} = \beta i_{b1}$时，晶体管V_1就从饱和区进入放大区，在这一瞬间，i_{c1}不再增长，Φ也不再变化，$d\Phi/dt = 0$，因此基极绕组的感应电势e_{b1}立即变为零，集电极电流i_{c1}突然不再增长，根据电磁感应原理，立即产生了反向感应电势。在反向感应电势e_{b1}作用下，晶体管V_1完全截止，在反向电磁感应电势e_{b2}作用下，晶体管V_2饱和导通，电路翻转为新的状态。如此周而复始，就形成自激振荡，输出一系列矩形波脉冲。多谐振荡器的振荡频率

$$f = 1/T \approx 10^8 E/4BAL_{30,34}$$

式中　　B——磁感应强度；

　　　　A——磁芯截面积。

从上式可见，多谐振荡器输出的矩形波脉冲的频率和电源电压成正比。

2. 调制式直流放大器

调制式直流放大器如图1-22所示。它由调制器、电流互感器、整流滤波器三部分组成。其中调制器由晶体管V_9、V_{10}，电阻R_5、R_6、R_{10}、R_{11}等组成。电流互感器由T_2等组成。整流滤波器由二极管V_{13}、V_{14}，电阻R_7、R_8，电容C_4等组成。

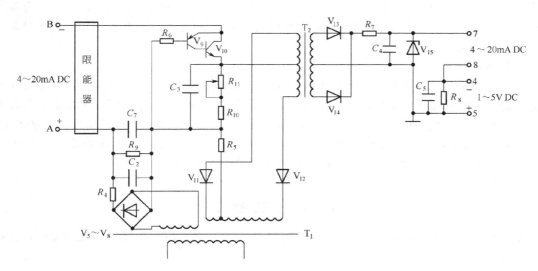

图1-22　调制式直流放大器的电路图

隔离变压器T_1的一组副边绕组，二极管$V_5 \sim V_8$，电阻R_4、R_9，电容C_2、C_7组成桥式整流滤波器电路，它把多谐振荡器输出的矩形波脉冲电压进行整流滤波后，作为二线制变送器的24V DC电源。二线制变送器获得电源之后所产生的4～20mA DC输入信号，又被调制成矩形波交流电流，通过电流互感器T_1送到整流滤波器，在整流滤波器中再变换成4～20mA DC电流，流经输出端子7、8所接的调节器（即负载）。当电流流过电阻R_8（250Ω）时，就被转换成1～5V DC电压作为电压输出信号。

15

3. 限能器

限能器为大电流、大电压限制电路，其作用是限制进入危险场所的大电压和流过危险场所的大电流。为了提高安全性能，采用了双工备用的措施，如图 1-23 所示。

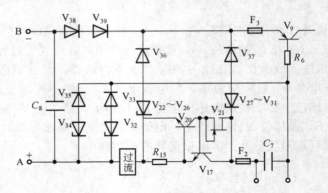

图 1-23　限能器的电路图

（1）过流保护

正常状态下，晶体管 V_{17} 由场效应管 V_{21} 处获得足够的基极电流而处于饱和导通状态，晶体管 V_{20} 处于截止状态，来自二线制变送器的输入信号 $I_i = 4 \sim 20\text{mA}$，通过限能器进入调制式直流放大器。异常状态下，$I_i \geqslant 30\text{mA}$，由于电阻 $R_{15} = 22\Omega$，则电阻 R_{15} 上的压降 $\geqslant 0.66\text{V}$，使晶体管 V_{20} 导通，因此造成晶体管 V_{17} 的基极电流产生分流，导致 V_{17} 由饱和区进入放大区。当 V_{17} 工作在放大区时，变送器的阻抗可以看成是它的负载，输入电流 I_i 也就是 V_{17} 的集电极电流，受到 V_{17} 基极电流的控制，而变送器的阻抗变化与否对它的影响甚微，即使在变送器出现短路的极端情况下，流过变送器的 I_i 依旧保持在 30mA 左右。因此危险现场不会出现过大的电流，从而实现了过流保护。

（2）过压保护

正常状态下，二线制变送器的供电电压为 24V，稳压管 $V_{27} \sim V_{31}$ 和二极管 V_{37} 均处于截止状态。异常状态下，供电电压 $\geqslant 30\text{V}$ 时，稳压管 $V_{27} \sim V_{31}$ 和二极管 V_{37} 均处于导通状态，因此对过大的电压进行了限制。假如稳压管 $V_{27} \sim V_{31}$ 和二极管 V_{37} 有损坏，熔断器 F_2 和 F_3 熔断，切断大电压，防止其窜入危险场所。若危险场所的传输导线开路，由稳压管 V_{34} 和二极管 V_{35} 限制开路电压。二极管 V_{38}、V_{39} 用于防止反向电压。

习题与思考题

1-1　某比例调节器，输入信号为 $4 \sim 20\text{mA}$，输出信号为 $1 \sim 5\text{V}$。当 $P_B = 40\%$ 时，输入信号变化 4mA 引起输出信号的变化量是多少？

1-2　图 1-24 所示曲线为调节器的阶跃响应曲线，试回答：
　　① 此曲线表示该调节器的是什么工况？
　　② 微分增益 $K_D = ?$
　　③ 比例增益 $K_P = ?$

1-3　如图 1-25 所示。曲线 1 为 $P_B = 100\%$ 的比例积分特性曲线，若其他条件不变，令 $P_B = 50\%$，则比例积分特性曲线变成曲线 2，对否？为什么？

1-4　液位控制系统采用比例调节器，在开车前要对变送器、调节器和执行器进行联校，当 $P_B = 20\%$，偏差 $= 0$，调节器的输出信号 $= 50\%$ 时，若给定信号突变 5%，试问突变瞬间调节器的输出信号是多少？

1-5 某调节器的测量指针由 50% 变化到 25% 时，若该调节器的比例输出信号由 12mA DC 下降到 8mA DC，则调节器实际比例带为多少？该调节器的作用方向是正还是负？

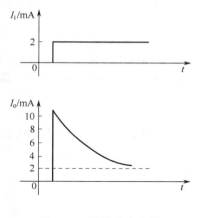

图 1-24 阶跃响应曲线

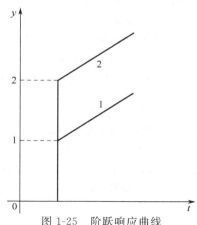

图 1-25 阶跃响应曲线

1-6 某比例积分调节器，正作用，$P_B = 50\%$，$T_I = 1\text{min}$。开始时，测量、给定和输出均为 50%。当测量信号变化到 55% 时，输出信号变化到多少？1min 后又变化到多少？

1-7 一台比例微分调节器，$P_B = 100\%$，$K_D = 5$，$T_D = 2\text{min}$，若给它输入一个图 1-26 所示的阶跃信号，试画出它的输出响应曲线。

1-8 某气动比例积分调节器，$P_B = 100\%$，$T_I = 2\text{min}$，初始状态时偏差信号和输出信号均为 0.5×10^2 kPa，后来偏差信号从 0.5×10^2 kPa 阶跃变化到 0.7×10^2 kPa，试问经过多少时间后输出信号可达到 1.0×10^2 kPa？

1-9 根据图 1-27 给定的输出信号波形图和条件，画出调节器输入信号的波形图。
条件：$P_B = 100\%$，$T_I = 1.5\text{min}$。

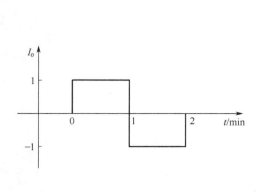

图 1-26 阶跃输入信号

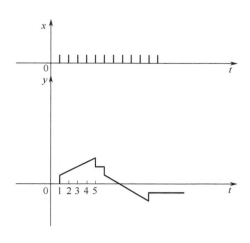

图 1-27 调节器输出信号波形图

1-10 试证明理想比例积分调节器的积分时间 T_I 和比例带 P_B 的大小无关。

1-11 某温度控制系统，量程为 $0 \sim 1000℃$。若采用比例积分调节器，正作用，$P_B = 100\%$，$T_I = 2\text{min}$，稳态时给定信号和输出信号均保持在 50% 的位置上。系统因干扰 2min 后调节器的输出信号又稳定在 60% 的位置上。试问此时的被控温度是多少？

1-12 微分作用是（ ）的调节作用，其实质是阻止（ ）的变化，以提高（ ）的稳定性，使过程衰减得更厉害。T_D越大，则微分作用（　　），K_D越小，则微分作用（　　）。

1-13　一台 DTL121 调节器，稳态时测量信号、给定信号、输出信号均为 5mA，当测量信号阶跃变化 1mA 时，输出信号立刻变成 6mA，然后随时间均匀上升，当输出信号到达 7mA 时所用的时间为 25s，试问该调节器的 P_B 和 T_I 各为多少？

1-14　什么是安全火花防爆和安全火花防爆系统？

1-15　试说明下列符号代表的含义：AB3d、B3d、HⅢe。具有这些符号的仪表可用于哪些场合？

1-16　现场和控制室采用 4～20mA 的电流传输信号，控制室内部采用 1～5V 的电压联络信号。这种信号制有何优点？

1-17　什么叫仪表的恒流特性？

1-18　在过程控制系统中，安全保持器处于（　　）仪表和（　　）仪表之间，与变送器配合使用的叫（　　）安全保持器，与执行器配合使用的叫（　　）安全保持器。

1-19　ISB 安全保持器采取了哪些措施使其具有安全火花型防爆性能？

1-20　ISB 安全保持器的限制器是如何实现过压保护和过流保护的？

第二章 可编程逻辑控制器

第一节 S7-300 可编程逻辑控制器的技术与应用

一、硬件结构

可编程逻辑控制器是由微处理器 CPU、输入部分、输出部分、电源部分、存储器、外设接口、I/O 扩展接口等构成的。在结构上可分为整体式结构（各部分安装在一起）和插件式结构（各部分独立安装），通过机架和总线连接而成。I/O 的能力根据用户的需求进行配置。另外还需要编程器，把用户程序写进相关的存储器内。

（一）硬件构成

S7-300 属于插件式结构的可编程逻辑控制器，如图 2-1 所示。它把选用的微处理器插件 CPU、输入输出插件等安装在导轨上，各个插件之间通过背部的 U 形总线连接起来。

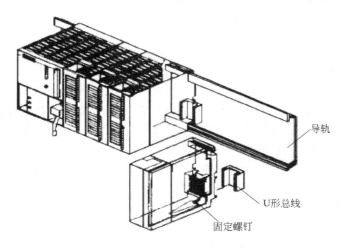

图 2-1 S7-300 可编程逻辑控制器的硬件构成图

S7-300 可编程逻辑控制器可供选用的插件如下。

（1）电源插件 PS

功能是把 220V AC 转换成 24V DC，供可编程逻辑控制器使用。

（2）微处理器插件 CPU

功能是存储及执行用户程序，实现某些通信，为 U 形总线提供 5V DC。

（3）信号插件 SM

功能是连接状态量 I/O 信号和模拟量 I/O 信号。

（4）功能插件 FM

功能是实现高速计数、定位控制、闭环控制等。

（5）接口插板 IM

功能是实现不同导轨之间的总线连接，达到扩展的目的。

（6）通信处理器 CP

功能是用于 PROFIBUS 总线、工业以太网的连接。

（二）常用插件

1. 微处理器插件 CPU

（1）微处理器插件 CPU 的面板

微处理器插件 CPU 的面板如图 2-2 所示。

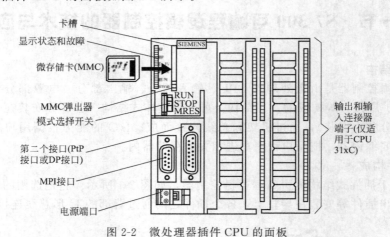

图 2-2　微处理器插件 CPU 的面板

① 模式选择开关　模式选择开关有三种选择模式：运行模式 RUN、停止模式 STOP 和存储器复位模式 MRES。

② 状态指示灯　状态指示灯有六种指示状态：系统故障状态 SF、备用电源故障状态 BF、内部 5V 电源状态 DC5V、强制状态 FRCE、启动运行状态 RUN 和停止状态 STOP。

③ 微存储卡 MMC　微存储卡取代了电池和 FEPROM，存储容量为 64KB～8MB，使用寿命在 60℃时为 10 年，可以进行 10 万次删除/写入。

（2）微处理器插件 CPU 的主要技术特性

微处理器插件 CPU 主要技术特性如表 2-1 所示。

2. 信号插件 SM

（1）状态量 I/O 插件

① 状态量输入插件 SM321　状态量输入插件 SM321 接受现场的开关信号，经过光电隔离和滤波把信号送到输入缓冲区中等待 CPU 采样。当 CPU 采样时，通过背板总线把现场

开关信号用 1/0 的方式写进输入过程映像表。

表 2-1　微处理器插件 CPU 的主要技术特性

技术规范	CPU317-2PN/DP	CPU317T-2DP
工作存储器/指令	512KB 字节/170KB 条指令	512KB 字节/170KB 条指令
装载存储器	64KB~8MB 字节 MMC	64KB~8MB 字节 MMC
指令周期		
位操作/字操作	$<0.05\mu s/<0.2\mu s$	$0.1\mu s/0.1\mu s$
定点数运算/浮点书运算	$<0.2\mu s/<1.0\mu s$	$0.2\mu s/2.0\mu s$
块数量		
可装载块数量(FCs+FBs+DBs)	2048	2048
块范围	2048FC,2048FB,2048DB	2048FC,2048FB,2048DB
地址范围		
I/O 地址范围	8192/8192 字节	8192/8192 字节
I/O 过程映像	256/256 字节	256/256 字节
状态量通道	65536/65536	1024
模拟量通道	4096/4096	256
总连接数	32	32
扩展机架/扩展插件	最多 4 个机架/最多 8 个插件	最多 4 个机架/最多 8 个插件
DP 接口		
DP 主站数量集成/CP342-5	2/2	2/2
等距离	有	有
活动/非活动从站	有	有
传输速率	12Mbit/s	12Mbit/s
每个站的从站数	124	124

　　注：工作存储器用于存放程序，是集成在 CPU 内部的高速存取 RAM；装载存储器用于存放程序和附加信息，是集成在 CPU 内部的 RAM，也可以是 EPROM。

　　根据外部电源的类型，状态量输入插件 SM321 分为两种：直流输入和交流输入。直流输入又分为漏输入和源输入两种。如果现场信号来自按钮、传感器，既可以接到漏输入，也可以接到源输入的状态量输入插件 SM321；如果现场信号来自集电极开路输出型的传感器，则 PNP 集电极开路输出型的传感器接到漏输入状态量输入插件 SM321，而 NPN 集电极开路输出型的传感器接到源输入状态量输入插件 SM321。

　　漏输入状态量输入插件 SM321 端子接线图如图 2-3 所示。

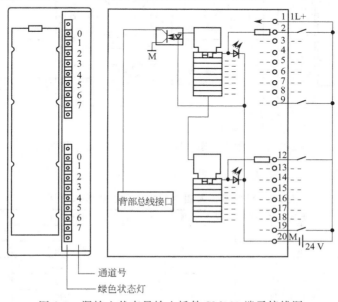

图 2-3　漏输入状态量输入插件 SM321 端子接线图

源输入状态量输入插件 SM321 端子接线图如图 2-4 所示。

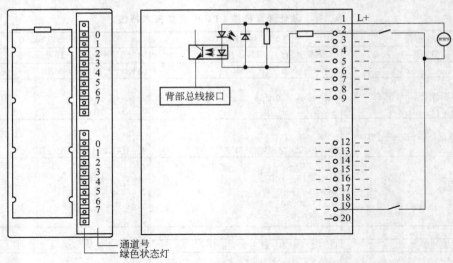

图 2-4　源输入状态量输入插件 SM321 端子接线图

交流输入状态量输入插件 SM321 端子接线图如图 2-5 所示。

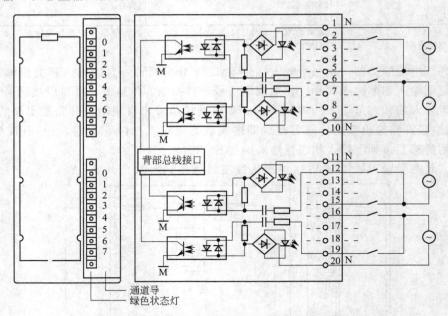

图 2-5　交流输入状态量输入插件 SM321 端子接线图

状态量输入插件 SM321 的主要技术特性如表 2-2 所示。

表 2-2　状态量输入插件 SM321 的主要技术特性

状态量输入插件 SM321	直流 16 点输入的 SM321	直流 32 点输入的 SM321	交流 16 点输入的 SM321	交流 8 点输入的 SM321
输入点数	16	32	16	8
额定输入电压/V	DC24	DC24	AC120/AC230	AC120/AC230
输入电压"1"范围/V	13～30	13～30	79～132	79～264
输入电压"0"范围/V	−3～+5	−3～+5	0～20	0～40
订货号	321-1BH00-	321-1BL00-	321-1FH00-	321-1FF10-

② 状态量输出插件 SM322 状态量输出插件 SM322 直接驱动开关量负载，如信号灯、电磁阀和接触器等。

按输出的类型，状态量输出插件 SM322 分为晶体管、双向晶闸管和继电器三种。晶体管输出只能驱动直流负载，响应速度是微秒级，比较快。双向晶闸管输出只能驱动交流负载。继电器输出既可以驱动交流负载也可以驱动直流负载，响应速度是毫秒级，比较慢。

晶体管输出的状态量输出插件 SM322 接线图如图 2-6 所示。

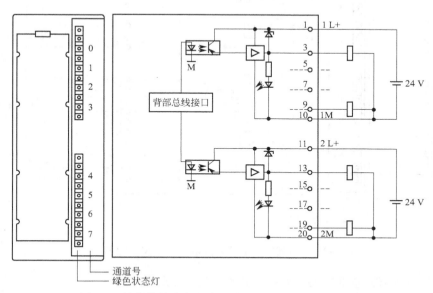

图 2-6　晶体管输出的状态量输出插件 SM322 接线图

双向晶闸管输出的状态量输出插件 SM322 接线图如图 2-7 所示。

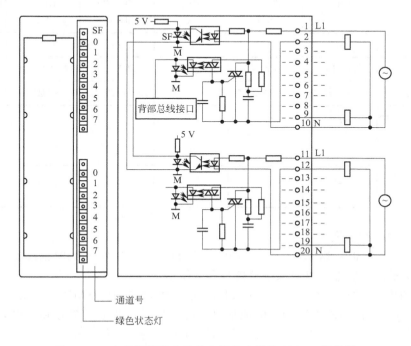

图 2-7　双向晶闸管输出的状态量输出插件 SM322 接线图

23

继电器输出的状态量输出插件 SM322 接线图如图 2-8 所示。

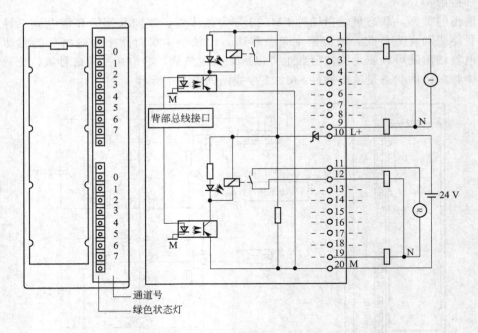

图 2-8　继电器输出的状态量输出插件 SM322 接线图

状态量输出插件 SM322 的主要技术特性如表 2-3 所示。

表 2-3　状态量输出插件 SM322 的主要技术特性

状态量输出插件 SM322	晶体管 32 点	晶体管 16 点	晶体管 8 点	晶闸管 16 点	晶闸管 8 点	继电器 16 点	继电器 8 点
输出点数	32	16	8	16	8	16	8
额定电压	24V DC	24V DC	24V DC	120V AC	120/230V AC		
额定电压范围	20.4～28.8V DC	20.4～28.8V DC	20.4～28.8V DC	93～132V AC	93～264V AC		
最大输出电流："1"信号/A	0.5	0.5	0.5	1			
"0"信号/mA	0.5	0.5	1	2			
最小输出电流："1"信号/mA	5	5	5	10	10		

（2）模拟量 I/O 插件

① 模拟量输入插件 SM331：AI8×16bit　模拟量输入插件 SM331：AI8×16bit 的接线图如图 2-9 所示。该插件可以接入电流信号和电压信号。

② 模拟量输入插件 SM331：AI2×12bit　模拟量输入插件 SM331：AI2×12bit 的接线图如图 2-10 所示。该插件可以接入电流信号、电压信号、热电偶信号和热电阻信号。通过量程卡的方位变化和输入信号相配合，再通过 STEP7 的组态最后设置。

模拟量输入插件 SM331 的主要技术特性如表 2-4 所示。

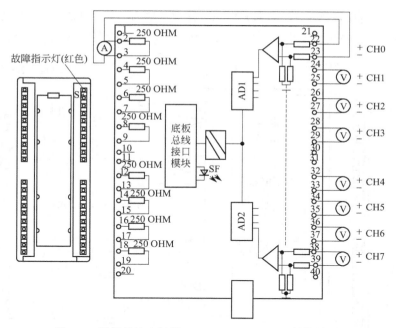

图 2-9　模拟量输入插件 SM331：AI8×16bit 的接线图

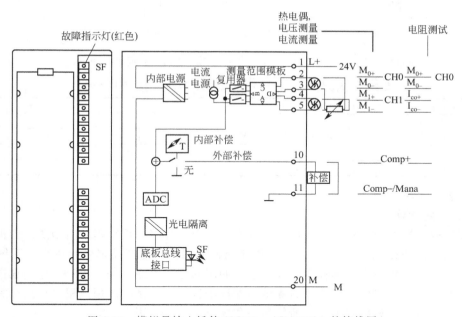

图 2-10　模拟量输入插件 SM331：AI2×12bit 的接线图

表 2-4　模拟量输入插件 SM331 的主要技术特性

模拟量输入	AI8×16bit	AI2×12bit
输入点数	8	2
输入信号	电压/电流	电压/电流/热阻/热电偶
量程选择	任意	任意
精度	15 位＋符号	9 位＋符号 12 位＋符号 16 位＋符号
订货号	331-7NF10-	331-7KB02/82-

③ 模拟量输出插件 SM332：AO4×12bit   模拟量输出插件 SM332：AO4×12bit 的接线图如图 2-11 所示。该插件可以输出电压信号或电流信号，输出的类型由 STEP7 的组态设置。

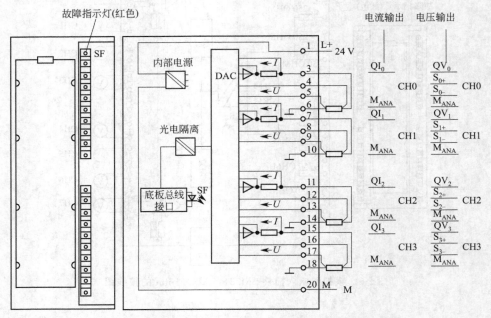

图 2-11   模拟量输出插件 SM332：AO4×12bit 的接线图

模拟量输出插件 SM332：AO4×12bit 的主要技术特性如表 2-5 所示。

表 2-5   模拟量输出插件 SM332：AO4×12bit 的主要技术特性

模拟量输出	AO4×12bit
输出点数	4
输出信号	电压(±10V,0～10V,1～5V)/电流(±20mA,0～20mA,4～20mA)
精度	16 位,1.5ms
订货号	332-7ND01-

二、软件系统

（一）系统软件

可编程逻辑控制器的软件系统包括系统程序和用户程序。系统程序由制造厂商提供，固化在 PROM 或 EPROM 中，安装在可编程逻辑控制器内，随产品提供给用户。系统程序包括系统管理程序、用户指令解释程序和供系统调用的标准程序块等。用户程序是根据生产过程控制的要求，由用户根据制造厂商提供的编程语言自行编制的。用户程序包括开关量逻辑控制程序、模拟量运算控制程序、通信程序和操作站系统应用程序等。

（二）用户程序

1. 编程步骤

S7-300 可编程逻辑控制器通过输入插件接收外来信号，通过输出插件驱动执行器，而各种信号之间的逻辑关系则通过用户程序来实现。用户程序的编制涉及到 STEP7，而 STEP7 项目的创建可以按不同的步骤进行，如图 2-12 所示。假如要创建一个使用许多输入插件和输出插件的综合程序，建议先做硬件配置。其优点是 STEP7 会在硬件配置编辑器中显示可能的地址。如果选择"选项 2"，只能根据所选插件来确定每个地址，而不能通过 STEP7 调用这些地址。在硬件配置中，不仅能够定义地址，而且能够改变插件的参数和属性。

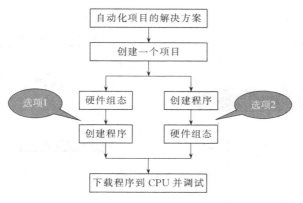

图 2-12　创建项目的步骤

2. 程序结构

（1）用户程序的构成

S7-300 的用户程序是由组织块 OB、功能块 FB、功能 FC、数据块 DB、系统功能块 SFB、系统功能 SFC 构成的。

① 组织块 OB 是操作系统和用户程序之间的界面。操作系统只调用组织块，其他的程序块要通过用户程序中的指令调动，操作系统才能给予处理。其中最主要的组织块是 OB1。这是操作系统自动做循环扫描的唯一的块。其他的组织块，包括启动组织块和各种中断组织块，均由操作系统在特定条件下调用。用户不能用简单的指令调用组织块。

② 功能块 FB、功能块 FC 是用户程序中的主要逻辑操作块，主要的控制、运算、操作等均由它们完成。组织块负责安排功能块 FB、功能块 FC 的调用条件和调用顺序。

③ 数据块 DB 用于数据记录。在数据块中没有程序只有数据，但数据占用程序容量，数据块分为全局数据块和背景数据块两种。

④ 系统功能块 SFB、系统功能块 SFC 用于完成一些通用功能，如参数设置、数据通信、读写实时时钟等。S7-300 的 CPU 中也会固化部分 SFB、SFC 供用户编程使用。

（2）程序块的调用

STEP7 的主程序结构如图 2-13 所示。由图可见，操作系统自动循环扫描 OB1，OB1 安排其他程序块的调用条件和调用顺序。FB 和 FC 可以相互调用，功能块 FB 后面的阴影表示伴随着 FB 的背景数据块。程序块的调用和计算机子程序的调用情况相同，如图 2-14 所示。

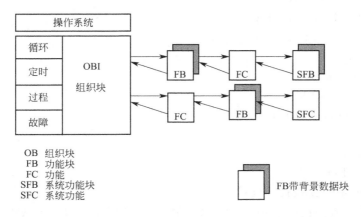

OB　组织块
FB　功能块
FC　功能
SFB　系统功能块
SFC　系统功能

FB带背景数据块

图 2-13　STEP7 的主程序结构

27

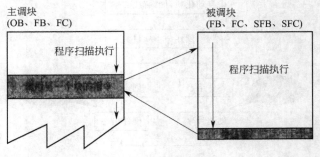

图 2-14　程序块的调用

（3）线性化编程和结构化编程

如果把用户程序写在 OB1 里，操作系统自动地按顺序扫描处理 OB1 中的每一条指令并且不断地循环，这种编程方式叫做线性化编程。这种梯形图程序如果打印出来，看起来和继电器控制原理展开图差不多。这种编程方式简单明了，适合于比较简单的控制任务，是许多小型可编程逻辑控制器采用的编程方式。

但是这种编程方式存在许多原理性缺陷。第一浪费 CPU 资源。因为这种编程方式，每个扫描周期 CPU 都要处理程序中全部指令，而实际上，有许多指令不需要每个扫描周期都去处理。第二不利于复杂程序编制时的分工合作。第三不利于程序的结构化。

所谓结构化编程，就是对一些典型的控制要求编出通用的程序块，这些程序块可以反复被调用以控制不同的目标。这种通用的程序块就成为结构，利用各种结构组成程序就称为结构化编程。要实现结构化编程有两个必要条件：一是程序可以分割，二是参数可以赋值。S7-300 可编程逻辑控制器的用户程序是由程序块组成的，程序块也可以实现参数赋值，所以可以实现结构化。结构化编程除了可以避免上述缺点之外，还可以使程序通用化、标准化，缩短了程序的长度，减少了编程工作量。

（4）操作数

S7-300 程序中的操作数由标识符和参数组成。标识符用于区分存储区间和操作数的长度。比如：

I—输入过程映像表（PII）；

Q—输出过程映像表（PIQ）；

M—bit 存储器（Mark）；

PI—外围输入（Peripheral Input）；

PQ—外围输出（Peripheral Output）；

T—定时器（Timer）；

C—计数器（Counter）；

DB—数据块（Data Block）；

L—本地数据（Local Data）；

X—bjt；

B—1Byte＝8bit；

W—1Word＝2Byte；

D—Double Word＝2Word＝4Byte。

以 bit 为单位的操作数写作 I0.0、Q4.2、M10.7、DBX2.3 等。参数中小数点前面的是 Byte 序号，小数点后面的是 bit 序号。如 M10.7 中的 M 表示 M 存储区，10 表示 Byte 序

28

号，7 表示 bit 序号，即 M 存储区第 10Byte 的 7bit。

以 Byte 为单位的操作数写作 IB0、QB4、MB10、DBB2 等。

以 Word 为单位的操作数写作 IW0、QW4、MW10、DBW2 等。IW0 占用了 PII 中第 0Byte 开始的一个 Word。要注意 Word 中高低字节（Byte）的排列顺序。

例如：IW0

IB0	IB1

又例如：QW4

QB4	QB5

以 Double Word 为单位的操作数写作 ID0、QD4、MD10、DBD2 等。QD4 占用了 PIQ 中第 4Byte 开始的一个双字节。要注意双（DW）中高低字节（Byte）的排列顺序。

例如：QD4

QB4	QB5	QB6	QB7

当操作数的长度为 W 时，后面跟的数字最好是 0 和偶数；当操作数的长度为 DW 时，后面跟的数字最好是 0 和 4 的倍数，这样可以避免字节的重复使用而造成数据错误。

STEP7 的最大寻址范围如表 2-6 所示。

表 2-6 STEP7 的最大寻址范围

设计的地址区	访问区域	缩写	最大区域
过程映像 I/Q	输入/输出位	I/Q	0.0～5535.7
	输入/输出字节	I/QB	0～65535
	输入/输出字	IW/QW	0～65534
	输入/输出双字	ID/QD	0～65532
存储器标记	存储器位	M	0.0～255.7
	存储器字节	MB	0～255
	存储器字	MW	0～254
	存储器双字	MD	0～252
过程映像外部输入输出	I/Q 字节，外设	PIB/PQB	0～65535
	I/Q 字，外设	PIW/PQW	0～65534
	I/Q 双字，外设	PID/PQD	0～65532
定时器	定时器（T）	T	0～255
计数器	计数器（C）	C	0～255
数据块	数据块（DB）	DB	1～65532
	用 OPN DB 打开位、字节、字、双字	DBX、DBB DBW、DBD	0～65532
	用 OPN DI 打开位、字节、字、双字	DIX、DIB DIW、DID	0～65532

（三）编程语言

1. STEP7 编程语言

STEP7 的编程语言有梯形图语言（LAD）、功能块语言（FBA）和指令表（STL）。梯形图语言 LAD 直接源于继电器控制原理展开图，深受电气工作人员的欢迎。功能块语言 FBA 使用"与"、"或"、"非"，迎合逻辑设计人员的思维习惯。功能块语言 STL 类似于汇编语言。这三种编程语句可以独立使用也可以混合使用，系统可以为用户做语言间相互转化。

2. STEP7 的指令系统

（1）基本开关量指令

① A、AN、O、ON、XOR、＝指令

基本开关量指令有五条。

A——AND，和继电器电路的串联相对应。

O——OR，和继电器电路的并联相对应。

＝——等于，和继电器线路的线圈输出相对应。

AN——AND NOT，先取反，再做"AND"，和继电器常闭接点相对应。

ON——OR NOT，先取反，再做"OR"，和继电器常闭接点相对应。

上述指令和继电器电路的对应关系如图 2-15 所示。

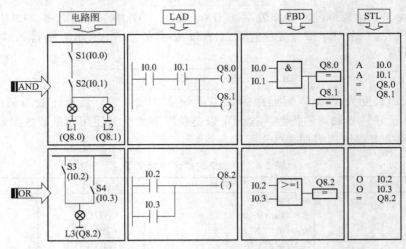

图 2-15　AND、OR、＝指令

图 2-16 中显示一条新指令 XOR，这条指令的功能由前面的五条指令组合也可以实现。但是在某些时候它可以为编程提供一些方便。

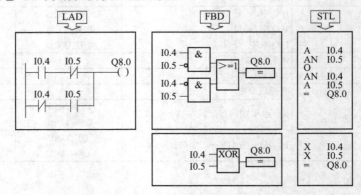

图 2-16　XOR 指令

② 逻辑操作结果 RLO

a. 状态字　S7-300 可编程逻辑控制器的 CPU 插件中有一个存储单元叫状态字，状态字的结构如图 2-17 所示。

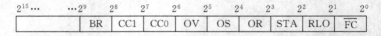

图 2-17　状态字的结构

30

（a）首次检测（First Check）。状态字的第 0 位是 $\overline{FC}$。这一位是 0，表示下面开始一行新的逻辑运算。执行的第一条指令称为首次检测，首次检测结果直接放到 RLO。

（b）逻辑操作结果（RLO）。状态字的第 1 位是 RLO，用于存放逻辑操作结果的。

（c）状态位（STA）。状态字的第 2 位是 STA，表示在执行读 I、Q、M 指令（比如 A、AN、O、ON、X）时，把相应地址的状态写入这一位。

b. PLC 的逻辑操作　PLC 的逻辑操作如图 2-18 所示。由图可见，首次检测时指令是 AND 还是 OR 都无所谓，因为这时没有做逻辑操作，就把检查结果送到了 RLO。

语句表程序	输入(I)或输出(Q)的信号状态STA	检测结果	RLO	$\overline{FC}$	说　明
			0		$\overline{FC}$=0说明下一指令开始新逻辑串
AI 1.0	1	1	1		首次检测的结果直接存放在RLO位,$\overline{FC}$置I
ANI 1.1	0	1	1		根据"与"的真值表将检测结果和先前的RLO相结合,$\overline{FC}$位仍为1
—Q4.0	1		0		RLO赋值给输出线圈,$\overline{FC}$复位为0

图 2-18　FC 位的信号状态对逻辑指令的影响

c. 常开接点、常闭接点与可编程逻辑控制器符号 ⊢├、⊣/├ 之间的关系　连接到 S7-300 可编程逻辑控制器的输入接点有常开接点和常闭接点。习惯上把编程符号 ⊢├ 叫做常开接点，把 ⊣/├ 叫做常闭接点。其实它们代表了不同的概念。外面接进来常开接点、常闭接点，表示在自然状态下的通断状态。而编程符号则是表示相应地址的状态变成检查结果时是否需要取反。实际上 S7-300 不知道接到输入端的是哪种接点，只知道取样时接点是通还是断，但是编程人员必须知道才能正确地编制程序。

③ SR 指令　SR 指令如图 2-19 所示。

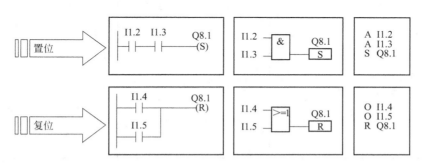

图 2-19　SR 指令

置位指令 S：当 S 前面的 RLO 为 1 时，执行置位指令，把相应地址的状态置 1。
当 S 前面的 RLO 为 0 时，不执行置位指令，相应地址保留原状态。
复位指令 R：当 R 前面的 RLO 为 1 时，执行复位指令，把相应地址的状态清 0。
当 S 前面的 RLO 为 1 时，不执行复位指令，相应地址保留原状态。

S 和 R 是条件执行指令，条件满足时（RLO＝1）指令被执行，实现置 1/清 0；条件不满足时（RLO＝0）不做任何操作，相应地址原状态得以保持。＝是赋值操作，不管 RLO 是 0 还是 1，都要执行"写"的操作。

④ 连接器指令　连接器就是把当前的 RLO 保存到指定的地址。从图 2-20 可以看出，连接器可以放在一串逻辑的中间，使用起来很方便。从 STL 程序中可以看出并没有增加新的指令。

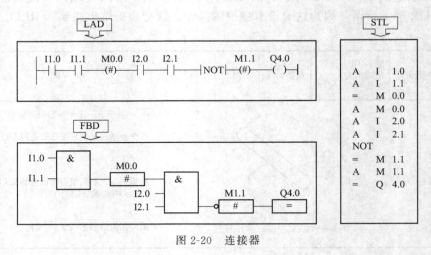

图 2-20　连接器

⑤ 跳转指令　跳转指令既可以是无条件的也可以是有条件的。无条件跳转指令如图 2-21 所示。跳转指令必须和标号一起使用。标号最多可以有 4 个字符，第一个字符必须是字母或者是"＿"。标号就是跳转目标，如 NEW1。跳转可以向前也可以向后，但必须在同一个块里，跨度不能超过 64KB。在一个块里不能有两个相同的标号。

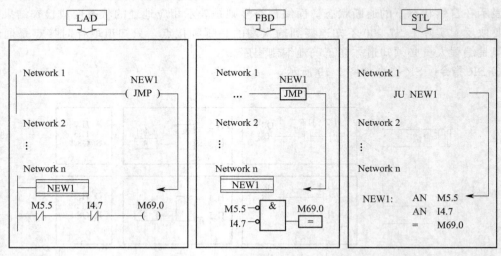

图 2-21　无条件跳转指令

有条件跳转指令如图 2-22 所示。所谓条件就是 RLO。有条件跳转指令也要和标号一起使用。

⑥ 主控继电器指令　主控继电器是继电器控制线路中的概念，引申到这里，就是由主控接点来控制一段程序的运行。主控继电器指令包括 MCRA、MCR 和 MCRD，如图 2-23 所示。

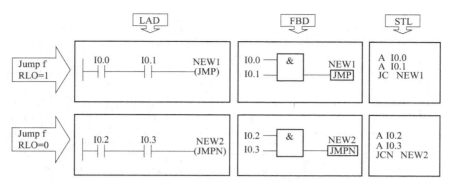

图 2-22 有条件跳转指令

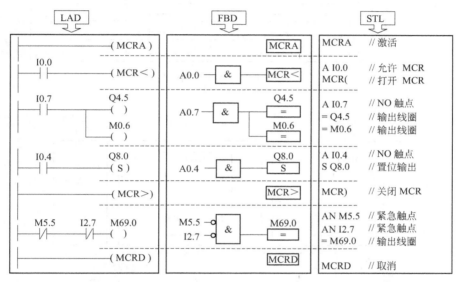

图 2-23 主控继电器指令

其中，MCRA：激活主控功能；MCR＜：主控区开始，MCR＞：主控区结束，主控区可以嵌套，嵌套的层数小于 8；MCRD：取消主控功能，直到另外一条 MCRD 指令。

⑦ 上升沿脉冲和下降沿脉冲 图 2-24 所示的是检查 RLO 的上升沿和下降沿，并产生与之相对应的脉冲指令。在图 2-24 的 LAD 程序中，当（P）前面的 RLO 有上升沿时，也就是 I1.0 和 I1.1 的逻辑操作结果有上升沿时，M8.0 产生一个脉冲，脉冲的宽度就是一个扫描周期。为了产生这个脉冲，借用了 M1.0。M1.0 在这里被借用，在其他地方就不能使用，否则会影响到脉冲的产生。

同理，当（N）前面的 RLO 有下降沿时，也就是 I1.0 和 I1.1 的逻辑操作结果有下降沿时，M8.1 产生一个脉冲，脉冲的宽度就是一个扫描周期。为了产生这个脉冲，借用了 M1.1。M1.1 在这里被借用，在其他地方就不能使用，否则会影响到脉冲的产生。

被借用的 M1.0 和 M1.1 是用来保存上一个扫描周期的 RLO，以便和这一个扫描周期的 RLO 做比较，决定是否有上升沿和下降沿。

（2）处理数字量的指令

① 数据传送指令 数据传送指令如图 2-25 所示。LAD 和 FBD 程序中的 MOVE 框，实际上是由 L 和 T 两条指令完成的。下面介绍 L 和 T 指令。

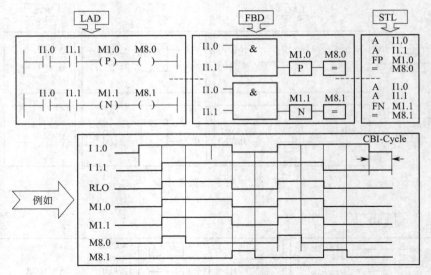

图 2-24　上升沿和下降沿脉冲

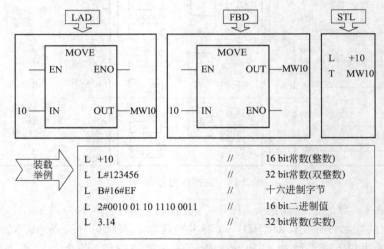

图 2-25　数据传送指令

L＋10 把源数据＋10 装到目标（缺省）累加器 ACCU1 中。

T 把源（缺省）累加器 ACCU1 的内容传送到目标 MW10 中。

这两条指令写在一起，就是把源数据＋10"MOVE"传送到目标 MW10。

使用 L、T 这两条指令时要注意，它们都有一个缺省的操作对象 ACCU1，它们的操作对象可以是 1Byte、1Word、1DWord，不能是 1bit，LI0.0 就是错误的。S7-300 可编程逻辑控制器的累加器有两个：ACCU1 和 ACCU2。累加器是 32bit 的，连续进行 L 操作时，对累加器进行压栈操作，在进行 T 操作时，累加器的内容不变。如图 2-26 所示，累加器是 32bit 的，做 L 和 T 操作时，取右边对齐，如图 2-27 所示。

② 定时器指令

a. 定时器类型

（a）延时通定时器。延时通定时器如图 2-28 所示。

34

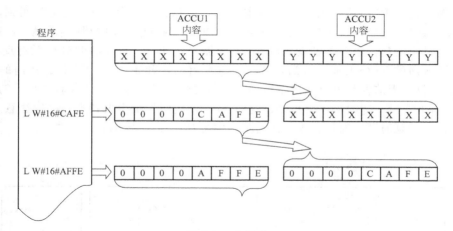

图 2-26　L 操作

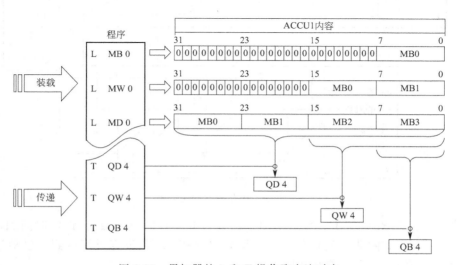

图 2-27　累加器的 L 和 T 操作取右边对齐

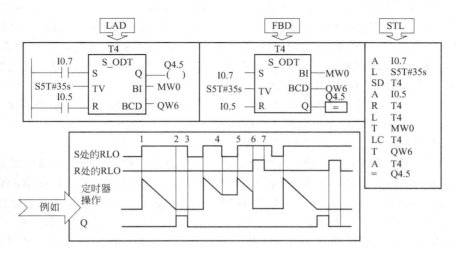

图 2-28　延时通定时器

启动端 S 前的 RLO 有上升沿，定时器启动，开始计时（倒数）。设定时间到，触点输出端 Q 从 0 变为 1。启动端 S 前的 RLO 从 1 变成 0，触点输出端 Q 跟着变为 0，定时器复位。若设定时间没到，启动端 S 就变成 0，定时器停止计时，触点输出端 Q 没有反应。

启动端 S 前的 RLO 又有上升沿，定时器重新启动，开始计时。复位端 R 前的 RLO 为 1，定时器复位，当前值和触点输出都清零。尽管复位信号为 0，而且启动端 S 前的 RLO 为 1，如果没有上升沿，定时器不会启动。这是 S7-300 定时器的重要特点，必须注意。

（b）锁存型延时通定时器。锁存延时通定时器如图 2-29 所示。

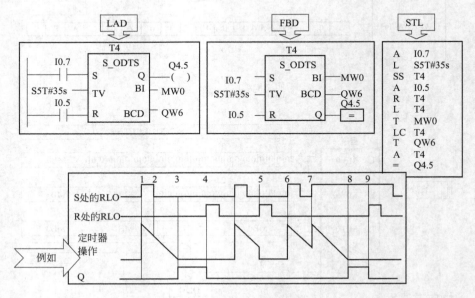

图 2-29　锁存延时通定时器

启动端 S 前的 RLO 有上升沿，定时器启动，开始计时（倒数）。设定时间到，触点输出端 Q 从 0 变为 1。除非有复位信号，否则始终保持 1。若设定时间没到，启动端 S 前的 RLO 就从 1 变成 0，定时器继续计时。

复位端 R 前的 RLO 为 1，定时器复位，触点输出 Q 才能清零。复位端 R 前的 RLO 为 1，定时器复位，当前值和触点输出都清零。启动端 S 前的 RLO 有上升沿，定时器启动，开始计时（倒数）。设定时间还没到，启动端 S 前的 RLO 又有上升沿，定时器重新启动，从头开始计时。设定时间到，触点输出端 Q 从 0 变为 1。除非有复位信号，否则始终保持 1。复位端 R 前的 RLO 为 1，定时器复位，触点输出 Q 也清零。

锁定型延时通定时器，复位端 R 是必须使用的，否则该定时器只能使用一次。在启动端有连续几个脉冲时，计时是从最后一个脉冲的上升沿开始的。

（c）延时断定时器。延时断定时器如图 2-30 所示。

启动端 S 前的 RLO 有下降沿，定时器启动，开始计时。设定时间到，输出端 Q 从 1 变为 0。设定时间还没到，复位端 R 前的 RLO 从 0 变成 1，定时器复位，当前值和触点输出都清零。设定时间还没到，启动端 S 前的 RLO 又有上升沿，定时器停止计时，Q 保持为 1。启动端 S 前的 RLO 又有了下降沿，定时器重新启动开始计时，直到设定时间到，Q 从 1 变为 0。在这里看出，在启动端 S 前有连续几个脉冲时，真正的计时是从最后一个脉冲的下降沿开始的。尽管启动端 S 前的 RLO 为 1，只要复位端 R 为 1，就会令定时器复位。

b. 定时器的设定值　定时器的设定值的设定方式如图 2-31 所示。

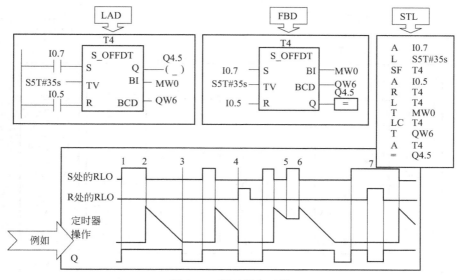

图 2-30　延时断定时器

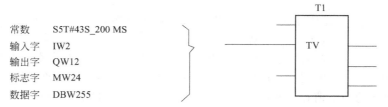

图 2-31　定时器设定值的设置方式

常数设定值的格式为：S5T♯_H_M_MS。

设定时间的范围是：10ms～2h46min30s。

为了增加定时器的灵活性，也可以用变量来存放设定值，这样只要改变了变量的内容，就改变了定时器的设定值，变量必须是一个字节（16bit）。变量设定值的格式为 S5TIME。S5TIME 的数据格式如图 2-32 所示。

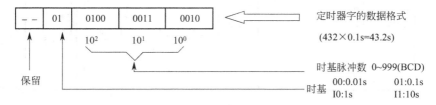

图 2-32　S5TIME 的数据格式

③ 计数器指令　计数器指令有三种：加计数、减计数和加减计数。下面以加减计数为例，介绍计数器指令的用法，如图 2-33 所示。

加计数输入端 CU　当输入端 CU 前的 RLO 有上升沿时，计数器当前值加 1。

减计数输入端 CD　当输入端 CD 前的 RLO 有上升沿时，计数器当前值减 1。

预置计数器　S 和 PV 是一对，当输入端 S 前的 RLO 有上升沿时，把预置数 C♯20 作为当前值写入计数器，预置数 C♯***，写在 PV 输入端前。

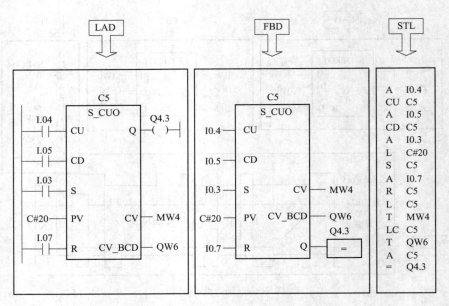

图 2-33 加减计数器的例子

复位输入端 R 当复位输入端 R 为 1 时，计数器被清零，计数器当前值和输出端都被清零。当复位输入端 R 为 1 时，计数器不能工作。

触点输出端 Q Q 与当前值相关联，当前值为 0，则 Q＝0；当前值不为 0，则 Q＝1。

当前值范围 0～999，到了 999 不再往上加，即 999＋1＝999；到了 0 不再往下减，即 0－1＝0。计数器的当前值在两头时，要特别注意防止丢失脉冲。

④ 比较指令 比较指令如图 2-34 所示。

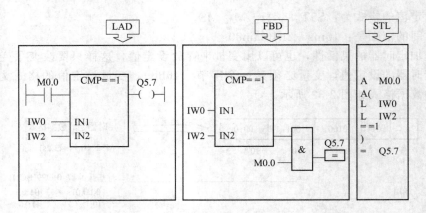

图 2-34 比较指令

在图 2-34 中，当 M0.0＝1，如果源数据 IW0 和 IW2 的内容相等时，Q＝1。

比较指令把两个源数据进行比较，如果比较条件成立，则 ROL＝1，否则 RLO＝0。进行比较的两个源数据，其数据类型必须相等。数据类型可以是正整数、双整数和实数。比较的条件可以指定为：＝＝、＜＞、＞、＜、＞＝、＜＝。

（3）数据类型转换指令

常用数据类型有 BCD 码、正整数 INT、双整数 DINT、实数 REAL 等。实际应用中，这些数据类型之间经常需要相互转换。BCD 码和正整数之间的转换指令如图 2-35 所示。

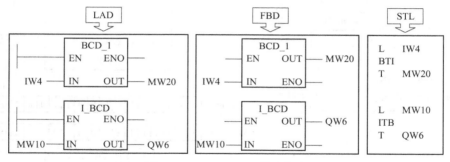

图 2-35　BCD 和 INT 转换指令

BCD_DI/BTD 是把 32bit 的 BCD 码转换成双整数的指令。DI_BCD/DTB 是把双整数转换成 7 位 BCD 码的指令。把整数转换成实数，首先要把整数转换成双整数，如图 2-36 所示。

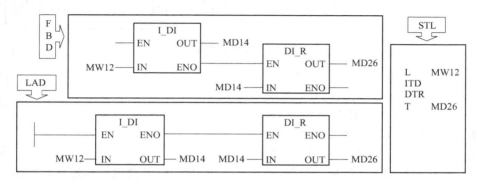

图 2-36　INT、DINT、REAL 转换指令

整数的存储单元是 16bit，而双整数和实数的存储单元是 32bit，这个需要注意。

（4）数字逻辑指令

AND、OR 和 XOR 操作可以一个字为单位来进行，如图 2-37 所示。

WAND_W 该指令把两个源数据对应的各 bit 分别作 AND 操作，结果送到目标地址对应的各 bit。这些指令一般有一些特殊的用途，比如屏蔽拨码开关的最高位：

IW2　　　　　　　＝0100010001110101
W♯16♯0FFF ＝0000111111111111 AND

MW20　　　　　　＝0000010001110101

　　　　　　　　屏蔽｜保留

WOR_W 该指令把两个源数据对应的各 bit 分别作 OR 操作，结果送到目标地址对应的各 bit。比如把 MW30 的第 0bit 置 1，保留 MW30 的其他各位的状态：

MW30　　　　　　＝1010100101100101
W♯16♯0001 ＝0000000000000001　OR
MW30　　　　　　＝1010100101100111

　　　　　　　　保留　置 1

（5）四则运算指令

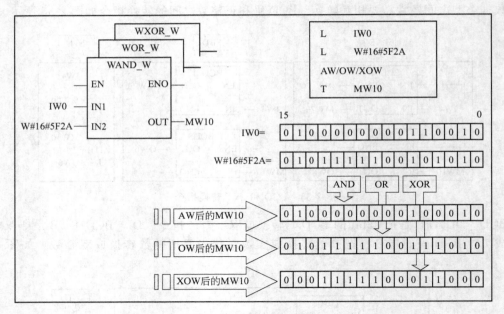

图 2-37　数字逻辑指令

四则运算的指令有 12 条，如下所示：

加法　　ADD _ I　　　ADD _ DI　　　ADD _ R
减法　　SUB _ I　　　SUB _ DI　　　SUB _ R
乘法　　MUL _ I　　　MUL _ DI　　　MUL _ R
除法　　DIV _ I　　　DIV _ DI　　　DIV _ R

四则运算指令把两个源地址的数据进行指定运算后，结果送到目标地址，如图 2-38 所示。两个源地址和目标地址的数据类型必须相同，其数据类型有整数、双整数和实数。

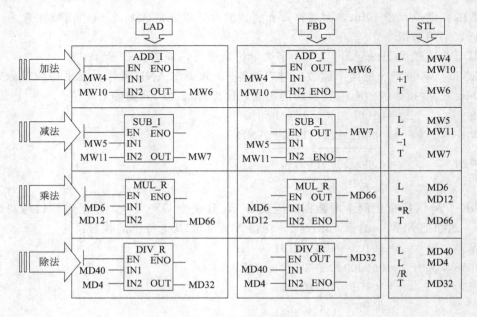

图 2-38　四则运算指令

40

在数据类型转换指令、数字逻辑指令和四则运算指令的许多指令框中，都有 EN 和 ENO 端。EN 是使能端，EN＝1 时执行指令框中的指令。EN 和 ENO 之间的关系是，只有当 EN＝1，而且框中指令执行无误时，ENO 才等于 1。

设置 EN 和 ENO 的目的是允许把指令框串联起来，如图 2-39 所示。需要注意的是，只要其中有一条指令执行有问题，后面的指令就不会被执行。

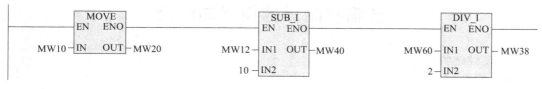

图 2-39　功能框串联

（6）移位指令

① 字和双字的移位指令　字和双字移位指令如图 2-40 所示。

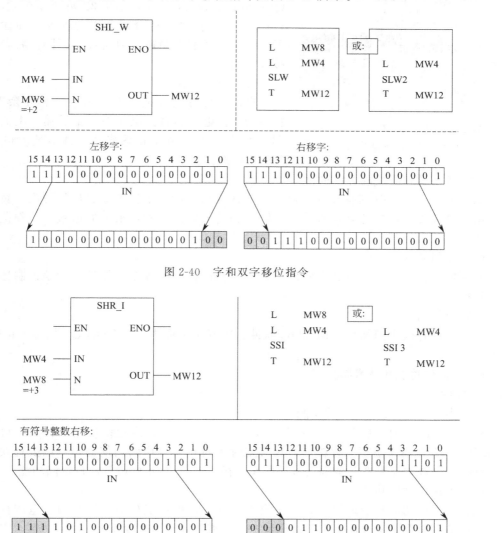

图 2-40　字和双字移位指令

图 2-41　有符号数右移指令

41

在 LAD/FBD 程序中，当 EN=1 时，执行移位指令。但是 ENO 的状态等于 EN 的状态。这条规则在所有移位指令中都有效，这和前面所述的指令不一样。

② 整数的移位指令　有符号数右移指令如图 2-41 所示。

第二节　Modicon TSX Quantum 可编程逻辑控制器的技术与应用

一、硬件结构

（一）构成

Modicon TSX Quantum 可编程逻辑控制器的构成如图 2-42 所示，由以下几个基本部分构成。

图 2-42　Modicon TSX Quantum
可编程逻辑控制器的构成

（1）微处理器 CPU 插件

微处理器 CPU 插件分别有 Quantum-Unity 和 Quantum-Concept/ProWORX322 两种，在 Quantum-Unity 处理器插件中还分成基本处理器和高性能处理器，两者的区别主要在于通信接口不同，后者可以连接以太网。

（2）电源插件

电源插件分别有独立型、累加型和冗余型三种，提供的交流电压和直流电压的容量及输出电流有所不同，可以根据 Quantum 系统是一种本地 I/O 或远程 I/O 进行选择。

（3）状态量和模拟量 I/O 插件

状态量 I/O 插件分别有输入、输出和输入输出三种，根据点数、信号种类、负载等选择使用。模拟量 I/O 插件分别有输入、输出和输入输出三种，根据通道数、工作范围等选择使用。

（4）专用插件

专用插件分别有本安型 I/O 插件、计数器和锁存中断等专项插件、运动控制插件以及热备系统等。

（5）通信插件

通信插件有以太网插件、Modbus 插件、Profibus 插件、INTERBUS 插件、RS-232 插件等。

（二）插件功能和技术特性

1. 插件功能

（1）微处理器 CPU 插件的功能

处理器 CPU 插件具有优越的扫描时间和 I/O 吞吐量，内置多种通信接口，可以通过 PCMCIA 内存扩展卡进行内存扩展，具有定时中断和 I/O 中断的能力，可以处理快速任务和主任务。在高端型号产品的前面板上配装了操作 LCD 显示屏以及用户诊断功能。

（2）电源插件的功能

电源插件的功能是给系统底板提供电源，并且保护系统免遭杂波和额定电压摆动的影响。所有的电源都具有过流保护和过压保护，不需要外加隔离变压器，就可以在电气杂波环境中正常使用。发生意外掉电时，电源可以确保系统有充裕的时间安全有序地关闭。电源插件把电能转换成 5VDC，供给 CPU、本地 I/O、通信插件使用，现场传感器、执行器、Quantum 之间的 I/O 不能使用电源插件提供的电能。

（3）状态量和模拟量 I/O 插件的功能

状态量 I/O 插件有交流电压和直流电压输入、继电器输出、组合输入输出功能；模拟量 I/O 插件具有电流、热电阻、热电偶输入，电流、电压输出，多量程输入/电流输出功能。

（4）专用插件的功能

本安型专用插件包括 RTD、电阻、热电偶、毫伏输入、电流输入、电流输出、状态量输入、状态量输出功能。专项插件包括高速计数、锁存中断、精确时间标记、PLC 时钟同步、Lon Works 通信等功能。运动控制插件包括单轴运动和 MMS 运动控制功能。

（5）通信插件的功能

基于 Web 技术，通过以太网 TCP/IP 或者 FactoryCast 实现了数据的实时透明访问功能；提供了标准网页服务，可以对本地或远程的自动化系统进行诊断和维护；提供了 FactoryCast 网页服务，可以对本地或远程的自动化系统进行控制和监视；提供了 FactoryCast HMI 网页服务，可以执行 PLC 插件中包含的 HMI 功能，例如实时 HMI 数据库管理、电子邮件传输等。

2. 技术特性

（1）微处理器 CPU 插件 140CPU65150

微处理器 CPU 插件 140CPU65150 的主要技术特性如表 2-7 所示。

表 2-7　140CPU65150 的主要技术特性

机架数 2/3/4/6/10/16 插槽	本地 I/O	2 机架（1 主＋1 扩展）
	远程 I/O	31 个具有 2 机架的工作站（1 主＋1 扩展）
	分布式 I/O	具有 63 个单机架工作站的 3 个网络
最大状态量 I/O 数	本地 I/O	无限制（最多 26 插槽）
	远程 I/O	输入和输出各 31744 个通道
	分布式 I/O	输入和输出各 8000 个通道/一个网络
最大模拟量 I/O 数	本地 I/O	无限制（最多 26 插槽）
	远程 I/O	输入和输出各 1984 个通道
	分布式 I/O	输入和输出各有 500 个通道/一个网络
专用插件	本安型 I/O、高速计数、锁存中断、精确时间标记、轴控制、串行连接	
通信插件和轴的数量（本地机架上）	以太网 TCP/IP、Modbus Plus、Profibus DP、SY/Max 以太网、SERCOS、所有组合	6
总线连接	Modbus	1 个集成 RS-232/485 Modbus RTU/ASCII 从端口
	AS-接口动作器/传感器总线	本地机架上有限制（最多 26 插槽），远程机架上有 4 个，分布机架上有 2 个
	Profibus DP/SERCOS MMS(2)	Profibus DP/SERCOS MMS，本地机架上有 6 个"选件"插件
网络连接	Modbus Plus	1 个集成端口，本地机架上有 6 个"选件"插件
	以太网 TCP/IP	1 个集成端口，本地机架上有 6 个"选件"插件
	USB	1 个保留用于连接编程 PC 的端口
过程控制	控制回路	20～60 个可编程通道
冗余	—	电源、远程 I/O 网络、Modbus Plus 插件、以太网 TCP/IP 插件
热备可用性	—	—

没有 PCMCIA 内存扩展卡时的内存容量	IEC 程序	512KB
	定位数据(状态 RAM)	128KB
有 PCMCIA 内存扩展卡时的内存容量	程序和数据存储	最多 7168MB
	数据存储器	8192MB

（2）电源插件 140CPS11100

电源插件 140CPS11100 的技术特性如表 2-8 所示。

表 2-8　电源插件 140CPS11100 的主要技术特性

输入电压	～100…276V	外部保险丝	1.5A
输入电流	～115V/0.4A,～230V/0.2A	最长电源中断时间	满负荷时为 1/2 周
输出电流	最大 3.0A	报警继电器触点	无
频率	47…63Hz		

（3）状态量和模拟量 I/O 插件

模拟量 I/O 插件 140ATI03000 的技术特性如表 2-9 所示。

表 2-9　模拟量 I/O 插件 140ATI03000 的主要技术特性表

通道数	8
工作范围	热电偶： B(−130～1820℃)、E(−270～1000℃)、J(−210～760℃)、K(−270～1370℃)、R(−50～1665℃)、S(−50～1665℃)、T(−270～400℃)
	mV： −100…+100(回路电源电压<30V,$R_{MIN}=0\Omega$) −25…+25(回路电源电压<30V,$R_{MIN}=0\Omega$)
接口	1
输入阻抗	>1MΩ
冷端补偿	内部冷端补偿工作在 0～600℃ 范围。接头门必须关闭
	可以通过将一个热电偶连接到通道 1 来实现远程冷端补偿,推荐远程冷端补偿使用 J、K、和 T 型热电偶
分辨率	TC 范围：选择 1℃(缺省),0.1℃,1℉,0.1℉
	mV 范围：100mV 范围,3.05μV(16 位) 25mV 范围,0.76μV(16 位)
通道之间隔离	～220V,在 47～63Hz 或最大－300V
寻址要求	10 输入字
所需总线电流	280mA

（4）专用插件

专用插件 140EHC10500 的技术特性如表 2-10 所示。

表 2-10　专用插件 140EHC10500 的技术特性表

功能	用于增量编码器的 5 个通道。计数器输入频率 100kHz 或 20kHz
输入数/输出数	8/8
数据格式	16 位计数器 dec65535;32 位计数器 dec2147483647
Unity Pro 软件兼容性	是
寻址要求	12 输入字 12 输出字
故障检测	输出的现场掉电,输出短路
所需总线电流	250mA

（5）通信插件

通信插件 140NOE77100 的技术特性如表 2-11 所示。

表 2-11　通信插件 140NOE77100 的主要技术特性表

物理接口	10BASE-T/100BASE-TX(铜制电缆),100BASE-FX(光纤电缆)
访问方式	CSMA-CD
数据速率	10/100Mbit/s(铜制电缆),100Mbit/s(光纤电缆)
介质	屏蔽双绞线,光纤电缆
功能,主要服务	取决于型号的标准网页/FactoryCast 服务;Modbus TCP 信息;I/O 扫描服务;取决于型号的全局数据;FDR 服务器;SNMP 代理;取决于型号的 SMTP 服务(电子邮件)
兼容性	所有的 CPU,软件 Unity Pro2.0 版,Concept ProWORX32
功耗	1000mA

二、编程软件

(一) Concept 软件简介

1. 编程语言

(1) 功能块图

功能块图实际上就是用户子程序,它包括两部分:变量声明表和逻辑指令组成的程序,可以完成指定的控制任务,如图 2-43 所示。

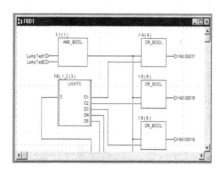

图 2-43　功能块图

功能块包括基本功能块 EFB、派生功能块 DFB、派生基本功能和派生基本功能块 UDEFB。

① 基本功能块是在 Concept 中以库的形式存在的功能和功能块,其逻辑是 C 语言建立的,不能在功能块图编辑器中更改。

② 派生功能块是在 Concept DFB 中定义的功能块。对于它,其功能和功能块之间没有区别,总是被当做功能块来对待,与其内部结构无关。用一个图形来表示派生功能块,就是一个带有两条垂直线以及输入输出的框架,框架的左边是输入,右边是输出,中间是 DFB 的名称,上边是实例名,实例名则是功能块在项目中的唯一识别。

③ 派生基本功能和派生基本功能块是由用户自己定义的,以 C++ 语言编程,在 Concept 中以库的形式使用。在 Concept 中,UDEFB 和 EFB 没有区别。

(2) 梯形图

梯形图是在原电气控制系统中常用的接触器、继电器梯形图的基础上演变而来。与电气操作原理图相呼应,形象、直观、实用,成为 PLC 的主要编程语言,如图 2-44 所示。

梯形图中的对象包括触点、线圈、功能和功能块(FFB)、链路、实参、文本对象。

45

① 触点是一个向其右侧的水平链路上传输一个状态的元素，此状态是左侧水平链路的状态与相关变量/直接地址的状态进行 AND 运算（布尔）的结果。触点类型包括常闭触点、常开触点、检测正跳变的触点和检测负跳变的触点。

② 线圈是将左侧的水平链路的状态毫无改变地传送到右侧水平链路的元素。在这个过程中，相关变量/直接地址的状态将保留。线圈类型包括线圈、取反线圈、检测正跳变的线圈、检测负跳变的线圈、置位线圈和复位线圈。

③ 链路是在触点、线圈和 FFB 之间的链接。一个触点、一个线圈、一个 FFB 可以链接多条链路。连接点用一个实心圆圈来表示。链路类型包括水平链路和垂直链路。

④ 实参是程序运行时间中，来自过程或者其他实参的值通过实参传输到 FFB，经过处理后再次传出。实参的类型包括线圈、触点、FFB 输入和 FFB 输出。

⑤ 文本是在梯形图中可以用文本对象的形式放置文本，文本对象的大小取决于文本的长度，可以在垂直或水平方向上拉伸去填充更多的网格。文本对象不能和 FFB 重叠，但是可以和链路重叠。文本对象不占用 PLC 的内存空间，因为它们不会下载到 PLC。

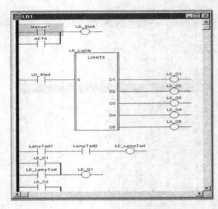

图 2-44　梯形图

（3）结构化文本

结构化文本类似于 BASIC 编程，利用它可以建立、编辑、实现复杂的算法，特别在数据处理、计算存储、决策判断、算法优化等应用中非常有效，如图 2-45 所示。

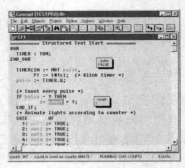

图 2-45　结构化文本

（4）指令表

指令表是一种类似于汇编语言的符号编程表达式，如图 2-46 所示。

（5）顺序功能图

顺序功能图是一种顺序控制语言。如图 2-47 所示。

图 2-46　指令表

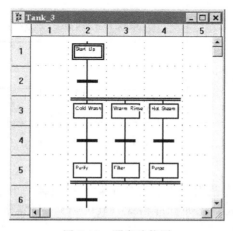

图 2-47　顺序功能图

2. 软件结构

（1）内存分区

Quantum PLC 内存分区为三部分：程序区（Program memory）、状态存储区（State-RAM）和操作运行系统区（Operating/runtime system），如图 2-48 所示。

Concept V2. 5
■ The Quantum Memory Partition

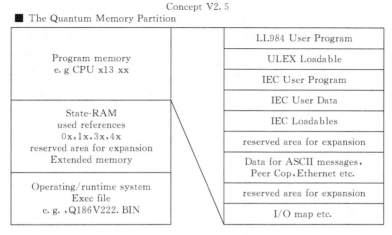

图 2-48　Quantum PLC 内存分区示意图

（2）I/O 映像

在 I/O 映像中，先配置 I/O 站号，然后再配置插件的 I/O 地址和参数。通过 I/O 映像编辑，实现输入输出与状态存储区的对应关系，如图 2-49 所示。

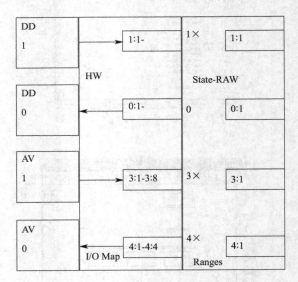

图 2-49　I/O 映像

（3）I/O 寻址

直接地址是 PLC 的内存范围，它们定位于状态存储区，可以分配给输入输出插件。直接地址可以用任何格式输入，比如标准格式（400001）、分隔格式（4：00001）、紧凑格式（4：1）、ICE 格式（QW1）等。

（二）Concept 软件应用

1. 项目创建步骤

项目创建步骤如图 2-50 所示。

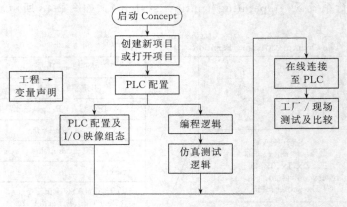

图 2-50　项目创建步骤

2. 项目操作步骤

（1）软件启动

启动 Concept V2.5，出现如图 2-51 所示的画面。

图 2-51　软件（Concept V2.5）启动画面

（2）创建新项目

点击 File→New Project，创建一个新项目，如图 2-52 所示。

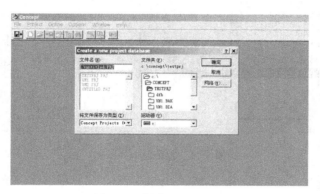

图 2-52　创建新项目画面

（3）PLC 配置

① 进入主菜单 Configure 调用菜单命令 plc type，CPU 和存储器容量大小都在对话框的 plc selection 中选定。如图 2-53 所示。

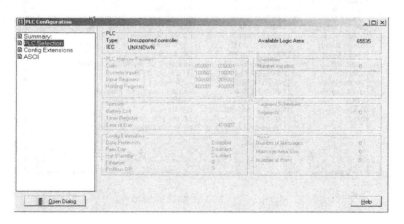

图 2-53　PLC 配置画面

② 使用主菜单 Configure 调用菜单命令 loadables，用户根据自定义的 PLC 功能，选择取决于 CPU 类型、数据处理器适用/不适用、装载与 CPU 的 Flash-Rom 上的操作软件。

③ 使用主菜单 Configure 调用菜单命令 Memory partition，选择用户程序所需要的 in/out 寄存器的数量、最大地址范围，都在对话框右边示出。

④ 使用主菜单 Configure 调用菜单命令 config extensions，设定数据访问保护的范围，清除 peer cop、hot standby 设置，确定以太网接口插件 NOE 的数目。

（4）控制器选择

控制器选择如图 2-54 所示。

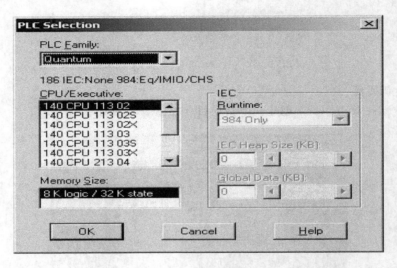

图 2-54 控制器选择画面

（5）I/O 插件选择

I/O 插件选择如图 2-55 所示。

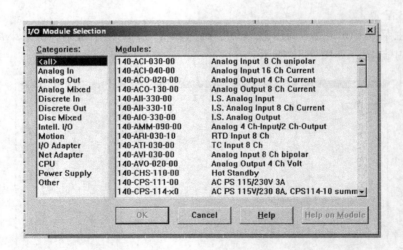

图 2-55 I/O 插件选择画面

（6）创建新章节

创建新章节如图 2-56 所示。

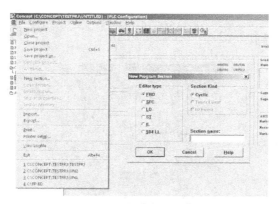

图 2-56 创建新章节画面

（7）程序编辑

程序编辑如图 2-57 所示。

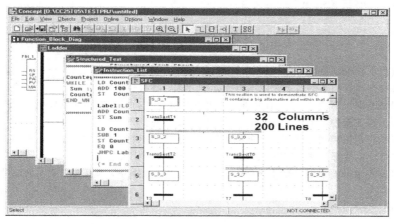

图 2-57 程序编辑画面

（8）连接到 PLC

连接到 PLC 如图 2-58 所示。

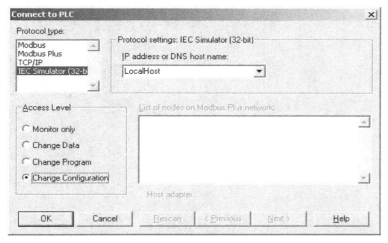

图 2-58 连接到 PLC 画面

51

（9）程序下载

程序下载如图 2-59 所示。

图 2-59　程序下载画面

（10）系统调试

调试结束，需检查 PC 和 PLC 的内容是否一致。

习题与思考题

2-1　S7-300 可编程逻辑控制器硬件包括哪些部分？各有什么用途？

2-2　S7-300 可编程逻辑控制器的状态量输出有哪几种方式？各有什么特点？

2-3　S7-300 可编程逻辑控制器的 CPU 有几种定时器？各有什么功能和使用注意事项？

2-4　Quantum 可编程逻辑控制器的 Concept 工程创建需要哪些步骤？

2-5　Quantum 可编程逻辑控制器使用哪几种编程语言？各有什么特点？

2-6　梯形图中的对象包括哪几种？FFB、FBD、EFB、DFB 代表什么含义？

2-7　Quantum 可编程逻辑控制器由哪几部分构成？其中 CPU 插件分为哪几种 I/O？如何进行扩展？

第三章　数字式仪表

第一节　SLPC 调节器的技术与应用

一、用途

SLPC 调节器是一种集控制、运算、逻辑功能为一体的可编程调节器。使用一台调节器就可以实现单回路控制或串级控制或自动选择控制等。作为控制策略，它可以实现标准 PID、采样 PI、批量 PID 控制。作为运算功能，它有 30 多种运算公式可供选择使用。

SLPC 调节器具有可变型给定值滤波功能，可以改善给定值变化时的响应特性；具有 PID 参数自整定功能，可以自动引导 PID 参数达到最佳状态；具有通信功能，可以和集散控制系统、集中监视装置、SCMC 可编程运算器等连接使用，进行信息的传输和交换；具有自诊断功能，若输入输出信号、运算控制回路、备用电池及通信出现异常情况时，可以对故障进行诊断，并把诊断结果加以显示。

SLPC 调节器和 SPRG 编程器共享 CPU，采用离线连机式编程，主程序和子程序分别可编 99 步，程序易读、易编、易测试，是调节器编程的一大特点。

图 3-1 为 SLPC 调节器的外形图。

二、方框图

SLPC 调节器是以微处理器为核心的智能装置，除了微处理器 CPU、存储器 ROM/RAM、总线之外，还包括输入输出设备及接口，如键盘、显示器、通信接口、模拟量输入、模拟量输出、状态量输入、状态量输出、插头座等。其方框图如图 3-2 所示。

三、原理

（一）构成

1. 正面盘

图 3-3 为 SLPC 调节器的正面盘图。

图 3-1　SLPC 调节器外形图

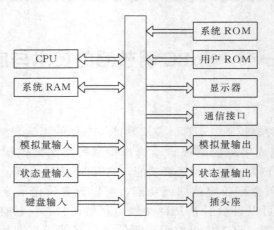

图 3-2　SLPC 调节器的方框图

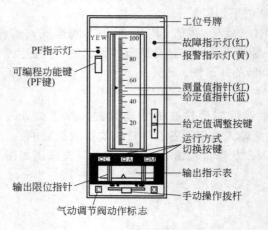

图 3-3　SLPC 调节器的正面盘图

54

① 工位号牌　标明被测变量、仪表功能、工段代号、序号。

② 故障指示灯　调节器的运算、控制回路有故障时灯亮。

③ 报警指示灯　调节器的输入、输出异常和运算溢出时报警灯亮。

④ 测量值指针　单回路控制时用于指示被测变量的测量值，串级和选择控制时用于指示主被测变量的测量值。

⑤ 给定值指针　单回路控制时用于指示被测变量的给定值，串级和选择控制时用于指示主被测变量的给定值。

⑥ 给定值按键　在自动和手动方式下调节给定值的大小。

⑦ 运行方式切换按键　有自动 A、手动 M、串级 C 三种运行方式，按键上带有指示灯，按下按键选择某种运行方式，指示灯点亮显示出相应的运行方式。

⑧ 输出指示表　指示 4～20mA DC 输出电流信号。

⑨ 输出限位指针　表示输出信号限幅的位置。

⑩ 手动操作拨杆　手动方式时，用于改变手操信号的大小。

⑪ 气动调节阀动作标记　气动调节阀分为气关式和气开式两种，调节器的输出信号在零点和满度时均可以定义调节阀的气关式或气开式，根据工艺要求确定。

⑫ PF 指示灯　由用户程序操作它的点亮或熄灭。

⑬ 可编程功能键　根据用户程序定义可以作为状态信号。

2. 侧面盘

图 3-4 为 SLPC 调节器的侧面盘。

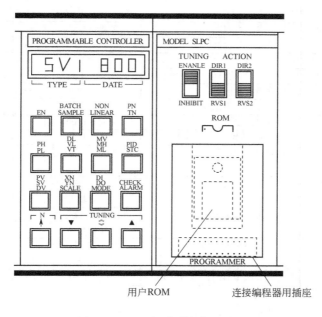

图 3-4　SLPC 调节器的侧面盘图

① 显示器　用于显示设定参数的种类和数值。

② 键盘　用于选择设定参数的种类以及调节数值的大小。键盘含有 16 个键，每个键均为多义键，其键名及键义见表 3-1。

③ 键盘设定禁止、允许调整开关　用于防止误操作。当开关置于"禁止"时，键盘设定无效；当开关置于"允许"时，键盘设定有效，才可操作。

表 3-1 SLPC 调节器侧面盘键名及键义一览表

键盘显示	类型	编号	内 容	显示及设定范围	单位	设定可否	省略值
EN	EN	1~15	E 寄存器	−800.0~800.0	%	×	—
	CI	1~15	CI 寄存器	0/1	—	×	—
	D	1~15	D 寄存器	−800.0~800.0	%	×	—
	CO	1~15	CO 寄存器	0/1	—	×	—
BATCH			批量 PID 控制				
	BD	1	偏差设定值	0~100.0	%	○	0.0
	BB	1	偏置值	0~100.0	%	○	0.0
	BL	1	锁定宽度	0~100.0	%	○	0.0
SAMPLE			采样 PI 控制				
	ST	1,2	采样时间	0~9999	s	○	0
	SW	1,2	控制时间	0~9999	s	○	0
			非线性控制及 10 段折线函数				
	GW	1,2	非线性控制 不灵敏区	0.0~100.0	%	○	100.0
	GG	1,2	非线性控制 增益	0.000~1.000	—	○	
	F	1~11	10 折线函数输出设定值	0.0~100.0	%	○	
	G	1~11					
NON LINEAR	H	1~11	（输入折点）	−25.0~125.0	%	○	0.0~100.0 线性设定
	I	1~11	任意折线函数（输出设定值）	−25.0~125.0	%	○	0.0~100.0 线性设定
	L	1~11	（输入折点）	−25.0~125.0	%	○	0.0~100.0 线性设定
	M	1~11	（输出设定值）	−25.0~125.0	%	○	0.0~100.0 线性设定
PN	PN	1~8	可变参数寄存器	工业量显示	—	○	0.0
		9~16	可变参数寄存器	−800.0~800.0	%	○	0.0
		20~29	程序设定（时间）	0~9999	s	○	0
		30~39	程序设定（输出值）	−25.0~125.0	%	○	0.0
TN	TN	1~16	暂存寄存器	−800.0~800.0	—	×	0.000
	PXN	1,2	可变型给定值滤波系数 α	0.000~1.000	—	○	0.000
	PYN	1,2	可变型给定值滤波系数 β	0.000~1.000	—	○	0.000
	PZN	1	TF 补偿系数（只用于 SLMC）	0.000~8.000	—	○	0.000
PH	PH	1,2	测量值上限报警设定值	用 SCALE 设定的 工业量	—	○	106.3
PL	PL	1,2	测量值下限报警设定值	用 SCALE 设定的 工业量	—	○	−6.3%
DL	DL	1,2	偏差报警设定值	用 SCALE 设定的 工业量	—	○	100.0
VL	VL	1,2	变化率报警设定值	用 SCALE 设定的 工业量	—	○	100.0
VT	VT	1,2	变化率报警时间设定值	1~9999	s	○	1
MV	MV	1	输出信号	−6.3~106.3	%	○	—
MH	MH	1,2	输出信号上限幅值	−6.3~106.3	%	○	106.3
ML	ML	1,2	输出信号下限幅值	−6.3~106.3	%	○	−6.3
	STC	—	自整定方式的指定			○	0
P.I.D STC	P_B	1,2	比例带	6.3~9999	%	○	999.9
	T_I	1,2	积分时间	1~9999	s	○	1000
	T_D	1,2	微分时间（只是 SLPC）	0~9999	s	○	0
			STC 用参数		—	○	

键盘显示	类型	编号	内　　容	显示及设定范围	单位	设定可否	省略值
PV	PV	1,2	测量值	用 SCALE 设定的工业量	—	×	
SV	SV	1,2	给定值	用 SCALE 设定的工业量	—	○	
DV	DV	1,2	偏差值	用 SCALE 设定的工业量	—	×	
XN	XN	1～5	模拟输入寄存器	工业量显示	—	×	
YN	YN	1～6	模拟电流输出寄存器 Y_1	工业量显示	%	×	
			模拟电压输出寄存器 $Y_{2,3}$	工业量显示	%	×	
			辅助输出数据 $Y_{4,5,6}$	工业量显示	%	×	
SCALE	HI	1,2	控制功能 PV/SV 的工业量显示的 100% 值	−9999～9999		○	1000
	LO	1,2	控制功能 PV/SV 的工业量显示的 0% 值	−9999～9999		○	0
	OP	1,2	控制功能 PV/SV 的工业量显示的小数点位置	1～4		○	3
DI	DI	1～6	状态输入	0/1	—	×	—
DO	DO	1～16	状态输出及内部状态	0/1	—	×	—
MODE	MODE	1～5	动作方式		—	○	0
CHECK	CHECK		自诊断　用代码表示异常原因				
ALARM	ALARM		过程报警　用代码表示报警原因				
	STALM		自整定报警　用代码表示报警原因				
N			项目编号更新				
↑							
▼			数据减少设定				
≪ ≫			加速设定（和 ▼▲ 按钮同时揿压）	—	—	—	—
▲			数据增加设定	⌐	—	—	—
			脉宽输出设定				
	TF	—	阀运行时间（全行程）	0～999.0	s	○	A 型
	DZ	—	输出不灵敏区	0～100.0	%	○	0.0
PULSE	MW	—	输出最小时间宽度	0～100.0	%	○	0.0
	BL	—	间隙补偿	0～100.0	%	○	0.0
	OU	—	输出偏置（第一输出侧）	0～100.0	%	○	0.0
	OD	—	输出偏置（第二输出侧）	0～100.0	%	○	0.0

注：○设定；×不设定。

④ 正反作用开关　用于确定 SLPC 调节器的正/反作用。由于 SLPC 调节器的内部相当于两台调节器，因此具有两个正反作用开关。

⑤ 用户 ROM 插座　用于安装写有用户程序的 EPROM。

⑥ 编程器连接插座　用于连接 SPRG 编程器电缆的插座。

（二）原理电路

SLPC 调节器的原理电路图如图 3-5 所示。微处理器 CPU 采用 8085AHC，时钟频率 10MHz，由它完成数据传递、输入输出、运算处理、逻辑判断等功能。只读存储器 ROM 分为系统 ROM 和用户 ROM，系统 ROM 采用 27256 型 EPROM，32KB，用于存放系统管理程序和各种运算子程序。用户 ROM 采用 2716 型 EPROM，2KB，用于存放用户自编的控制程序。随机存储器 RAM 采用 µPD4464C 低功耗 CMOS 存储器，8KB，用于存放各种现场设定数据和中间计算结果。D/A 转换器采用 MPC648D 型 12 位高速数模转换器，利用 D/A 转换器，再加上软件编程，通过 CPU 反馈编码，可以构成 12 位逐位比较型模数转换器。显示器采用 8 位 16 段显示器，键盘采用 16 个多义键键盘，键盘/显示接口采用 8279IC 芯片。通信接口采用 8251 型通信接口，用于双向数据通信。为了防止通信线路可能引入的干扰，通信线路通过光电耦合与调节器相连。

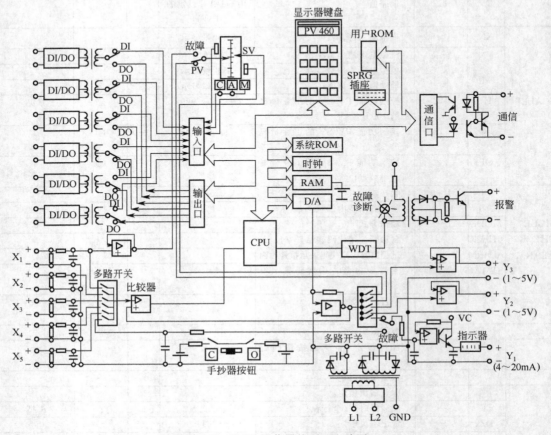

图 3-5　SLPC 调节器的原理电路图

　　SLPC 调节器的模拟量输入通道有 5 个，均为负端公共的不隔离输入。模拟量输出通道有 6 个，其中 Y_1 为 4～20mA DC 电流输出，Y_2 和 Y_3 为 1～5V DC 电压输出。内部还有两路输出，用于驱动测量值 PV 和给定值 SV 的指针。由于调节器本身具有隔离供电的特点，因此整个装置对地隔离，同时可以组成回路之间相互隔离的系统。从图中可以看到，模拟量输入通道 X1 的输入信号进入调节器后经过 RC 滤波分成两路：第一路通过多路开关到达比较器的反向输入端，和 D/A 转换器输出的反馈电压进行比较，也就是说经过 A/D 转换后变成数字量进入 CPU，进行运算处理；第二路不经过多路开关而是通过阻抗隔离器直接送到测量值 PV 的指针上，正常时，CPU 无故障，指示表中测量值 PV 的指针信号来自第一路，不正常时，CPU 出现故障，指示表中测量值 PV 的指针信号来自第二路。在指示表的输入端设有切换开关，它根据 CPU 的自检程序或定时器 WDT 发出的故障输出信号 FALL 决定切换的位置。在发出 FALL 信号的同时，模拟量输出通道 Y_1 立即切换成保持状态，再通过手动操作拨杆可以使输出信号增大或减小，实现对过程的手动控制。这种备用方式极其方便，一旦 CPU 出现故障，系统仍可以维持降级运行。

58

通过上述的分析，可以认识到在使用 SLPC 调节器时，应该考虑输入、输出端的选择，因为 X_1 具有在故障状态下既能直接显示 PV 大小，又能进行手动操作的特点，所以重要的模拟量输入应接在 X_1 上，重要的模拟量输出应接在 Y_1 上。

状态量输入通道有 6 个，采用高频率变压器隔离。输入状态经 74LS375 型集电极开路型 8D 触发器和数据总线相连，根据 CPU 的指令，先将输入状态读入 8D 触发器，需要时再允许输出控制脉冲 OE 将触发器输出与数据总线相连，将输入状态读入 CPU。

状态量输出通道有 16 个，采用高频率变压器隔离。输出状态经 74LS273 型 8D 触发器和数据总线相连，每一个控制周期 CPU 将输出状态打入 8D 触发器，由它锁存并控制输出状态开关的通断。故障输出也属于状态量输出通道，它既受 CPU 控制，也受 WDT 控制。

（三）运算控制原理

1. 程序的构成

前面介绍过的 ICE 调节器属于模拟式仪表，通常具有三大基本动作：输入偏差信号；对偏差信号进行 PID 运算；把运算结果转换成输出信号。SLPC 调节器作为数字式仪表，上述的基本动作均采用软件的形式。所谓软件就是各种各样的程序的集合。这些程序主要是实现三大基本动作的指令：

LOAD　输入数据或常数；

FUNCTION　进行运算或控制；

STORE　运算结果输出。

比如构成一个具有内给定功能的 PID 调节器，使用下面的程序：

LD　X1

BSC

ST　Y1

END

又比如构成一个加法器，使用下面的程序：

LD　X1

LD　X2

＋

ST　Y2

END

一台 SLPC 调节器的程序最多由 99 步组成。

2. 运算控制的实现

在 SLPC 调节器中实现上述的程序功能主要是依靠它的运算寄存器，运算寄存器由 $S_1 \sim S_5$ 五个寄存器以堆栈的形式组成。当进行两个信号的加法运算时，运算寄存器的运算原理如图 3-6 所示。

假设运算之前寄存器 $S_1 \sim S_5$ 的初始状态为 A、B、C、D、E。

① LD X1　模拟量输入寄存器 X_1 的信息读入运算寄存器 S_1，其他运算寄存器的内容依次下推，运算寄存器 S_5 的内容 E 消失。

② LD X2　模拟量输入寄存器 X_2 的信息读入运算寄存器 S_1，其他运算寄存器的内容依次下推，运算寄存器 S_5 的内容 D 消失。

③ ＋　运算寄存器 S_2 中的信息加上 S_1 中的信息再存到 S_1 中，其他寄存器的内容依次上弹，S_5 的内容保持不变。

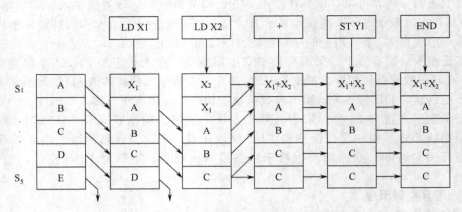

图 3-6　运算寄存器运算原理示意图

④ ST Y1　把运算寄存器 S_1 的内容存储到模拟量输出寄存器 Y_1 中。根据指令的要求，运算寄存器 S_5 的内容不变。

⑤ END　运算结束，程序到此终了。

指令执行的过程如图 3-6 所示。由图可见，运算寄存器采用堆栈结构，先压入的信息后弹出，压入时信息依次下移，S_5 的内容消失；弹出时信息依次上升，S_5 的内容保持不变。

3. 数据类型

SLPC 调节器数字运算采用二进制 16 位字节，折合成十进制运算范围则是 +7.999～-7.999，运算精度为 2^{-12}（≈0.00024）。用户程序运行时，每一步的执行结果都不能超出 +7.999～-7.999 这个范围，否则便以极限数值代替运算结果并发出报警，因此要注意定标。在运算过程中，如果产生小数点后第 12 位以下的二进制数码，则将第 13 位按照 0 舍 1 入的方式处理。

1～5V 的模拟量输入信号进入 SLPC 调节器后，被转换成 0～1 的内部数据，储存在相应的寄存器中。经过内部运算处理的 0～1 的内部数据，进行 D/A 转换后变成 1～5V 或 4～20mA 的模拟量输出信号。1～5V 的模拟量输入信号和 0～1 的内部数据的转换关系，以及 0～1 的内部数据和 4～20mA 的模拟量输出信号的转换关系如图 3-7 所示。输入输出信号和内部数据的关系如表 3-2 所示。

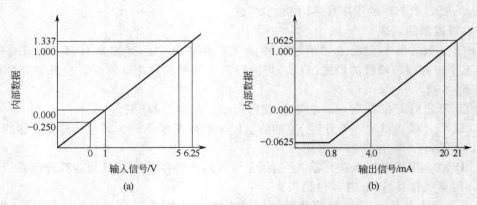

图 3-7　输入、输出和内部数据的转换关系图

60

表 3-2　输入输出信号和内部数据的关系

项目	信号（内部数据）	精度/%	信号极限值（相应的内部数据）
输入信号	1～5V(0.0～1.0)	±0.2	0～6.25V(−0.250～1.337)
输出信号	1～5V(0.0～1.0)	±0.3	0.75～5.25V(−0.0625～1.0625)
	4～20mA(0.0～1.0)	±1.0	0.8～21.0mA(−0.0625～1.0625)

状态量输入、输出在 ON 时，对应的内部数据为十六进制的 01；状态量输入、输出在 OFF 时，对应内部数据为十六进制的 00。

4. 寄存器

SLPC 调节器中寄存器的构成如图 3-8 所示。

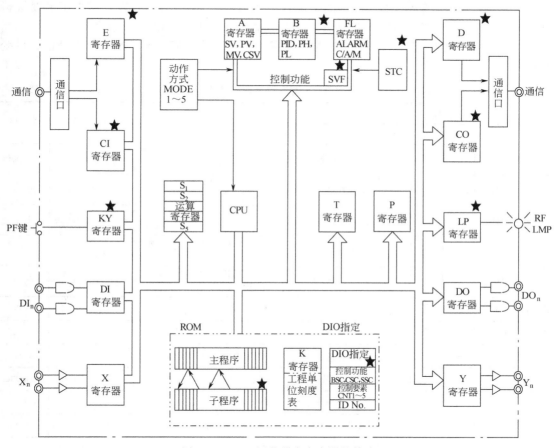

图 3-8　SLPC 调节器中寄存器的构成

模拟量输入寄存器 X_n，n＝1～5，二进制 16 位。

模拟量输出寄存器 Y_n，n＝1～6，二进制 16 位。

可变参数寄存器 P_n，n＝1～16，二进制 16 位。

常数寄存器 K_n，n＝1～85，二进制 16 位。

暂存寄存器 T_n，n＝1～16，二进制 16 位。

模拟量功能扩展寄存器 A_n，n＝1～16，二进制 16 位。

控制参数寄存器 B_n，n＝1～17，二进制 16 位。

状态量功能扩展寄存器 FL_n，n＝1～32，二进制 1 位。

状态量输入寄存器 DI_n，n＝1～16，二进制 1 位。

状态量输出寄存器 DO_n，n＝1～16，二进制 1 位。

模拟量接收寄存器 E_n，n＝1～15，二进制 16 位。

模拟量发送寄存器 D_n，n＝1～15，二进制 16 位。

状态量接收寄存器 CI_n，n＝1～15，二进制 1 位。

状态量发送寄存器 CO_n，n＝1～15，二进制 1 位。

PF 键输入寄存器 KY_n，n＝1～4，二进制 1 位。

PF 指示灯输入寄存器 LP_n，n＝1～4，二进制 1 位。

运算寄存器 S_n，n＝1～5，二进制 16 位。

为了扩展 SLPC 调节器的控制功能，设置了 A_n、B_n、FL_n 等寄存器，如果不需要进行功能扩展，可对全部寄存器置于初始值，相当于没有 A_n、B_n、FL_n 等寄存器。

A 寄存器的功能如表 3-3 所示。这类寄存器主要用于给定值设定、输入输出补偿、可变增益等。

表 3-3　A 寄存器功能一览表

A 寄存器	代号	控制功能			名称	功能	有效运算范围	初始值
		BSC	CSC	SSC				
A_1	CSV1	○	○	○	外部串级设定	串级方式时的 CNT1 给定值（MODE2＝1）	0.0～1.0	−8.000
A_2	DM1	○	○	○	输入补偿	与偏差信号相加(用于纯滞后时间补偿等控制)	−1.0～1.0	0.0
A_3	AG1	○	○	○	可变增益	用 A_3 的数据与 CNT1 的比例增益相乘	−8.000～8.000	1.0
A_4	FF1	○	○	○	输出补偿	与输出信号相加(用于前馈控制)	−1.0～2.0	0.0
A_5	CSV2	—	—	○	CNT2 设定值	选择控制时,CNT2 的给定值（$MODE_3$＝0）	0.0～1.0	−8.000
A_6	DM2	—	○	○	输入补偿	和 A_2 相同　对 CNT2 而言		0.0
A_7	AG2	—	○	○	可变增益	和 A_3 相同　对 CNT2 而言		1.0
A_8	FF2	—	○	○	输出补偿	和 A_4 相同　对 CNT2 而言		0.0
A_9	TRK	○	○	○	输出跟踪	FL_9＝1[3] 时控制方式输出	0.0～1.0	−8.000
A_{10}	EXT	—	—	○	选择外部信号	外部操作信号	0.0～1.0	[2]
A_{11}	SSW	—	—	○	选择规格开关	选择功能的指定	0.0～4.0	0.0
A_{12}	SV1	○	○	○	给定值(CNT1)	CNT1 的给定值	0.0～1.0	[1]
A_{13}	SV2	—	○	○	给定值(CNT2)	CNT2 的给定值	0.0～1.0	[1]
A_{14}	MV	○	○	○	输出值	控制的输出信号	−0.063～1.063	[1]
A_{15}	PVM	○	○	○	测量指示表	在测量值指示表上显示 A_{15} 的数据	0.0～1.0	[1]
A_{16}	SVM	○	○	○	设定指示表	在给定值指示表上显示 A_{16} 的数据	0.0～1.0	[1]

[1] 表示寄存器未初始化。

[2] 低值选择时为 8.000，高值选择时为 −8.000。

[3] 在 SLMC 脉宽输出调节器中，A_9 成为阀开度反馈信号寄存器。

注：○表示可用 LD 和 ST 指令。

$A_1 \sim A_{16}$ 分别对应 16 个不同的控制功能，根据需要把适当的信息输入 A_n（$n=1 \sim 16$），从而实现了功能扩展。例如在进行串级控制时，可将串级控制的给定值送入 A_1；又例如在前馈控制时，可将输出补偿的信号送入 A_4。

B 寄存器的功能如表 3-4 所示。这类寄存器主要用于各种参数的设定。$B_1 \sim B_{17}$ 分别对应 17 个不同的设定参数，根据需要把适当的信息输入 B_n（$n=1 \sim 17$），从而实现了功能扩展。

表 3-4　B 寄存器功能一览表

B 寄存器	代号	名称	针对 0～1 的内部数据的设定范围	最大设定范围	默认值
B_{01}	PB1	比例带	（0）～100.0%	6.3～799.9%＊	799.9%
B_{21}	PB2			（6.3～999.0%）	
B_{02}	TI1	积分时间	（0）～1000s	1～7999s＊	1000s
B_{22}	TI2			（1～9999s）	
B_{03}	TD1	微分时间	0～1000s	0～7999s＊	0s
B_{23}	TD2			（1～9999s）	
B_{04}	GW1	非线性控制死区	0～100.0%	0～100.0%	0.0%
B_{24}	GW2				
B_{05}	GG1	非线性控制增益	0～1.000	0～1.000	100.0%
B_{25}	GG2				
B_{06}	PH1	测量值上限报警设定值	0～100.0%	−6.3%～106.3%	106.3%
B_{26}	PH2				
B_{07}	PL1	测量值下限报警设定值	0～100.0%	−6.3%～106.3%	−6.3%
B_{27}	PL2				
B_{08}	DL1	偏差报警设定值	0～100.0%	0～100.0%	100.0%
B_{28}	DL2				
B_{09}	VL1	变化率报警设定值	0～100.0%	0～100.0%	100.0%
B_{29}	VL2				
B_{10}	VT1	变化率报警时间设定值	0～1000s	1～7999s＊	1s
B_{30}	VT2			（1～9999 s）	
B_{11}	MH1	输出信号上限限幅值	0～100.0%	−6.3%～106.3%	106.3%
B_{31}	MH2				
B_{12}	ML1	输出信号下限限幅值	0～100.0%	−6.3%～106.3%	−6.3%
B_{32}	ML2				
B_{13}	ST1	采样 PI 的采样周期	0～1000s	0～7999s＊	0s
B_{33}	ST2			（0～9999 s）	
B_{14}	SW1	采样 PI 的控制时间	0～1000s	0～7999s＊	0s
B_{34}	SW2			（0～9999 s）	
B_{15}	BD1	批量 PID 的偏差设定值	0～100.0%	0～100.0%	0.0%
—	—				
B_{16}	BB1	批量 PID 的偏置值	0～100.0%	0～100.0%	0.0%
—	—				
B_{17}	BL1	批量 PID 的锁定宽度	0～100.0%	0～100.0%	0.0%
—	—				

＊ 括号内所示的数据范围可从侧面盘上设定。

FL 寄存器的功能如表 3-5 所示。这类寄存器主要用于报警、运行方式切换、通信等。$FL_1 \sim FL_{32}$ 分别对应 32 种不同的控制功能，根据需要把适当的信息从 FL_n（$n=1 \sim 16$）读出或写入，从而实现了功能扩展。例如对测量值进行上限报警时，将 FL_1 的信息送给 DO_1；在需要自动手动切换时，可将 FL_{11} 的信息输出到有关的寄存器。

表 3-5　FL 寄存器功能一览表

FL 寄存器	代号	控制功能 BSC	CSC	SSC	名　称	信号 0	信号 1	注　释	初始值
FL_1	PH1	○	○	○	测量值上限报警	正常	异常	范围：−6.3%～+106.3%，滞区 2%	①
FL_2	PL1	○	○	○	测量值下限报警	正常	异常	范围：−6.3%～+106.3%，滞区 2%	①
FL_3	DL1	○	○	○	偏差值报警	正常	异常	范围：0～±100%，滞区 2%，无识别报警	①
FL_4	VL1	○	○	○	测量值变化率报警	正常	异常	变化率范围：0～±100%，时间 1～7999s	①
FL_5	PH2	—	○	○	测量值 2 上限报警	正常	异常	同 PH1	①
FL_6	PL2	—	○	○	测量值 2 下限报警	正常	异常	同 PL1	①
FL_7	DL2	—	○	○	偏差值 2 报警	正常	异常	同 DL1	①
FL_8	VL2	—	○	○	测量值 2 变化率报警	正常	异常	同 VL1	①
FL_9	TRK	◎	◎	◎	输出跟踪	自动	跟踪	当 $FL_9=1$，在 C 或 A 方式下运行时，将 A_9 的内容作为 MV 值输出	0
FL_{10}	C/A	◎	◎	◎	C-A 方式切换	A	C	按 FL_{10} 中的 0、1 信号实现 C、A 切换	从正面盘读出
FL_{11}	A/M	◎	◎	◎	A-M 方式切换	M	C，A	按 FL_{11} 中的 0、1 信号实现 A、M 切换	开关状态
FL_{12}	O/C	◎	◎	—	内部串级开关	串级	副回路单独控制	正面盘方式开关切换到副回路单独控制	在侧面盘读取 MODE
FL_{13}	C/C	○	◎	◎	模拟/计算机设定	模拟	计算机	选择串级设定信号（模拟计算机）（MODE2）	①
FL_{14}	DDC	○	○	○	PDC 输出来自上位系统	—	DDC	从上位系统由 DDC 指令进行设定	①
FL_{15}	FAIL	○	○	○	停止通信		故障	如果通信发生错误，则置"1"	①
FL_{17}		○	○	○	SCMS 通信	停止	有效	内部单元与 SCMS 通信	—
FL_{19}		○	○	○	运算溢出	正常	异常	运算结果超出 ±7.999	—
FL_{20}		○	○	○	输入溢出	正常	异常	X_1～X_5 中至少有一个溢出就为故障	—
FL_{22}		○	○	○	备用电池故障	正常	异常	劣质电池或电压下降	—
FL_{23}		○	○	○	电流输出开路	正常	异常	4～20mA 电流输出开路	—
FL_{24}		○	◎	○	参数初始化	正常	异常	由于电源或电池发生故障，使 RAM 数据丢失	—
FL_{25}		○	○	○	X_1 输入溢出	正常	异常	诊断的目标是输入，只适于用户程序	—
FL_{26}		○	○	○	X_2 输入溢出	正常	异常		—
FL_{27}		○	○	○	X_3 输入溢出	正常	异常	（输入不能总在"0"的状态下）	—
FL_{28}		○	○	○	X_4 输入溢出	正常	异常		—
FL_{29}		○	○	○	X_5 输入溢出	正常	异常		—
FL_{32}	MTR	—	◎	◎	指示器切换	CNT1	CNT2	CNT2 的 PV，SV 在正面盘的指示器中显示，SET 键切换到 SV2	○

① 无初始化。

注：1. 标有○的 FL 寄存器只在 LD 中应用，标有◎的寄存器有 LD 和 ST 中应用。

　　2. SLMC 的寄存器用于 SLMC/LOCAL 转换信号（0：SLMC，1：LOCAL）。

（四）运算控制指令

SLPC 调节器的运算控制指令共有 46 条，其中包括输入输出、基本运算、带设备编号的运算、条件判断、寄存器移位和控制运算等类型。每一类又包括多种指令，见表 3-6。

表 3-6　SLPC 调节器运算指令一览表

分类	指令符号	指　令	运　算　寄　存　器						说　　　明
			指令执行前			指令执行后			
			S_1	S_2	S_3	S_1	S_2	S_3	
加载 （LOAD）	LD Xn	读入 X_n	A	B	C	X_n	A	B	$n=1\sim5$　X_n:模拟量输入寄存器
	LD Yn	读入 Y_n	A	B	C	Y_n	A	B	$n=1\sim6$　Y_n:模拟量输出寄存器
	LD Pn	读入 P_n	A	B	C	P_n	A	B	$n=1\sim16$　P_n:可变参数寄存器
	LD Kn	读入 P_n	A	B	C	K_n	A	B	$n=1\sim85$　K_n:常数寄存器
	LD Tn	读入 T_n	A	B	C	T_n	A	B	$n=1\sim16$　T_n:暂存寄存器
	LD An	读入 A_n	A	B	C	A_n	A	B	$n=1\sim16$　A_n:模拟量功能扩展寄存器
	LD Bn	读入 B_n	A	B	C	B_n	A	B	$n=1\sim34$　B_n:控制参数寄存器
	LD FLn	读入 FL_n	A	B	C	FL_n	A	B	$n=1\sim32$　FL_n:状态量功能扩展寄存器
	LD DIn	读入 DI_n	A	B	C	DI_n	A	B	$n=1\sim10$　DI_n:状态量输入寄存器
	LD DOn	读入 DO_n	A	B	C	DO_n	A	B	$n=1\sim16$　DO_n:状态量输出寄存器
	LD En	读入 E_n	A	B	C	E_n	A	B	$n=1\sim15$　E_n:模拟量接收寄存器
	LD Dn	读入 D_n	A	B	C	D_n	A	B	$n=1\sim15$　D_n:模拟量发送寄存器
	LD CIn	读入 CI_n	A	B	C	CI_n	A	B	$n=1\sim15$　CI_n:状态量接收寄存器
	LD COn	读入 CO_n	A	B	C	CO_n	A	B	$n=1\sim15$　CO_n:状态量发送寄存器
	LD KYn	读入 KY	A	B	C	KY_n	A	B	$n=1\sim4$　KY_n:PF键输入寄存器
	LD LPn	读入 LP	A	B	C	LP_n	A	B	$n=1\sim4$　LP_n:PF指示灯输入寄存器
存储 （Store）	ST Xn	向 X_n 存储	A	B	C	A	B	C	将 S_1 向 X_n 存储
	ST Yn	向 Y_n 存储	A	B	C	A	B	C	将 S_1 向 Y_n 存储
	ST Pn	向 P_n 存储	A	B	C	A	B	C	将 S_1 向 P_n 存储
	ST Tn	向 T_n 存储	A	B	C	A	B	C	将 S_1 向 T_n 存储
	ST An	向 A_n 存储	A	B	C	A	B	C	将 S_1 向 A_n 存储
	ST Bn	向 B_n 存储	A	B	C	A	B	C	将 S_1 向 B_n 存储
	ST FLn	向 FL_n 存储	A	B	C	A	B	C	将 S_1 向 FL_n 存储
	ST DOn	向 DO_n 存储	A	B	C	A	B	C	将 S_1 向 DO_n 存储
	ST Dn	向 D_n 存储	A	B	C	A	B	C	将 S_1 向 D_n 存储
	ST COn	向 CO_n 存储	A	B	C	A	B	C	将 S_1 向 CO_n 存储
	ST LPn	向 LP_n 存储	A	B	C	A	B	C	将 S_1 向 LP_n 存储

分　类	指令符号	指　令	运　算　寄　存　器						说　明
			指令执行前			指令执行后			
			S_1	S_2	S_3	S_1	S_2	S_3	
结束 (End)	END	运算结束	A	B	C	A	B	C	
功能	基本运算	+	加法	A	B	C	B＋A	C	D	$S_1 \leftarrow S_2 + S_1$
		−	减法	A	B	C	B−A	C	D	$S_1 \leftarrow S_2 - S_1$
		×	乘法	A	B	C	B×A	C	D	$S_1 \leftarrow S_2 \times S_1$
		÷	除法	A	B	C	B÷A	C	D	$S_1 \leftarrow S_2 \div S_1$
		SQT	开方运算	A	B	C	$\sqrt{A}$	C	D	$S_1 \leftarrow \sqrt{A}$
		SQT-E	带任意设定小信号切换的开方运算	小信号切除点设定值	A	B	小信号切换状态的 $\sqrt{A}$	B	C	$S_1 \leftarrow$ 小信号切除状态的 $\sqrt{S_2}$
		ABS	绝对值运算	A	B	C	|A|	B	C	$S_1 \leftarrow \|S_1\|$
		HSL	高值选择	A	B	C	A 或 B 均为大值	C	D	比较 S_1 寄存器和 S_2 寄存器的内容,大值存入 S_1
		LSL	低值选择	A	B	C	A、B 中的小值	C	D	将小值存入 S_1
		HLM	上限限幅运算	上限设定值	输入值	A	被控制在上限值以下的输入	A	B	输入值在上限设定值以下时,将输入值存入 S_1;如果在上限设定值以上,则将设定值存储
		LLM	下限限幅运算	下限设定值	输入值	A	被控制在下限值以上的输入	A	B	进行下限限幅
	带设备编号的运算	FX1,2	十段折线函数运算	输入值	A	B	经过折线变换的输入	A	B	输入为 10 等分的 10 段折线函数,特性固定
		FX3,4	任意段折线函数运算	输入值	A	B	经过折线变换的输入值	A	B	输入为任意段折线函数,特性固定

66

分 类	指令符号	指 令	运 算 寄 存 器						说 明
			指令执行前			指令执行后			
			S_1	S_2	S_3	S_1	S_2	S_3	
功能	带设备编号的运算	LAG1～8	一阶滞后运算	时间常数	输入值	A	经过一阶滞后运算的输入值	A	B	对输入进行一阶滞后运算,将所得结果存入S_1
		LED1,2	微分运算	时间常数	输入值	A	经过微分运算的输入值	A	B	对输入值进行微分运算,并将所得结果存入S_1
		DED1～3	纯滞后运算	纯滞后时间常数	输入值	A	纯滞后时间前的输入值	A	B	将纯滞后时间前的输入值存入S_1
		VEL1～3	变化率运算	纯滞后时间常数	输入值	A	从现在值中减去过去值	A	B	从现在值中减去过去值,将结果存入S_1
		VLM1～6	变化率限幅运算	下降变化率限幅值	上升变化率限幅度	输入值	对变化速度进行限制的输入值	A	B	将输入值的变化速度限制在设定值以下,上升、下降可独立设定
		MAV1～3	移动平均值运算	运算时间设定	输入值	A	平均运算值	A	B	从被设定的过去的时间到现在的平均值
		CCD1～8	状态变化检测运算	0/1	A	B	0/1	A	B	S_1从0向1变化时,$S_1=1$
		TIM1～4	计时运算	开/关	A	B	经过时间	A	B	S_1为0时,复位;S_1为1时,定时器启动或正在计时
		PGM1	程序设定运算	程序开/复位	启动/保持	初始值	程序输出值	0/1	A	S_2为1,S_1为0时,程序启动;S_1为1时,复位

分类	指令符号	指令	指令执行前 S₁	S₂	S₃	指令执行后 S₁	S₂	S₃	说明
带设备编号的运算	PIC1~4	脉冲输入计数运算	计数器/复位	输入值	A	计数器输出值	A	B	S₁ 为 1 时,计数器启动;S₁ 为 0 时,复位
	CPO1,2	脉冲输出计数运算	积算率	输入值	A	输入值	A	B	用存于 S₁ 的计数率乘以 S₂ 中的输入值转换成脉冲输出
条件判断	HAL1~4	上限报警运算	设定值的滞后宽度	报警设定值	输入	0/1	输入	A	因为是带滞后宽度的报警,所以如果是正常状态,则为 0,是异常状态时,则为 1
	LAL1~4	下限报警运算	滞后宽度	报警设定值	输入	0/1	输入	A	下限报警
	AND	逻辑与	A	B	C	A∩B	C	D	S₁←S₂∩S₁
	OR	逻辑或	A	B	C	A∪B	C	D	S₁←S₂∪S₁
	NOT	逻辑否	A	B	C	A̅	B	C	S₁←S̄₁
	EOR	异或	A	B	C	A⊄B	C	D	S₁←S₂⊄S₁
	GOnn	无条件转移运算	A	B	C	A	B	C	nn:01~99 可任意指定
	GIFnn	有条件转移运算	0/1	A	B	A	B	C	S₁ 为 0 时,转下一步;S₁ 为 1 时,转 nn 步
	GO SUBnn	向子程序 nn 跳变	A	B	C	A	B	C	nn:01~30 可任意指定
	GIF SUBnn	向子程序 nn 跳变的条件转移	0/1	A	B	A	B	C	S₁ 为 0 时,转下一步;S₁ 为 1 时,转向子程序 nn
	SUBnn	子程序	A	B	C	A	B	C	nn:01~30 子程序的起始位
	RTN	返回	A	B	C	A	B	C	返回至主程序
	CMP	比较运算	A	B	C	0/1	B	C	比较 S₁、S₂ 的内容,S₂<S₁ 时为 0,S₂≥S₁ 时为 1
	SW	信号切换运算	0/1	A	B	A 或 B	C	D	若 S₁=0 时,S₃→S₁;若 S₁=1 时,S₂→S₁
寄存器位移	CHG	S 寄存器交换	A	B	C	B	A	C	交换 S₁ 和 S₂ 寄存器的内容
	ROT	S 寄存器旋转	A	B	C	B	A	C	S₂→S₁,S₃→S₂,S₄→S₃,S₅→S₄,S₁→S₅
控制功能	BSC	基本控制	PV	A	B	控制输出	A	B	基本控制
	CSC	串级控制	PV₂	PV₁	A	控制输出	A	B	串级控制
	SSC	选择控制	PV₂	PV₁	A	控制输出	A	B	选择控制

（功能）

下面对运算指令进行分析。

1. 输入输出指令

（1）输入

LD

把有关的信息→S_1，(S_{n-1})→S_n（n＝2～5），(S_5) 消失。

（2）输出

ST

(S_1) 输出，(S_n)＝(S_n)（n＝1～5）。

（3）结束

END

将控制无条件地移出用户程序，结束控制周期内的一切运算，(S_n)＝(S_n)（n＝1～5）。

2. 基本运算指令

（1）四则运算

＋、－、×、÷

$(S_2)+(S_1)$→S_1，$(S_2)-(S_1)$→S_1，$(S_2)\times(S_1)$→S_1，$(S_2)\div(S_1)$→S_1，(S_n)→S_{n-1}（n＝3～5）；(S_5)＝(S_5)

（2）开方运算

SQT

$\sqrt{(S_1)}$→S_1，(S_n)＝(S_n)（n＝2～5）。当输入信号＜满量程的 1% 时，为了减小运算误差，常将此时的输出信号置于零，即对输入小信号进行切除。其输入输出特性如图 3-9 所示。

（3）带任意设定小信号切除的开方运算

SQT-E

设 (S_2)＝输入值 X_1，(S_1)＝任意设定的小信号切除点数值，$\sqrt{(S_2)}$→S_1，(S_n)＝S_{n-1}（n＝3～5），(S_5)＝(S_5)。任意设定的小信号切除点数值的范围是 0～7.999，当输入值＜切除点数值时，输入值＝输出值。其输入输出特性如图 3-10 所示。

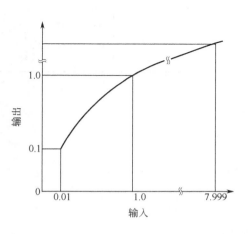

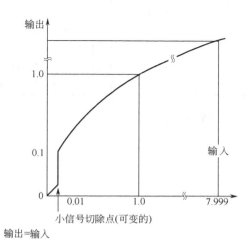

图 3-9　带小信号切除的开方特性曲线图　　图 3-10　带任意设定小信号切除的开方特性曲线图

69

（4）绝对值运算

ABS

$|(S_1)| \to S_1$，$(S_n)=(S_n)(n=2\sim5)$

（5）高值选择

HSL

若 $(S_1)\geqslant(S_2)$，$(S_1)=(S_1)$，否则 $(S_2) \to S_1$，$(S_n) \to S_{n-1}(n=3\sim5)$，$(S_5)=(S_5)$。

（6）低值选择

LSL

若 $(S_1)\leqslant(S_2)$，$(S_1)=(S_1)$，否则 $(S_2) \to S_1$，$(S_n) \to S_{n-1}(n=3\sim5)$，$(S_5)=(S_5)$。

（7）上限限幅运算

HLM

$(S_2)=$输入值，$(S_1)=$输入值的上限值，若 $(S_2)<(S_1)$，$(S_2) \to S_1$，否则 $(S_1)=(S_1)$，$(S_n) \to S_{n-1}(n=3\sim5)$，$(S_5)=(S_5)$。

（8）下限限幅运算

LLM

$(S_2)=$输入值，$(S_1)=$输入值的下限值，若 $(S_2)>(S_1)$，$(S_2) \to S_1$，否则 $(S_1)=(S_1)$，$(S_n) \to S_{n-1}(n=3\sim5)$，$(S_5)=(S_5)$。

（9）应用实例

① 按公式 $Y_1=(X_1+X_2)K_1/K_2$ 编程。

根据上式编写的程序如表 3-7 所示。

表 3-7　公式 $Y_1=|(X_1+X_2)K_1/K_2|$ 编程

步 序	程 序	S_1	S_2	S_3	注　释
1	LD X1	X_1			读输入 X_1
2	LD X2	X_2	X_1		读输入 X_2
3	＋	X_1+X_2			减法运算
4	LD K1	K_1	(X_1+X_2)		读常数 K_1
5	＊	$(X_1+X_2)K_1$			乘法运算
6	LD K2	K_2	$K_1(X_1+X_2)$		读常数 K_2
7	÷	$(X_1+X_2)K_1/K_2$			除法运算
8	ABS	$|(X_1+X_2)K_1/K_2|$			绝对值运算
9	ST Y1	$|(X_1+X_2)K_1/K_2|$			运算结果存入 Y_1
10	END	$|(X_1+X_2)K_1/K_2|$			结束

② 按图 3-11 编程。

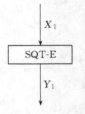

图 3-11　开方运算方块图

根据图 3-11 编写的程序如表 3-8 所示。

表 3-8　根据图 3-11 编写的程序

步序	程序	S_1	S_2	注　释
1	LD X1	X_1		读输入 X_1
2	LD P01	P_1	X_1	读切除点数值
3	$\sqrt{E}$	$\sqrt{X_1}$		开方运算
4	ST Y1	$\sqrt{X_1}$		运算结果存入 Y_1
5	END	$\sqrt{X_1}$		结束

③ 参见图 3-12，对 3 个输入值进行高值选择，其中 $X_1 > X_2$，$X_1 > X_3$，试编程。

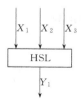

图 3-12　3 个输入值的高值选择

根据图 3-12 编写的程序如表 3-9 所示。

表 3-9　根据图 3-12 编写的程序

步序	程序	S_1	S_2	注　释
1	LD X1	X_1		读输入 X_1
2	LD X2	X_2	X_1	读输入 X_2
3	HSL	X_1		高选择(当 $X_1 > X_2$ 时)
4	LD X3	X_3	X_1	读输入 X_3
5	HSL	X_1		高选择(当 $X_1 > X_3$ 时)
6	ST Y1	X_1		运算结果存入 Y_1
7	END	X_1		结束

④ 连续进行上、下限限幅，按图 3-13 编程，其中 $X_1 < K_2 < K_1$。

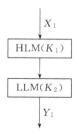

图 3-13　上下限限幅运算图

根据图 3-13 编写的程序如表 3-10 所示。

表 3-10　根据图 3-13 编写的程序

步序	程序	S_1	S_2	注　释
1	LD X1	X_1		读输入信号
2	LD K01	K_{01}	X_1	读上限设定值
3	HLM	X_1		$X_1 < K_{01}$ 时，则 S_1 中存 X_1
4	LD K02	K_{02}	X_1	读下限设定值
5	LLM	K_{02}		$X_1 < K_{02}$ 时，则 S_1 中存 K_{02}
6	ST Y1	K_{02}		运算结果存入 Y_1
7	END			结束

71

3. 带设备编号的运算

（1）十段折线函数运算

FXnn＝1，2

图 3-14 表明了十段折线函数运算的输入输出特性。

设（S_1）＝输入值 X，若 $0<X_{j-1}<X<X_j<1$，则 $F=(F_j-F_{j-1})[(S_1)-X_{j-1}]/0.1+F_{j-1}\rightarrow S_1(j=2\sim11)$，$0<F<1$，（$S_n$）＝（$S_n$）（n＝2～5）。

（2）任意折线函数运算

FXnn＝3，4

图 3-15 表明了任意段折线函数运算的输入输出特性。输入输出的设定在 SLPC 调节器的侧面盘进行。

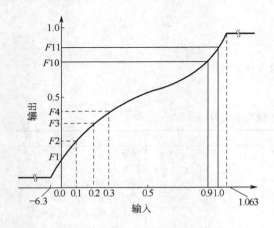

图 3-14　十段折线函数运算的输入输出特性图　　图 3-15　任意段折线函数运算的输入输出特性图

FX3　输入折点　Hn　n＝1～11
　　　输出折点　In　n＝1～11
FX4　输入折点　Ln　n＝1～11
　　　输出折点　Mn　n＝1～11

设定条件：

$-25\%\leqslant X(n)\leqslant125\%$，$X(n)<X(n+1)$

$-25\%\leqslant Y(n)\leqslant125\%$

在 $X\leqslant X(1)$ 时，输出 $Y(1)$，在 $X\geqslant X(11)$ 时，输出 $Y(11)$。

（3）一阶滞后运算

LAGn　n＝1～8

传递函数　　　　　　　　　$Y_1(s)/X_1(s)=1/(1+\tau s)$

时间函数　　　　　　　　　$Y_1(t)=(1-e^{-t/\tau})X_1$

（S_2）＝输入值 X_1，（S_1）＝时间常数 τ，则 $LAG(S_1)=(1-e^{-t/\tau})(S_2)\rightarrow S_1$，（$S_n$）$\rightarrow S_{n-1}$（n＝3～5），（$S_5$）＝（$S_5$）。

时间常数 $\tau=0\sim100s$，对应于内部数据 0～1。

（4）微分运算

LEDn　n＝1～2

传递函数　　　　　　　　　$Y_1(s)/X_1(s)=T_Ds/(1+T_Ds)$

时间函数　　　　　　　　　$Y_1(t)=e^{-t/T_D}(X_1)$

72

(S_2)＝输入值 X_1，(S_1)＝微分时间 T_D，则 $\mathrm{LED}(S_1)=\mathrm{e}^{-t/(S_1)}(S_2)\rightarrow S_1$，$(S_n)\rightarrow S_{n-1}$（n＝3～5），$(S_5)=(S_5)$。

微分时间 T_D＝0～100s，对应于内部数据0～1。注意这里的 X_1 应是变化量，因为微分运算只对变化量有响应。

（5）纯滞后运算

DEDn　n＝1～3

图 3-16 表明了纯滞后运算的输入输出特性。

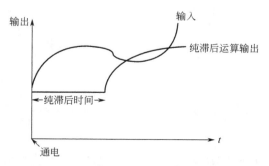

图 3-16　纯滞后运算的输入输出特性图

(S_2)＝输入值 X_1，(S_1)＝纯滞后时间常数 τ，则 $\mathrm{DED}_1(S_1)=(S_2)_{t-(S_1)}\rightarrow S_1$，$(S_n)\rightarrow S_{n-1}$（n＝3～5），$(S_5)=(S_5)$。

纯滞后时间常数 τ＝0～1000s，对应于内部数据0～1。

（6）变化率运算

VELn　n＝1～3

图 3-17 表明了变化率运算的输入输出特性。

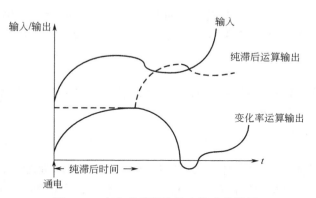

图 3-17　变化率运算的输入输出特性图

$(S_2)_t$＝当前输入值 X_1，(S_1)＝纯滞后时间常数 τ，则 $\mathrm{VEL}_1(S_1)=(S_2)_t-(S_2)_{t-(S_1)}\rightarrow S_1$，$(S_n)\rightarrow S_{n-1}$（n＝3～5），$(S_5)=(S_5)$。

纯滞后时间常数 τ＝0～1000s，对应于内部数据0～1。

由于运算结果可能是负值，故在输出变化率运算结果时，应加一定的偏置或取绝对值。

（7）变化率限幅运算

VLMn　n＝1～6

图 3-18 表明了变化率限幅运算的输入输出特性。

(S_3)＝输入值 X_1，(S_2)＝上升变化率限幅值，(S_1)＝下降变化率限幅值，运算结果→

S_1，$(S_n)\rightarrow S_{n-1}(n=3\sim5)$，$(S_5)=(S_5)$。

变化率限幅的设定范围＝$(0\sim100\%)$/分，对应于内部数据 $0\sim1$。

（8）移动平均值运算

MAVn　n＝1～3

图 3-19 表明了移动平均值运算的输入输出特性。

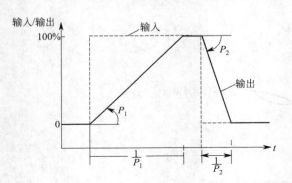

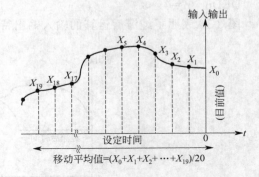

图 3-18　变化率限幅运算的输入输出特性图　　图 3-19　移动平均值运算的输入输出特性图

$(S_2)=$ 输入值 X_1，　$(S_1)=$ 设定时间，则运算结果 $\rightarrow S_1$，$(S_n)\rightarrow S_{n-1}(n=3\sim5)$，$(S_5)=(S_5)$。

设定时间＝$0\sim1000s$，对应于内部数据 $0\sim1$。

由图 3-19 移动平均值运算的输入输出特性可见，如果 SLPC 调节器的运算周期为 $0.2s$，那么 20 次连加，至少要 $4s$，因此若设定时间＜$4s$，只能减少信号的采集次数。

（9）状态变化检测运算

CCDn　n＝1～8

当 (S_1) 从前一周期的"0"变成本周期的"1"时，$(S_1)=1$；当 (S_1) 从前一周期的"1"变成本周期的"0"时或状态没有变化时，$(S_1)=0$，$(S_n)=(S_n)(n=2\sim5)$。

（10）计时运算

TIMn　n＝1～4

$(S_1)=$ 启停信号，启停信号＝0，计时关闭；启停信号＝1，计时启动，运算结果（计时时间）$\rightarrow S_1$，$(S_n)=(S_n)(n=2\sim5)$。

（11）程序设定运算

PGMn　n＝1

将任意折线函数的 X 轴作为时间轴，把各个折点插入在时间轴上，如图 3-20 所示。每条折线一个程序段的时间及输出设定，可利用 SLPC 调节器侧面盘的 $P_{20}\sim P_{29}$ 执行，但不能执行 LD P20～P29 的程序。

$P_{20}\sim P_{29}$：一个程序段的时间可以设定 $0\sim9999s$。

$P_{30}\sim P_{39}$：各折点输出 $-25\%\sim125\%$。

当 10 个折点没有全部使用时，不使用的折点数值也应设定。

$(S_3)=$ 初始值，即处于复位状态时起点值。

$(S_2)=$ 启动 ON/保持 OFF，启动时进行程序设定，保持时输出不变。

$(S_1)=$ 复位值，复位值＝1 时，返回起始点（P_{20} 启动点），将复位时的输出值（S_3 的值）作为运算后的 S_1 的值输出，结束标志的输出＝0（运算 S_2 的值）。

$(S_3)=$ 初始值，$(S_2)=1$，$(S_1)=0$，程序经过时间点设定的输出 $\rightarrow S_1$，当 $(S_1)=1$ 时

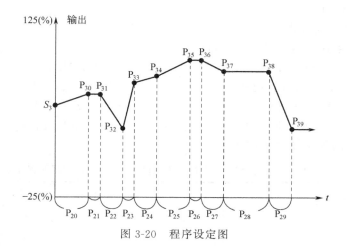

图 3-20　程序设定图

复位。$(S_n) \rightarrow S_{n-1}(n=3\sim5)$，$(S_5)=(S_5)$。

（12）脉冲输入计数运算

PICn　n=1~4

(S_2)=脉冲输入信号，(S_1)=计数启动 ON/计数复位 OFF，(S_2) 从前一周期的 "0" 变成本周期的 "1" 时，变动的次数用计数器进行计数，计数的结果$\rightarrow S_1$，$(S_n) \rightarrow S_{n-1}(n=3\sim5)$，$(S_5)=(S_5)$。

脉冲个数 0~1000，对应于内部数据 0~1，最大计数量=7999。

冷启动时，计数复位=0，从下一周期开始计数。

（13）脉冲计数输出运算

CPOn　n=1~2

注意：当使用 CPO_1 时，其输出直接送入 DO_1，不能使用指令 ST DO1；当使用 CPO_2 时，其输出直接送入 DO_2，不能使用指令 ST DO2。

(S_2)=输入值 X_1，(S_1)=脉冲计数率，则 $CPO_1(S_1)=(S_1)(S_2)1000 \rightarrow S_1$，$(S_n) \rightarrow S_{n-1}(n=3\sim5)$，$(S_5)=(S_5)$。

输入值、脉冲计数率、脉冲输出三者之间的关系是：当输入值为 100% 时，脉冲计数率为 0~1，则脉冲输出为 0~1000 脉冲/h。

（14）应用实例

① 编制 $Y_1=(1-e^{-t/\tau})X_1$ 的程序。

根据上式编写的程序如表 3-11 所示。

表 3-11　根据 $Y_1=(1-e^{-t/\tau})X_1$ 编写的程序

步序	程序	S_1	S_2	注　释
1	LD X1	X_1		读输入 X_1
2	LD P01	P_1	X_1	读时间常数 τ（存于 P_{01}）
3	LAG1	$(1-e^{-t/\tau})X_1$		第一次 LAG 运算
4	ST Y1	$(1-e^{-t/\tau})X_1$		运算结果存 Y_1
5	END			结束

② 编写 $Y_1=K_p(1+T_Ds)X_1/(1+T_Ds/K_D)$ 的程序。

式中　　K_p——比例增益；

　　　　T_D——微分时间；

75

K_D——微分增益；

$T_D/K_D=t_d$——微分时间常数。

这是一个实际的比例微分环节。它可以整理成

$$Y_1=K_p[1/(1+T_Ds/K_D)+T_Ds/(1+T_Ds/K_D)]X_1$$
$$Y_1=K_p[1/(1+t_ds)+T_Ds(t_ds)/(1+t_ds)(t_ds)]X_1$$
$$Y_1=K_p\{1/(1+t_ds)+(T_D/t_d)[t_ds/(1+t_ds)]\}X_1$$
$$Y_1=K_p[X_1/(1+t_ds)+(T_D/t_d)(t_ds\,X_1)/(1+t_ds)]$$

根据上式编写的程序如表 3-12 所示。

表 3-12　根据 $Y_1=K_p(1+T_Ds)X_1/(1+T_Ds/K_D)$ 编写的程序

步序	程　序	S_1	S_2	S_3	注　　释
1	LD X1	X_1			读输入 X_1
2	LD P01	P_1	X_1		读微分时间常数
3	LAG1	$(1-e^{-t/\tau})X_1$			完成 $1/(1+t_ds)$ 运算
4	LD X1	X_1	$(1-e^{-t/\tau})X_1$		读输入 X_1
5	LD P10	P_1	X_1	$X_1(1-e^{-t/\tau})$	读微分时间常数
6	LED1	$X_1e^{-t/\tau}$	$(1-e^{-t/\tau})X_1$	$X_1(1-e^{-t/\tau})$	完成 $t_d/(1+t_ds)$ 运算
7	LD P02	P_2	$X_1e^{-t/\tau}$	$X_1(1-e^{-t/\tau})$	读微分时间
8	LD P01	P_1	P_2	$X_1e^{-t/\tau}$	读微分时间常数
9	$\div$	P_2/P_1	$X_1e^{-t/\tau}$	$X_1(1-e^{-t/\tau})$	完成 T_D/t_d 运算
10	$*$	$X_1e^{-t/\tau}P_2/P_1$	$X_1(1-e^{-t/\tau})$		乘法运算
11	$+$	$X_1e^{-t/\tau}(P_2/P_1-1)+X_1$			加法运算
12	LD P03	P_3	$X_1e^{-t/\tau}(P_2/P_1-1)+X_1$		读比例增益
13	$*$	$P_3(S_2)$			乘法运算
14	ST Y1	$P_3(S_2)$			运算结果存入 Y_1
15	END				结束

③ 按图 3-21 功能框图编写程序。

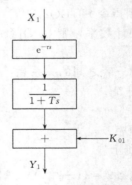

图 3-21　功能框图

根据图 3-21 编写的程序如表 3-13 所示。

表 3-13　根据图 3-21 编写的程序

步序	程序	S_1	S_2	注　　释
1	LD X1	X_1		读输入 X_1
2	LD P01	P_1	X_1	读取纯滞后时间常数
3	DED1	X_{1t-P_1}		纯滞后运算
4	LD P02	P_2	X_{1t-P_1}	读取时间常数
5	LAG1	$(1-e^{-t/P_2})X_{1t-P_1}$		一阶滞后运算

步序	程序	S_1	S_2	注　释
6	LD K01	K_1	$(1-e^{-t/P_2})X_{1t-P_1}$	读取常数 K_{01}
7	+	$K_1+(1-e^{-t/P_2})X_{1t-P_1}$		加法运算
8	ST Y1	$K_1+(1-e^{-t/P_2})X_{1t-P_1}$		运算结果存入 Y_1
9	END			结束

④ 按图 3-22 功能框图编写程序。

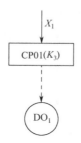

图 3-22　功能框图

根据图 3-22 编写的程序如表 3-14 所示。

表 3-14　根据图 3-22 编写的程序

步序	程序	S_1	S_2	注　释
1	LD X1	X_1		读输入 X_1
2	LD K3	K_3	X_1	读计数率
3	CPO1	X_1		脉冲输出
4	END			结束

4. 条件判断指令

（1）上、下限报警运算

HALn　n=1～4

LALn　n=1～4

图 3-23 表明了上、下限报警运算的特性。

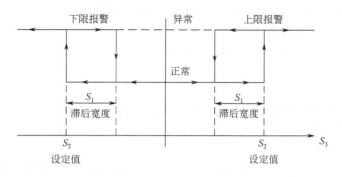

图 3-23　上下限报警运算的特性图

（S_3）=输入值 X_1，（S_2）=报警设定值，（S_1）=报警点滞区值。对于上限报警，若前未报警，当（S_3）>（S_2）时，则把异常标记 1→S_1，否则把正常标记 0→S_1。若前已报警，当（S_3）>（S_2）-（S_1）时，表明异常，则把异常标记 1→S_1，否则把正常标记 0→S_1。（S_n）→

$S_{n-1}(n=3\sim5)$，$(S_5)=(S_5)$。

下限报警运算和上限报警运算类似。

输入值和报警设定值的范围是$-7.999\sim+7.9999$，报警点的滞区值的范围是$0.000\sim7.999$。

（2）逻辑运算

逻辑运算有 AND、OR、NOT 和 EOR。逻辑运算如图 3-24 所示。

AND				OR				NOT			EOR		
S_1	S_2	S_1		S_1	S_2	S_1		S_1	S_2		S_1	S_2	S_1
0	0	0		0	0	0		0	1		0	0	0
0	1	0		0	1	1		1	0		0	1	1
1	0	0		1	0	1					1	0	1
1	1	1		1	1	1					1	1	0

图 3-24　逻辑运算图

$AND(S_2)\bigcap(S_1)\rightarrow S_1$，$(S_n)\rightarrow S_{n-1}(n=3\sim5)$，$(S_5)=(S_5)$。

$OR(S_2)\bigcup(S_1)\rightarrow S_1$，$(S_n)\rightarrow S_{n-1}(n=3\sim5)$，$(S_5)=(S_5)$。

$NOT\ (\overline{S_1})\rightarrow S_1$，$(S_n)=(S_n)(n=2\sim5)$。

$EOR(S_1)\not\subset(S_2)\rightarrow S_1$，$(S_n)\rightarrow S_{n-1}(n=3\sim5)$，$(S_5)=(S_5)$。

（3）无条件转移运算

GOnn

将运算无条件转向执行 nn 号指令。$(S_n)=(S_n)(n=1\sim5)$。

（4）有条件转移运算

GIFnn

当 $(S_1)=1$ 时，执行第 nn 号指令。当 $(S_1)=0$ 时，则顺序执行。$(S_n)\rightarrow S_{n-1}(n=2\sim5)$，$(S_5)=(S_5)$。

（5）使用子程序的运算

子程序的运算有 GO SUBnn、GIF SUBnn、SUBnn 和 RTN。

GO SUBnn 向 nn 号子程序无条件分支。

GIF SUBnn 在有条件成立［$(S)=1$］时，向 nn 号子程序分支。

SUBnn 表示子程序的开始。

RTN 表示子程序的结束，并返回主程序。

（6）比较运算

CMP

当 $(S_1)\leqslant(S_2)$ 时，则 $1\rightarrow S_1$；当 $(S_1)>(S_2)$ 时，则 $0\rightarrow S_1$，$(S_n)=(S_n)(n=2\sim5)$。

（7）信号切换运算

SW

$(S_3)=$输入值 X_1，$(S_2)=$输入值 X_2，$(S_1)=$切换信号 1 或 0。当 $(S_1)=1$ 时，则 $(S_2)\rightarrow S_1$；当 $(S_1)=0$ 时，则 $(S_3)\rightarrow S_1$，$(S_n)=(S_n)(n=2\sim5)$。

（8）应用实例

① 若 $(DI_1)=1$，$(DI_2)=0$，$(DI_3)=1$，求 $DO_1=\overline{(DI_1)\bigcap(DI_2)\not\subset(DI_3)}$。

根据上式编写的程序如表 3-15 所示。

步序	程序	S_1	S_2	注　释
1	LD DI1	1		取状态输入 DI_1
2	LD DI2	0	1	取状态输入 DI_2
3	AND	0		与运算
4	LD DI3	1		取状态输入 DI_3
5	EOR	1		异或运算
6	NOT	0		非运算
7	ST DO1	0		将结果存入 DO_1
8	END			结束

② 图 3-25 是用 DI_1 作为启动信号的定时运算，根据功能框图编程。

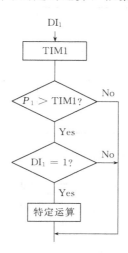

图 3-25　功能框图 (一)

根据图 3-25 编写的程序如表 3-16 所示。

表 3-16　根据图 3-25 编写的程序

步序	程序	S_1	S_2	注　释
1	LD DI1	DI_1		读计时器的启动信号
2	TIM1	时间		
3	LD P01	P_1	时间	读计时设定时间
4	CMP	0/1		比较,若$(S_1)>(S_2)$,$0{\to}S_1$,若$(S_1){\leqslant}(S_2)$,$1{\to}S_1$
5	GIFnn			计时时间到,转向 nn 步
6	LD DI1			
7	NOT			
8	GIFnn			当$(S_1)>(S_2)$时,执行$(DI_1)=0$时的后续运算
9				
10	特定运算			在$(DI_1)=1$且正在计时,执行特定运算
…				
nn	下一步			
…				

③ 状态信号 DI_1 对两个输入信号进行切换的实例如图 3-26 所示。试编程。

根据图 3-26 编写的程序如表 3-17 所示。

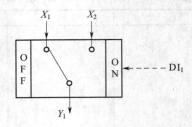

图 3-26　功能框图（二）

表 3-17　根据图 3-26 编写的程序

步序	程序	S_1	S_2	S_3	注　　释
1	LD X1	X_1			
2	LD X2	X_2	X_1		
3	LD DI1	DI_1	X_2	X_1	
4	SW	X_1 或 X_2			$DI_1=0$ 时，为 X_1
5	ST Y2	X_1 或 X_2			$DI_1=1$ 时，为 X_2
6	END				

④ 上限报警功能框图如图 3-27 所示，试编程。

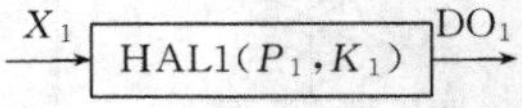

$$X_1 \longrightarrow \boxed{HAL1(P_1,K_1)} \xrightarrow{DO_1}$$

图 3-27　功能框图（三）

根据图 3-27 编写的程序如表 3-18 所示。

表 3-18　根据图 3-27 编写的程序

步序	程序	S_1	S_2	S_3	注　　释
1	LD X01	X_1			读输入信号 X_1
2	LD P01	P_1	X_1		读报警设定值
3	LD K01	K_1	P_1	X_1	读的滞区宽度
4	HAL1	0/1	X_1		上限报警：0 为正常，1 为报警
5	ST DO1	0/1	X_1		将结果送入 DO_1
6	END				结束

5. 寄存器位移指令

（1）S 寄存器交换

CHG

$(S_1) \rightarrow S_2$，$(S_2) \rightarrow S_1$，$(S_n)=(S_n)(n=3\sim5)$。

（2）S 寄存器旋转

ROT

把 (S_1) 转移到 S_5，$(S_n) \rightarrow S_{n-1}(n=2\sim5)$。

（3）应用实例

试编一个程序，把写入 S_1 和 S_2 的数据进行相互转换。

该程序如表 3-19 所示。

表 3-19　S_1 和 S_2 数据互换程序

步序	程序	S_1	S_2	S_3	注　释
1	LD P01	$P/1$			读初始值
2	LD DI01	0/1	$P/1$		启动状态的设定
3	LD T01	0/1	0/1	$P/1$	程序结束时复位
4	PGM1	折线输出	0/1		程序运算
5	ST A01	折线输出	0/1		将结果存入 A_{01} 寄存器
6	CHG	0/1	折线输出		S 寄存器交换
7	ST T01	0/1	折线输出		将 PGM 的结束标志存入 T_1
8	END				结束

6. 控制功能指令

控制功能指令共有 3 条，包括基本控制、串级控制和选择控制。

（1）基本控制

BSC

控制功能包括控制单元、控制要素以及功能扩展寄存器。控制单元决定了控制回路的构成，控制要素决定了控制回路的策略，功能扩展寄存器决定了控制回路功能的拓展。

① 控制单元　BSC 的控制单元只有一个回路，相当于一台调节器。如图 3-28 所示。

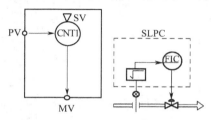

图 3-28　基本控制 BSC 的控制单元

② 控制要素　BSC 的控制要素在 CNT1 里有标准 PID、采样 PI、批量 PID 三种，如图 3-29 所示。

a. 标准 PID　标准 PID 策略有两种算法：定值控制运算式

$$MV = \frac{100K}{P_B}\left[PV + \frac{e}{T_I s} + \frac{T_D s}{\left(1 + \frac{T_D s}{K_D}\right)}PV\right]$$

随动控制运算式

$$MV = \frac{100K}{P_B}\left[e + \frac{e}{T_I s} + \frac{T_D s}{\left(1 + \frac{T_D s}{K_D}\right)}PV\right]$$

式中　MV——输出值；

　　　PV——测量值；

　　　e——偏差值；

　　　P_B——比例带；

　　　T_I——积分时间；

　　　T_D——微分时间；

　　　K_D——微分增益；

　　　K——可变增益；

　　　s——拉氏变换算子。

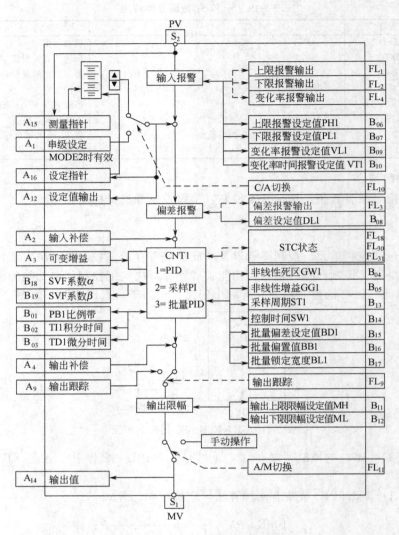

图 3-29　基本控制 BSC 的框图

由上式可见，标准 PID 由于微分运算只对测量值有响应，所以微分运算可以采用微分先行的结构形式，这样一来可以防止高频干扰对控制作用的影响，二来可以避免给定值大幅度变化而引进的干扰。由于积分运算和微分运算分别独立进行，然后相加，相互之间不存在干扰问题。

b. 采样 PI　采样 PI 控制是在每一个采样周期内，控制作用只存在于一段时间内，这是一种等等看的控制方法。也就是说每改变一次调节器的输出之后，都要等待足够的时间，以便使控制作用得到充分的响应之后，再决定下一步的控制作用，因此可以有效地消除纯滞后对系统调节品质的影响，故大多数用于纯滞后时间 τ 和滞后时间常数 T 较大的生产过程，如图 3-30 所示。在每个采样周期 ST 内，只在控制时间 SW 里才具有 PI 调节动作，而在 $ST-SW$ 时间里，输出始终处于保持状态。

采样周期 ST 与控制时间 SW 的大小可由侧面盘的按键进行设定，通常取 $ST=\tau+T\times(2\sim3)$；$SW=ST/10$。技术指标规定采样周期 $ST=0\sim9999\mathrm{s}$，控制时间 $SW=0\sim9999\mathrm{s}$。

从减小超调的观点出发，希望 ST 长一些较好，但当作用在过程上的主要干扰的周期

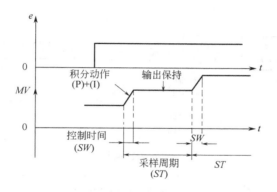

图 3-30　采样 PI 控制

$T_N < ST$ 时，就不能对该干扰进行控制，所以要求 $ST \leqslant T_N/5$。

　　c. 批量 PID　在批量生产过程中，要求测量值快速、无超调地达到给定值，如图 3-31 所示。在批量运行开始时（反作用），当偏差＞偏差设定值 BD 时，输出值＝输出上限值 MH，迫使测量值迅速趋近给定值。当偏差＜偏差设定值 BD 时，认为系统处于稳定状态，开始切换到 PID 控制。在切换时为了防止输出值越限，在开始切入 PID 控制时，使输出值＝输出上限值 MH－偏置设定值 BB。一旦进入 PID 控制，即使偏差＞偏差设定值 BD，但仍在锁定宽度 BL 范围内，则输出值不会返回输出上限值 MH。

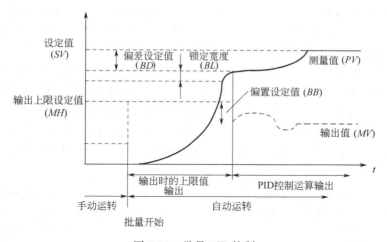

图 3-31　批量 PID 控制

　　偏差设定值 BD、偏置设定值 BB 与锁定 BL 的大小可由侧面盘的按键进行设定。技术指标规定偏差设定值 $BD = 0 \sim \pm 100\%$，偏置设定值 $BB = 0 \sim 100\%$，锁定宽度 $BL = 0 \sim 100\%$。

　　d. 可变型给定值滤波功能　可变型给定值滤波主要用于给定值变更较多的控制回路、温度程序控制系统以及串级控制系统的副调节器。它可以使给定值变得平滑，以便改善给定值变更时的响应特性。

　　可变型给定值滤波是以随动控制运算式为基础，在给定值部分引入滤波功能，调节参数 α 和 β 的大小，可以从随动控制运算式到定值控制运算式连续改变给定值的跟踪特性，如图 3-32 所示。

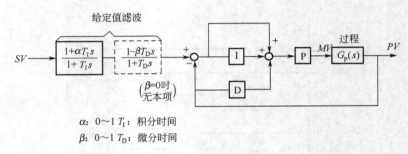

给定值滤波

$$\frac{1+\alpha T_1 s}{1+T_1 s} \qquad \frac{1-\beta T_D s}{1+T_D s}$$

$\left(\begin{matrix}\beta=0时\\无本项\end{matrix}\right)$

α: $0\sim1$ T_1: 积分时间

β: $0\sim1$ T_D: 微分时间

(a) 给定值滤波功能框图

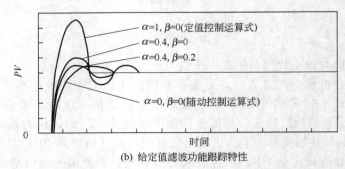

$\alpha=1$, $\beta=0$(定值控制运算式)

$\alpha=0.4$, $\beta=0$

$\alpha=0.4$, $\beta=0.2$

$\alpha=0$, $\beta=0$(随动控制运算式)

(b) 给定值滤波功能跟踪特性

图 3-32 给定值滤波功能的框图及其跟踪特性

可变型给定值滤波功能，当 $\alpha=1$，$\beta=0$ 时，其滤波特性为 1，和随动控制运算式等效。当 $\alpha=0$，$\beta=0$ 时，其滤波特性为 $1/(1+T_1 s)$，和定值控制运算式等效。在 $0<\alpha<1$ 的范围内，与 α 的值成正比，取得两种控制运算式的中间跟踪波形。

参数 α 是改善跟踪波形效果较大的调整参数，α 值越大，跟踪波形变化越剧烈；参数 β 是改善跟踪波形效果较小的微调参数，β 值越大，跟踪波形变化越平缓。如图 3-33 所示。因为滤波效果是 α 和 T_2、β 和 T_D 相乘的，T_D 较大时，β 值的效果也就比较明显。

可变型给定值滤波功能是利用 CNT5 的设定进行的，如表 3-20 所示。参数 α、β 由 SLPC 调节器的侧面盘的 PN 键进行设定，α 和 PX 相对应，β 和 PY 相对应。

表 3-20 可变型给定值滤波功能的设定方式及参数

CNT5	运 行 方 式		给定值滤波器	参 数	
	CAS SPC	AUTO		$PX(=\alpha)$	$PY(=\beta)$
0	随动控制运算式	定值控制运算式	$\dfrac{1}{1+T_1 s}$	—	—
1	随动控制运算式		1	—	—
2	可变型给定值滤波功能		$\dfrac{(1+\alpha T_1 s)(1-\beta T_D s)}{(1+T_1 s)(1+T_D s)}$	$0.0\sim1.0$	$0.0\sim1.0$

③ 功能扩展寄存器 基本控制 BSC 的功能扩展寄存器有 A 寄存器、B 寄存器和 FL 寄存器。

基本控制 BSC 的算法如下：设 (S_1)＝测量值 PV，执行 CNT1 所指定的三种控制算法中的一种，其运算结果→S_1，$(S_n)＝(S_n)(n=2\sim5)$。

基本控制 BSC 的运行方式有串级 C、自动 A、手动 M 三种，通过 SLPC 调节器正面盘的运行方式切换按键，用户程序或上位系统进行切换。运行方式及切换如表 3-21 所示。

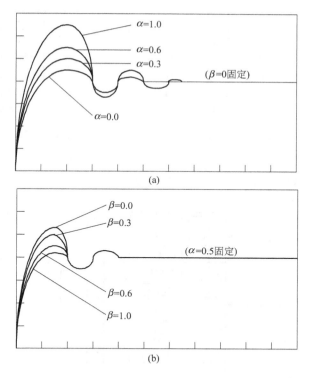

图 3-33 参数 α 和 β 的效果

表 3-21 运行方式及切换

运行方式	给定值	控制	运行方式切换		
			切换	给定值	控制
C	存在 A_{01} 寄存器内	自动	→A	保持切换前的数值不变	自动控制,无平衡无扰动切换
			→M	保持切换前的数值不变	手动控制,有平衡无扰动切换
A	利用给定值按键	自动	→C	适应串级的给定值	自动控制,无平衡无扰动切换
			→M	保持切换前的数值不变	手动控制,有平衡无扰动切换
M	利用给定值按键	手动	→C	不能直接从 M→C 进行切换(须经过 A)	
			→A	保持切换前的数值不变	自动控制,无平衡无扰动切换

④ 应用举例 某单回路控制系统,外给定,具有输出补偿功能,当测量值发生上、下限报警时,分别送 DO_1 和 DO_2,如图 3-34 所示。试编写用户程序。

根据图 3-34 编写的程序如表 3-22 所示。

表 3-22 根据图 3-34 编写的程序

步序	程序	S_1	S_2	S_3	注　释
1	LD X2	X_2			读取外给定信号 X_2
2	ST A01	X_2			将 X_2 信号送入 A_1
3	LD X3	X_3	X_2		读取输出补偿信号 X_3
4	ST A04	X_3	X_2		将 X_3 存入 A_4
5	LD X1	X_1	X_3	X_2	读取输入信号 X_1
6	BSC	MV	X_3	X_2	基本控制运算

步序	程序	S₁	S₂	S₃	注　释
7	ST Y1	MV	X_3	X_2	运算结果存入 Y_1
8	LD FL01	0/1	MV	X_3	读取上限报警数值
9	ST DO1	0/1	MV	X_3	上限报警输出送 DO_1
10	LD FL02	0/1	0/1	MV	读取下限报警数值
11	ST D02	0/1	0/1	MV	下限报警输出送 DO_2
12	END	0/1			结束

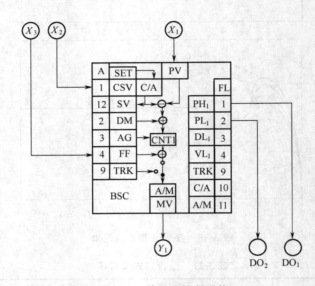

图 3-34　单回路控制系统

（2）串级控制

CSC

① 控制单元　串级控制 CSC 的控制单元有两个串联的回路，相当于两台调节器串联，如图 3-35 所示。

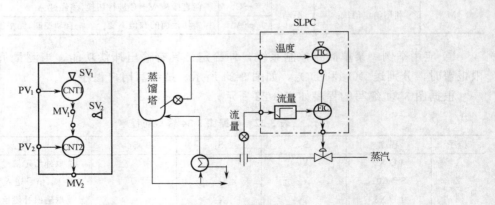

图 3-35　串级控制 CSC 的控制单元图

② 控制要素　串级控制 CSC 的 CNT1 的控制要素和基本控制 BSC 的控制要素相同，而 CNT2 的控制要素只有基本 PID 和采样 PI 两种，如图 3-36 所示。

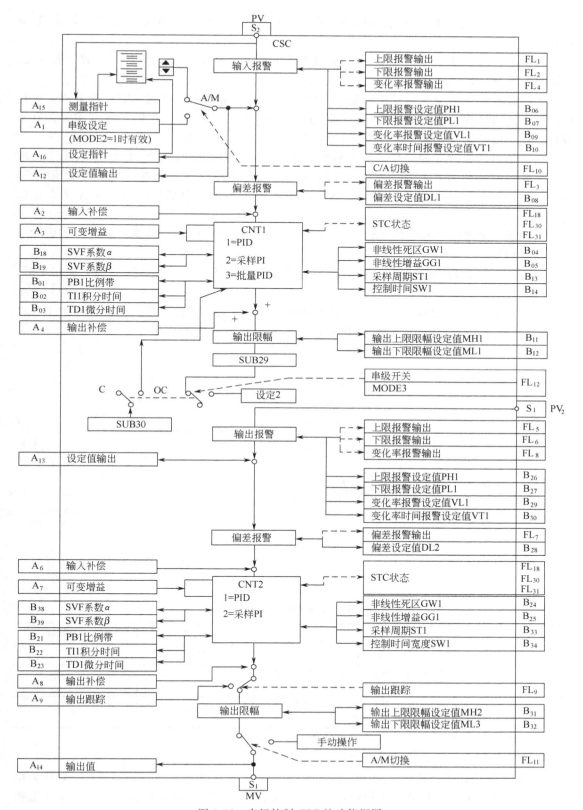

图 3-36 串级控制 CSC 的功能框图

③ 功能扩展寄存器 串级控制 CSC 的功能扩展寄存器有 A 寄存器、B 寄存器和 FL 寄存器。

设 (S_2)＝测量值 PV_1，(S_1)＝测量值 PV_2，执行 CNT1 和 CNT2 所指定的控制算法，其运算结果→S_1，(S_n)→S_{n-1}（n＝3～5），(S_5)＝(S_5)。

串级控制 CSC 的运行方式有串级 C、自动 A、手动 M 三种，通过 SLPC 调节器正面盘的运行方式切换键、用户程序或上位系统进行切换。在 C 方式中有串级设定方式和计算机设定方式，可以利用 SLPC 调节器侧面盘的按键 MODE2 进行指定。

内部串级开路闭路的切换，可以利用 SLPC 调节器侧面盘的按键 MODE3 或用户程序进行切换。在串级开路状态下（SLPC 调节器正面盘的运行方式切换按键指示灯闪烁），因为 CNT1 的输出值始终跟随 CNT2 的给定值，所以在由开路切向闭路时为无平衡无扰动切换。

当串级回路之间插入运算（SUB29）时，可通过 SUB30 中描述的逆运算式来实现无平衡无扰动切换。

MODE3＝0，为串级控制；FL_{12}＝1，为串级开路。当 MODE3 和 FL_{12} 同时被指定时，FL_{12} 有优先权。

串级控制 CSC 可以在 CNT1 和 CNT2 之间插入运算式。回路之间的运算由两个子程序（SUB29，SUB30）构成，如图 3-37 所示，其作用如表 3-23 所示。

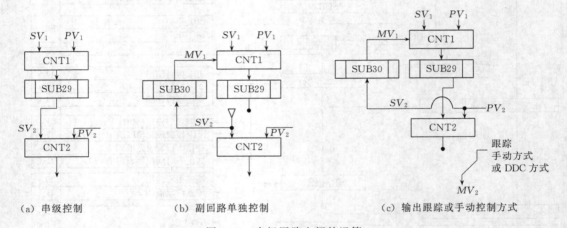

（a）串级控制　　　　　　　（b）副回路单独控制　　　　　（c）输出跟踪或手动控制方式

图 3-37 串级回路之间的运算

表 3-23 串级回路的运算子程序

子程序	用途	分支时 S_1 内的数据	复归时 S_1 内的数据
SUB29	串级闭合时,串级回路之间的运算	MV_1	SV_2
SUB30[①]	串级开路时,按照副回路的给定值,对主回路的输出进行运算	SV_2	MV_1
	在串级闭合时,如果处于 M 方式和输出跟踪方式,对主回路的输出进行运算[②]	PV_2	MV_1

① SUB30 的两种用途,可以根据运行方式自动切换。

② 在由上位系统直接进行输出操作时也能适用。

子程序 SUB29 和 SUB30，也可以只使用 SUB29，不用 SUB30。在这种情况下，串级由开路向闭路切换时，必须进行平衡操作。倘若 SUB29 中包含非线性运算，比如限幅、选择等，那么 SUB30 的运算中不能跟踪，此时串级由开路切换成闭路，必须进行平衡操作。

SUB29、SUB30 由串级控制 CSC 启动。

④ 应用举例　在主回路和副回路之间插入运算的串级控制系统如图 3-38 所示，试编程。

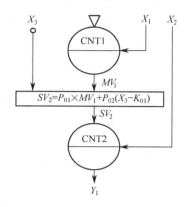

图 3-38　在主回路和副回路之间插入运算的串级控制系统

主程序不需要 SUB29 和 SUB30 的分支指定，如表 3-24 所示。

表 3-24　主程序

步序	程序	S_1	S_2	S_3	注　释
1	LD X1	X_1			读取输入信号 PV_1
2	LD X2	X_2	X_1		读取输入信号 PV_2
3	CSC	MV_2			串级控制运算
4	ST Y1	MV_2			输出
5	END	MV_2			结束

子程序 SUB29 插入运算 $SV_2 = P_{01} \times MV_1 + P_{02}(X_3 - K_{01})$，如表 3-25 所示。

表 3-25　子程序 SUB29

步序	程序	S_1	S_2	S_3	注　释
1	SUB29	MV_1			在分支时的 S_1 中存储 MV_1
2	LD P01	P_{01}	MV_1		读取比率
3	*	$MV_1 P_{01}$			比率运算
4	LD X3	X_3	$MV_1 \times P_{01}$		读取补偿输入
5	LD K01	K_{01}	X_3	$MV_1 \times P_{01}$	读取偏置
6	—	$X_3 - K_{01}$	$MV_1 \times P_{01}$		减法运算
7	LD P02	P_{02}	$X_3 - K_{01}$	$MV_1 \times P_{01}$	读取比率
8	*	$P_{02}(X_3 - K_{01})$	$MV_1 \times P_{01}$		比率运算
9	+	$P_{01} MV_1 + P_{02}(X_3 - K_{01})$			加法运算
10	RTN	$P_{01} \times MV_1 + P_{02}(X_3 - K_{01})$			$SV_2 = P_{01} \times MV_1 + P_{02}(X_3 - K_{01})$

子程序 SUB30 描述 SUB29 的逆运算，即将 SUB29 的运算式变形后求 MV_1，$MV_1 = [SV_2 - P_{02}(X_3 - K_{01})]/P_{01}$。其程序如表 3-26 所示。

表 3-26　子程序 SUB30

步序	程序	S_1	S_2	S_3	注释
1	SUB30	SV_2			在分支时的 S_2 中,存储 SV_2
2	LD X3	X_3	SV_2		读取补偿输入
3	LD K01	K_{01}	X_3	SV_2	读取偏置
4	—	$X_3 - K_{01}$	SV_2		减法运算
5	LD P02	P_{02}	$X_3 - K_{01}$	SV_2	读取比率
6	*	$P_{02}(X_3 - K_{01})$	SV_2		比率运算
7	—	$SV_2 - P_{02}(X_3 - K_{01})$			减法运算
8	LD P01	P_{01}	$SV_2 - P_{02}(X_3 - K_{01})$		比率 P_{01} 的运算
9	÷	$(SV_2 - P_{02})(X_3 - K_{01})/P_{01}$			除法运算
10	RTN	$(SV_2 - P_{02})(X_3 - K_{01})/P_{01}$			$MV_1 = [SV_2 - P_{02}(X_3 - K_{01})]/P_{01}$

（3）选择控制

SSC

① 控制单元　选择控制 SSC 的控制单元有两个并联的回路，相当于两台调节器并联。如图 3-39 所示。

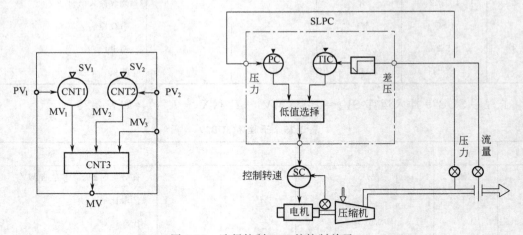

图 3-39　选择控制 SSC 的控制单元

② 控制要素　选择控制 SSC 的 CNT1、CNT2 的控制要素和串级控制 CSC 的控制要素相同，而 CNT3 的控制要素为 0、1。如图 3-40 所示。

③ 功能扩展寄存器　选择控制 SSC 的功能扩展寄存器有 A 寄存器、B 寄存器和 FL 寄存器。

设 $(S_2) = $ CNT1 测量值 PV_1，经 CNT_1 运算后得到第一个信号 MV_1。$(S_1) = $ CNT2 测量值 PV_2，经 CNT2 运算后得到第二个信号 MV_2。(A_{10}) 为第三个信号 MV_3。这三个信号根据 A_{11} 的选择条件和 CNT3 的选择功能，经选择得到的运算结果 $MV \rightarrow S_1$，$(S_n) \rightarrow S_{n-1}(n = 3 \sim 5)$，$(S_5) = (S_5)$。其选择功能如表 3-27 所示。

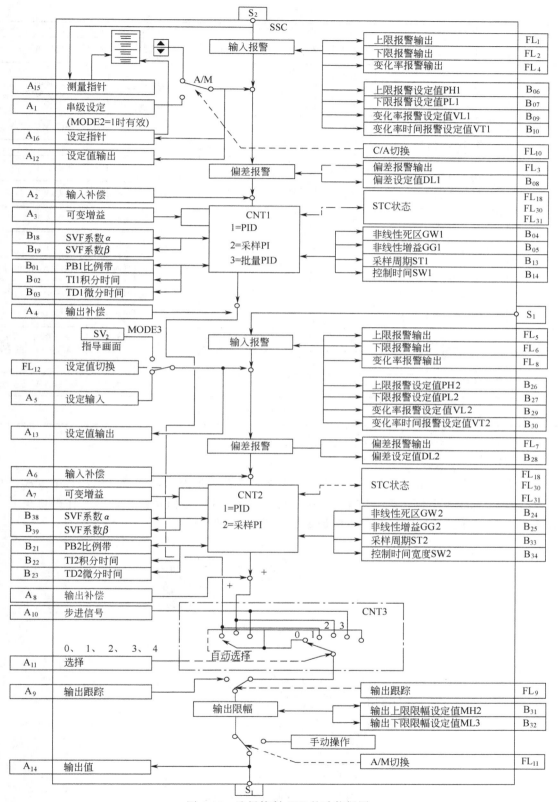

图 3-40　选择控制 SSC 的功能框图

表 3-27　选择功能

设定值		功能	方式	第一控制要素(CNT$_1$)			第二控制要素(CNT$_2$)		
A11	CNT3	选择功能	C·A·M 按钮	给定值	测量值	控制(输出)	给定值(借助 MODE3)	测量值	控制(输出)
0	0	自动低值选择；从 CNT1、CNT2 和 A10 信号中选择最小值	C	A$_1$ 信号	测量值指示表	自动控制(非选择时,参考 CNT2)	0 = A$_5$ 的信号 1 = 侧面 SV$_2$	侧面 PV$_2$	非选择时 MV$_2$=MV+K$_P$
			A	SET 键	测量值指示表			侧面 PV$_2$	
			M	SET 键	测量值指示表	跟踪 MV		侧面 PV$_2$	跟踪 MV
	1	自动高值选择	—	各项的状态和上栏相同,但只选择最大信号					
1		控制要素 1:不论信号大小,选择 CNT1 的输出	C	A$_1$ 信号	测量值指示表	自动控制	0 = A$_5$ 的信号 1 = 侧面 SV$_2$	侧面 PV$_2$	跟踪 MV$_1$
			A	SET 键	测量值指示表	自动控制		侧面 PV$_2$	跟踪 MV$_1$
			M	SET 键	测量值指示表	手动控制		侧面 PV$_2$	跟踪 MV
2		控制要素 2:选择 CNT2	—	CNT1 跟踪方式、CNT2 自动控制方式。各项的状态与上栏相同					
3		外部信号:不论信号大小,选择 A$_{10}$ 的信号	C	A$_1$ 信号	测量值指示表	跟踪 A$_{10}$ 的信号	0 = A$_5$ 的信号 1 = 侧面 SV$_2$	侧面 PV$_2$	跟踪 A$_{10}$ 的信号
			A	SET 键	测量值指示表	跟踪 A$_{10}$ 的信号		侧面 PV$_2$	跟踪 A$_{10}$ 的信号
			M	SET 键	测量值指示表	跟踪 MV		侧面 PV$_2$	跟踪 MV
4	0	自动低值选择(副机):在利用 2 台 SLPC 进行自动选择时使用	C	A$_1$ 信号	测量值指示表	自动控制(非选择时,参考 CNT2)	0 = A$_5$ 的信号 1 = 侧面 SV$_2$	侧面 PV$_2$	非选择时 MV$_2$=(主侧 MV)+K$_{P2}e_2$
			A	SET 键	测量值指示表			侧面 PV$_2$	
			M	SET 键	测量值指示表	跟踪 MV		侧面 PV$_2$	跟踪 MV
	1	自动高值选择(副机)	—	各项的状态与上栏相同,但只选择最大信号					

注：1. A$_{11}$ 为 1、2、3 时，CNT3 不需要设定。
　　2. A$_{11}$ 设定值的允许范围：大于（设定值—0.5），小于（设定值＋0.5）。
　　3. A$_{11}$ 为 4 的使用方法，参考应用程序。
　　4. K$_P$＝比例增益，e＝偏差。

④ 应用举例　使用两台 SLPC 调节器组合可以构成多回路自动选择系统，其中（A$_{11}$＝1）的输出值送给调节阀，副调节器 SLPC2（A$_{11}$＝4）的输出值送给主调节器作外部信号，其系统构成如图 3-41 所示，功能框图如图 3-42 所示，试编写程序。

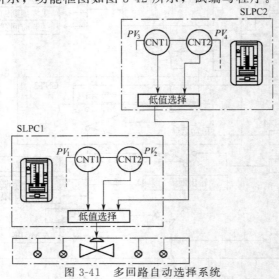

图 3-41　多回路自动选择系统

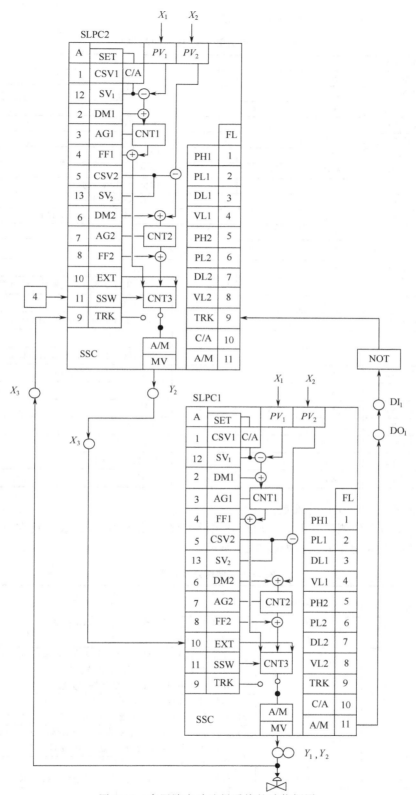

图 3-42　多回路自动选择系统的功能框图

根据功能框图 3-42 编写的程序如表 3-28 所示。

表 3-28　根据图 3-42 编写的程序

主调节器 SLPC1 的程序

步序	程序	S_1	S_2	S_3	注释
1	LD X3	X_3			读取外部信号
2	ST A10	X_3			存入 A_{10}
3	LD X1	X_1	X_3		读取 PV_1
4	LD X2	X_2	X_1	X_3	读取 PV_2
5	SSC	MV	X_3		选择控制
6	ST Y1	MV	X_3		输出
7	ST Y2	MV	X_3		输出到 SLPC2 的 A_9
8	LD FL11	0/1	MV	X_3	读取 A/M 切换状态
9	ST DO1	0/1	MV	X_3	把 A/M 切换状态输出到 DO_1
10	END	0/1	MV	X_3	结束

副调节器 SLPC1 的程序

步序	程序	S_1	S_2	S_3	注释
1	LD K10	4.0			读取 SLPC2 的自动选择的设定条件 4.0
2	ST A11	4.0			把 4.0 存入 A_{11}
3	LD DI1	0/1	4.0		读取 SLPC1 的 A/M 切换信号
4	NOT	1/0	4.0		非运算
5	ST FL9	1/0	4.0		当 SLPC1 采用手动操作时,SLPC2 具有跟踪功能
6	LD X3	X_3	1/0	4.0	读取 SLPC1 的输出信号
7	ST A9	X_3	1/0	4.0	X_3 存入 A_9
8	LD X1	X_1	X_3	1/0	读取 PV_3
9	LD X2	X_2	X_1	X_3	读取 PV_4
10	SSC	MV	X_3	1/0	选择控制
11	ST Y2	MV	X_3	1/0	输出到 SLPC1
12	END	MV	X_3	1/0	结束

7. 动作方式 (MODE) 的设定

在 SLPC 调节器的侧面盘上,有动作方式设定键。利用动作方式设定键在调节器运行之前,设定各种必要的动作方式,如表 3-29 所示。

表 3-29　动作方式设定表

动作方式 (MODE)	设定值		设定状态
1 停电恢复	0		冷启动和手动操作,均从—6.3% 输出开始
	1		热启动,从停电前的状态开始运行
2 C 方式	0		C 方式无效,无外部给定,由正面盘的给定按钮 SET 设定
	1		C 方式有效,用 A_1 寄存器的数据作为给定值
	2		C 方式有效,用上位机系统的数据作为给定值
3 CNT2 设定	CSC	0	CSC 回路闭合时,以 MV_1 作为 SV_2
		1	CSC 回路开路时,由侧面盘的 SV 键设定 SV_2
控制单元 2 的设定	SSC	0	副回路进行外给定时,用 A_5 寄存器的数据作为副回路的给定值
		1	副回路进行内给定时,由侧面盘的 SV 键设定 SV_2
4 上位机系统备用	0		上位机系统异常时,切向手动控制
	1		上位机系统异常时,切向自动控制,给定值保持不变
5 上位机系统设定	0		允许上位机系统进行设定和操作
	1		禁止上位机系统进行设定和操作

（五）用户程序设计要领

（1）对 SLPC 调节器输入输出个数的限制

模拟量输入≤5 个，模拟量输出≤3 个；状态量输入≤6 个，状态量输出≤6 个。超过上述条件者必须选用一台以上的 SLPC 调节器。

（2）带编号的运算指令使用时的限制

对于 LAGn、DEDn、TIMn 带编号的运算指令使用次数有限制，例如 LAGn，n＝1～8，用户程序只能使用 8 次，超过 8 次者应选用一台以上的 SLPC 调节器。

除了折线函数运算指令之外，凡是带编号的运算指令，如果编号相同，在程序中只能使用一次。

控制运算指令 BSC、CSC、SSC 在同一用户程序中只能使用一种，且每种只能使用一次。

（3）转移指令的使用

GO、GIF 指令，原则上可以转移到 1～99 步程序的任何一步。若向步序小的方向转移，有可能在 END 指令之前形成死循环，为避免此种情况的发生，ijGOnn（n＝0、1、2、…、9，ij≠0）且 ij＜nn。GIF 指令利用 DI 的 0/1 数据进行分支判断，注意运算后用于判断的 S_1 寄存器的 0/1 数据丢失。

在主程序中执行 GO SUB 或 GIF SUB 时，若与之对应的 SUB 不存在子程序，将出现死循环。

（4）数据规格化及对可变参数寄存器 P_n 的限制

SLPC 调节器的内部数据为 0～1，一切常数、中间运算结果、最后结果的数据范围均是 —7.999～＋7.999。可变参数寄存器 P_n（n＝1～16）用于时间设定时，则 $P_n＞0$。

（5）功能扩展寄存器的使用

控制功能的扩展大都利用 A_n、B_n、FL_n 等寄存器。对于输入输出补偿、外给定、运行方式变更等信息，应在控制指令之前送入 A_n 或 FL_n 寄存器，而报警输出等信息可在控制指令之后进行。

（6）重要信号的处理

对于重要的输入输出信号应接在 X_1、Y_1 通道的端子上，因为即使 CPU 出现故障，停止工作，SLPC 调节器仍可对 X_1、Y_1 输入输出通道的信号进行指示和手动操作。

（7）DOn（n＝1～2）

一般情况下可使用 ST DOn（n＝1～2）指令，但在 CPOn（n＝1～2）指令后不能使用 ST DOn（n＝1～2）。

（8）其他

尽可能利用例题和现有的程序，这是编制正确程序的捷径。

最初编程时，仅着眼于主要功能，编制的程序简单、明了，没有必要那么完善，要做到易于理解，以后再增加辅助功能。

（六）通信

1. 通信的构成

μXL 集散控制系统是由现场控制单元、操作站、通信网络、上位机等构成的。在现场控制单元中插有通信插件 LCS 插件。LCS 插件通过专用电缆、端子板以及双绞线和 SLPC 调节器连接，如图 3-43 所示。通常一台现场控制单元设有 3 块 LCS 通信插件，每块通信插件可接 8 台 SLPC 调节器，故一台现场控制单元可接 24 台 SLPC 调节器。

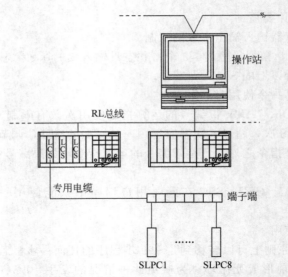

图 3-43　SLPC 调节器和 μXL 集散控制系统的通信构成

2. 通信的内容

SLPC 调节器和 μXL 集散控制系统的通信内容如表 3-30 所示。

表 3-30　SLPC 调节器和 HXL 集散控制系统的通信内容一览表

SLPC 通信内容	通信数据范围	在上位机显示符号	可否由上位机设定
测量值	工程量 4 位	PV	否
给定值	工程量 4 位	SV	可
输出值	0～100%	MV	可
输出值上限	0～100%	MH	可
输出值下限	0～100%	ML	可
比例带	6.3%～999.9%	P	可
积分时间	1～9999s	I	可
微分时间	0～9999s	D	可
可变参数 P_1	−7.999～7.999	BS	可
可变参数 P_2	−7.999～7.999	CS	可
Y_4 寄存器	0～100%	AUX_1	否
Y_5 寄存器	0～100%	AUX_2	否
Y_6 寄存器	0～100%	AUX_3	否
测量值数据	0～100%	RAW	否
运行方式	—	MAN,AUT,CAS	可
SPC、DDC 运行	—	CMP	可
上位机 FAIL 时备用运行	—	BUM,BUA	否
电流输出（Y_1）开路报警	—	OOP	否

3. 通信方法

SLPC 调节器和 μXL 集散控制系统的现场控制单元 LCS 插件之间的通信规格如下：

通信网络的结构　总线型网络；

传输介质　双绞线；

传输方式　半双工通信方式，串行异步传输；

传输速率　15.625Kbit/s；

传输协议　查询式；

通信距离　<100m；

检错方式　水平和垂直奇偶校验、帧长校验；

字长　起止式，1 位起始位，8 位数据位，1 位停止位，1 位奇偶校验位。

下面介绍 SLPC 调节器和 μXL 集散控制系统的操作站之间进行数据采集时的通信方法。当 μXL 集散控制系统的操作站要对 SLPC 调节器的 PV、SV、MV 进行数据采集时，发出的报文如下：

$$DG-1-3-[YS2PV]-[YS2LS]-[YS2MV][CR][LF]$$

其含义为：

DG——要进行数据采集；

　1——被采集数据的现场控制单元的编号；

　3——一个数据采集报文所采集的数据量；

YS2——SLPC 调节器所在回路的编号；

PV——要求采集的数据是调节器测量值；

LS——要求采集的数据是调节器的运行方式；

MV——要求采集的数据是调节器的输出值；

CR——打印机回车；

LF——打印机换行；

　-——空格；

[]——数据的汇总。

从 SLPC 调节器返回的信息为：

$$DG-1-3-[\_74.8]-[AUT\_]-[\_65.5][CR][LF]$$

即第 1 号现场控制单元（下挂 SLPC 调节器）报告 SLPC 调节器的测量值 PV=74.8，运行方式是自动 AUT，输出值 MV=65.5。

第二节　SPRG 编程器的技术及应用

一、用途

SPRG 编程器用于编写主程序（主程序和仿真程序）。由于编程器的键盘含义和指令符号完全相同，利用键盘就可直接编写主程序和仿真程序，键入的指令均可以通过编程器的显示窗进行显示。编好的用户程序可以进行测试运行，经过确认之后，可写入 EPROM。SPRG 编程器还可以读出 SLPG 调节器中原有的程序，对其进行修改或重编。通过打印机，可把程序清单、设定参数、寄存器状态、有关表格打印出来。

二、方框图

SPRG 编程器是由存储器 ROM、RAM、总线、键盘、显示器、插头座等组成的。其方框图如图 3-44 所示。

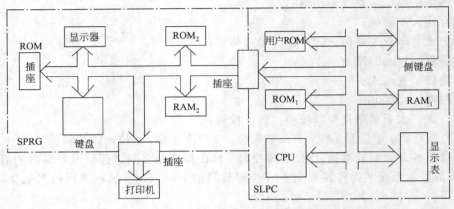

图 3-44　SPRG 编程器的方框图

三、原理

（一）正面盘

SPRG 编程器的正面盘是由电源开关、测试运行/编程开关、用户 ROM 插座、显示窗、键盘、连接仪表的接插板、连接打印机的接插板、电源电缆等构成，如图 3-45 所示。

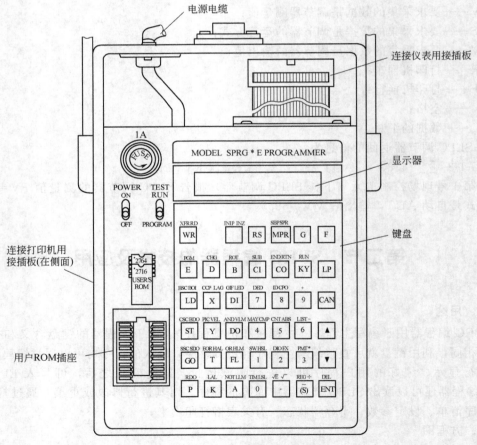

图 3-45　SPRG 编程器的构成

（二）键义

键盘共有 41 个键，每个键基本上都是三义键，参见图 3-45。

数字键 10 个：0、1、2、3、4、5、6、7、8、9。

寄存器键 15 个：A、B、CI、CO、DI、DO、E、FL、K、KY、LP、P、T、X、Y。

指令键 45 个：LD、ST、END、＋、－、×、÷、SQT、$\sqrt{E}$、ABS、HSL、LSL、HLM、LLM、FX1，2、FX3，4、LAG、LED、DED、VEL、VLM、MAV、CCD、TIM、PGM、PIC、CPO、HAL、LAL、AND、OR、NOT、EOR、GO、GIF、GOSUB、GIF-SUB、RTN、CMP、SW、CHG、ROT、BSC、CSC、SSC。

其他主要键 24 个：

XFR——程序转移键，把用户 EPROM 中的程序转移到 SPRG 编程器里；

RD——程序读入键，把用户 EPROM 中的内容读到 SPRG 编程器的 RAM$_2$ 中；

WR——程序写入键，把 SPRG 编程器 RAM$_2$ 的内容写到用户 EPROM 中；

INIP——参数清除键，清除 SLPC 调节器侧面盘上设定的数据；

INZ——用户程序清除键，清除 SPRG 编程器中的程序；

RS——复位键，强行使 SPRG 编程器的工作状态返回起始点，若 SPRG 编程器处于 TEST RUN，仪表内部复位后，执行用户程序，若 SPRG 编程器处于 PRO-GRAM，则返回程序起点等待；

SPR——仿真程序键，在键入仿真程序之前，应先按此键；

MPR——主程序键，在键入主程序之前，应先按此键；

SBP——子程序键，在键入子程序之前，应先按此键；

G——黄色换挡键，先按此键，再按其他键，则键义为其他键的上侧黄色字体表示的含义；

F——蓝色换挡键，先按此键，再按其他键，则键义为其他键的上侧蓝色字体表示的含义；

RUN——运行测试执行键；

BDI——分支状态量输入寄存器键；

ID——编号设定键，为了便于识别用户 ROM 而设计的管理号码，ID 编号可以写入 4 位数字；

BDO——分支状态量输出寄存器键；

CNT——调节单元键；

LIST——程序列表键，打印机把程序的每一步都打印出来；

▲——步进显示键；

SDO——状态量输出寄存器设定键；

PMT——模拟量输入、输出、固定常数、PID 参数打印键；

▼——步退显示键；

RDO——状态量输出寄存器复位键；

REG——寄存器数据打印键；

DEL——程序删除键；

ENT——输入键。

（三）仿真程序

1. 概念与作用

仿真程序是模拟过程对象的程序。该程序用于正式开车投运之前控制系统的试运行，以便检查控制系统构成是否完善，联锁报警系统是否正常，整定参数是否合适等。仿真程序一般不单独使用，而是和主程序共同在 SLPC 调节器上使用，其编程方法和主程序一样。

2. 应用实例

储罐液位控制系统及其功能框图如图 3-46 所示。调节器采用 PI 调节器，除调节器之外的广义对象用 $K/(1+Ts)$ 仿真，试编写 SLPG 调节器的主程序和仿真程序。

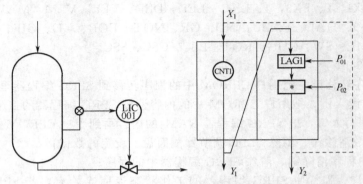

图 3-46　储罐液位控制系统及其功能框图

主程序（MPR）
LD X1
BSC
ST Y1
END
仿真程序（SPR）
LD Y1
LD P01　　　　$T \rightarrow P_{01}$
LAG1
LD P02　　　　$K \rightarrow P_{02}$
*
ST Y2
END

第三节　SLPC 调节器和 SPRG 编程器的编程实例

本节通过一个热交换器出料温度自动控制系统，介绍 SLPC 调节器和 SPRG 编程器编制用户程序的方法、步骤及要领。

热交换器出料温度自动控制系统如图 3-47 所示。进料为冷料，出料为热料，要求温度在 20～80℃之间。SLPC 调节器的控制策略为 PID，内给定，若停电则采用热启动方式工作。除调节器之外的广义对象采用纯滞后环节、一阶滞后环节及干扰环节仿真，其纯滞后环节的时间常数为 5s，一阶滞后环节的时间常数为 10s，干扰环节的干扰量为 +20%。

一、用户程序的设计

（一）明确控制要求

用热电偶检测热交换器的出料温度，控制热交换器加热蒸汽流量的大小，以保证出料温

100

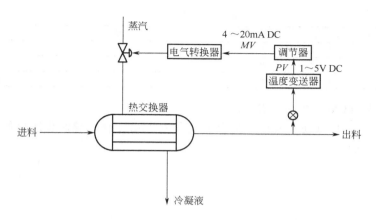

图 3-47　热交换器出料温度自动控制系统

度维持在 20～80℃ 之间。SLPC 调节器采用 PID 控制。

（二）确定 SLPC 调节器承担的任务

SLPC 调节器承担的任务是把一个测量值（表示温度信号的大小）和给定值比较的偏差信号进行 PID 运算，其输出去控制蒸汽流量的大小，以保证出料温度在 20～80℃ 之间。

一般来说，根据输入输出点数和控制功能决定 SLPC 调节器承担的任务。

（三）确定 SLPC 调节器控制功能

控制单元：BSC

控制要素：CNT1＝1　PID

动作方式：MODE1＝1，表示 SLPC 调节器停电后采用热启动工作方式；

　　　　　MODE2＝2，表示 SLPC 调节器的给定信号为内给定；

　　　　　MODE3＝初始值，不使用，则置于初始值；

　　　　　MODE4＝初始值，不使用，则置于初始值；

　　　　　MODE5＝初始值，不使用，则置于初始值。

（四）确定附加数学算法

本题无。

（五）数据规格化

本题无。

（六）工作单（WORKSHEET）

工作单就是根据控制系统的原理表示的功能框图，如图 3-48 所示。

（七）数据单（DATASHEET）

数据单就是将输入、输出信号以及各种参数汇集到一起的表格，如表 3-31 所示。

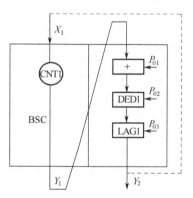

图 3-48　工作单

表 3-31（a）　数据单

数据名		说明	规格	
模拟量输入	X_1	温度/℃	20	80
模拟量输出	X_2	输出/%	0	100

表 3-31 （b） 数据单

数据名		数值	说明
可变参数	P_1	0.2(20%)	干扰量
可变参数	P_2	5s	时间常数
可变参数	P_3	10s	时间常数

（八）程序单（PROGRAMSHEET）

程序单就是主程序和仿真程序的集合。根据图 3-48 工作单编制程序单如下所示。

主程序（MPR）

LD X1

BSC

ST Y1

END

仿真程序（SPR）

LD Y1

LD P01

＋

LD P02

DED1

LD P03

LAG1

ST Y2

END

二、接线、送电、键入主程序和仿真程序

（一）接线送电

按图 3-49 接线。送电的原则是先外设（SPRG 编程器）后主机（SLPC 调节器），断电的原则是先主机后外设。SPLC 调节器在带电状态下，不能连接或断开 SPRG 编程器的插头，否则会造成调节器的损坏。

送电顺序：

① SLPC 调节器和 SPRG 编程器的电源均关闭；

② SPRG 编程器置于 PROGRAM 状态；

③ SPRG 编程器的插头插进 SLPC 调节器的插座中；

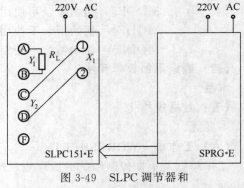

图 3-49　SLPC 调节器和
SPRG 编程器的接线图

④ SPRG 编程器的电源插头先插进 220V AC 电源，SLPC 调节器的电源插头后插进 220V AC 电源。

（二）键入主程序和仿真程序

（1）分别对 SLPC 调节器和 SPRG 编程器进行初始化

　　［F］［INZ］　　　　　　　　　　　　【INIT PROGRAM】

　　［G］［INIP］　　　　　　　　　　　　【INIT PROGRAM】

（2）键入主程序和仿真程序

[MPR]	【MAIN PROGRAM】
[LD] [X] [1]	【1 LD X 1】
[G] [LD]	【2 BSC】
[ST] [Y] [1]	【3 ST Y 1】
[G] [CO]	【4 END】
[F] [MPR]	【SIMUL PR】
[LD] [Y] [1]	【1 LD Y 1】
[LD] [P] [0] [1]	【2 LD P 1】
[F] [9]	【3＋】
[LD] [P] [0] [2]	【4 LD P 2】
[F] [7] [1]	【5 DED 1】
[LD] [P] [0] [3]	【6 LD P 3】
[F] [X] [1]	【7 LAG 1】
[ST] [Y] [2]	【8 ST Y 2】
[G] [CO]	【9 END】

三、对输入信号 X_n 标定工程量

（一）目的

为了在 SPRG 调节器的侧面盘上显示 X_n 代表的工程量。

（二）方法

在 SPRG 编程器上进行，SPRG 编程器的 TEST RUN/PROGRAM 置于 PROGRAM。

[X] [1] [1]	【X1H 100.0】
[0] [8] [0] [.] [0]	【X1H 080.0】
[ENT]	【X1H 080.0】
[ENT]	【X1L 000.0】
[0] [2] [0] [.] [0]	【X1L 020.0】
[ENT]	【X1L 020.0】

四、键入可变参数并定标

（一）目的

可变参数可以是各种各样的，比如 $P_{01}＝＋20\%$，$P_{02}＝5s$，$P_{03}＝10s$，对应的内部数据均为 $0\sim1$，但它们各自的范围又不相同，分别为 $0\sim100\%$，$0\sim1000s$，$0\sim100s$。因此必须重新调整它们的对应关系，确定 SLPC 调节器的显示器上显示的参数和内部数据之间的换算关系，即定标。

（二）方法

1. 依据范围重新确定上限值

在 SPRG 编程器上进行，SPRG 编程器的 TEST RUN/PROGRAM 置于 PROGRAM。

[P] [0] [1]	【P1H 100.0】
[1] [0] [0] [.] [0]	【P1H 100.0】
[ENT]	【P1H 100.0】
[P] [0] [2]	【P2H 100.0】
[1] [0] [0] [0]	【P2H 1000】
[ENT]	【P2H 1000】

[P] [0] [3]	【P3H 100】
[1] [0] [0] [.] [0]	【P3H 100.0】
[ENT]	【P3H 100.0】

2. 键入预先设定的数值

在 SPRG 编程器上进行，SPRG 编程器的 TEST RUN/PROGRAM 置于 TEST RUN。

[G] [KY]	【TEST RUN】
[P] [0] [1]	【P01 0.000】
[0] [.] [2] [0] [0]	【P01 0.200】
[ENT]	【P01 0.200】
[P] [0] [2]	【P02 0.000】
[0] [.] [0] [0] [5]	【P02 0.005】
[ENT]	【P02 0.005】
[P] [0] [3]	【P03 0.000】
[0] [.] [1] [0] [0]	【P03 0.100】
[ENT]	【P03 0.100】

五、对测量值 PV、设定值 SV 的刻度定标

(一) 目的

为了在 SLPC 调节器的侧面盘上显示 PV、SV 代表的工程量。

(二) 方法

SPGR 编程器的 TEST RUN/PROGRAM 置于 TEST RUN，键入 [G] [KY]，在 SLPC 调节器侧面盘上进行刻度定标。

连续按 SCALE 键，将出现 $X_1 \rightarrow Y_1 \rightarrow HI \rightarrow LO \rightarrow DP \rightarrow X_1$ 的循环显示，再出现 HI 时停止。

[SCALE]	【HI1 1000】
[▲]	【HI1 8000】
[SCALE]	【LO1 0000】
[▲]	【LO1 2000】
[SCALE]	【DP1 3】
[▼]	【DP1 2】

六、确定 CNT 方式

在 SPRG 编程器上进行，SPRG 编程器的 TEST RUN/PROGRAM 置于 PROGRAM.

[G] [5] [1] [1]	【CNT1 1】
[ENT]	【CNT1 1】

七、设定动作方式

SPRG 编程器的 TEST RUN/PROGRAM 置于 TEST RUN，键入 [G] [KY]，在 SLPC 调节器侧面盘上设定动作方式。

[MODE]	【MODE1 0】
[▲]	【MODE1 1】

注意：按 [▲] 键，必须按 1s 的时间。根据题意 MODE2～5 均使用初始值 0 即可。

八、设定 PID 整定参数

SPRG 编程器的 TEST RUN/PROGRAM 置于 TEST RUN，键入[G][KY]，在 SLPC 调节器侧面盘上设定 PID 整定参数。

令 $P_B=52\%$，$T_I=7s$，$T_D=1s$。

第一次按 ［PID］	【PB1 9999】
［▼］	【PB1 52】
第二次按 ［PID］	【TI1 1000】
［▼］	【TI1 7】
第三次按 ［PID］	【TD1 0】
［▲］	【TD1 1】

九、试运行

（一）目的

检验程序是否正确。

（二）方法

SPRG 编程器的 TEST RUN/PROGRAM 置于 TEST RUN，键入 ［G］［KY］。SLPC 调节器侧面盘的正反作用开关置于反作用，正面盘的运行方式开关置于手动，调整给定信号按键，使 $SV=50\%$，测量值 PV 为某一数值，记下偏差值，把运行方式开关由手动切向自动，观察 SLPC 调节器输出变化的过程是否满足要求。

十、修改程序

SPRG 编程器的 TEST RUN/PROGRAM 置于 PROGRAM。

（1）插入一步程序

用步进显示键或步退显示键调出欲插入位置的前一步程序，再键入要插入的程序即可。

（2）删除一步程序

用数字键或步进显示键或步退显示键调出欲删除的那一步程序，按 ［DEL］ 键即可。

（3）转移指令地址的自动变更

在插入一步或删除一步程序之后，转移指令（GIF 或 GO）将自动变更转移地址的编号。

十一、写 EPROM

SPRG 编程器的 TEST RUN/PROGRAM 置于 PROGRAM。

① 将空白干净的 EPROM（揭去遮光片，EPROM 应清洗 4s）插入 EPROM 插座，注意方向不可颠倒。按 ［WR］ 键，SPRG 编程器的显示窗显示 ［ROM WRITE］，显示的字符逐渐变暗，表示正在写入。

② 100s 后，SPRG 编程器的显示窗显示 ［COMPLETE］，表示写入结束。若 SPRG 编程器的显示窗显示 ［NOT BLANK］，表示 EPROM 不干净，写不进去。若 SPRG 编程器的显示窗显示 ［ROM EROR］，表示没安装 EPROM 或其他原因写不进。

③ 断电，取下 EPROM，粘上遮光片，插到 SLPC 调节器的 EPROM 插座上，便可按程序的功能运行。

十二、打印程序清单

SPRG 编程器的 TEST RUN/PROGRAM 置于 PROGRAM。

（1）程序打印

打印主程序、仿真程序。

（2）参数打印

打印 X_n、Y_n、P_n、K_n 的显示表格及 PID 参数等。

（3）寄存器数据打印

打印 X_n、Y_n、P_n、T_n、A_n 寄存器变化数据。

十三、断电

先拔掉 SLPC 调节器的电源插头，再拔掉 SPRG 编程器的电源插头。

第四节　YS170 调节器的技术及应用

一、用途

YS170 调节器是在 SLPC 调节器的基础上发展而来的，其用途大体相同，在结构形式和功能应用方面却具有自己的特点。比如采用液晶显示器替代了 SLPC 调节器的动圈型指示表，从而造就了三大类显示画面，使显示和操作功能更加完善；增设了直接输入信号插卡，使 YS170 调节器可以接受毫伏、热阻、热偶、频率、二线制信号。利用 RS-232C 通信接口替代编程器插座，使用个人计算机进行用户程序的编制，通过 RS-232C 接口把程序下载到 YS170 调节器中。

二、方框图

YS170 调节器是以微处理器为核心的智能控制装置，除了微处理器 CPU，存储器 ROM、EEPROM、RAM，总线之外，还包括输入输出设备及接口，如显示器、通信接口、模拟量输入、模拟量输出、状态量输入、状态量输出、插座等。其方框图如图 3-50 所示。

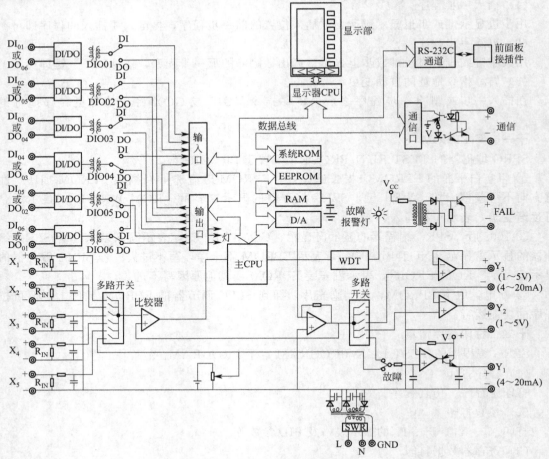

图 3-50　YS170 调节器的方框图

三、原理

(一) 结构

1. 正面盘

正面盘的结构如图 3-51 所示。

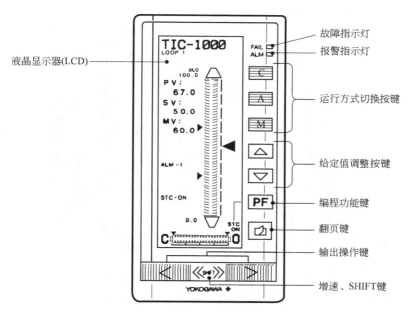

图 3-51　YS170 调节器的正面盘图

（1）液晶显示器

对测量值 PV、给定值 SV、输出值 MV 进行图形显示和数字显示。对测量值的趋势、报警以及各种设定参数进行显示。

（2）故障指示灯

调节器的内部发生故障时，红灯亮。

（3）报警指示灯

调节器的输入、输出信号断线或发生上、下限报警时，黄灯亮。

（4）运行方式切换按键

在回路画面和趋势画面上切换运行方式，设有自动 A、手动 M、串级 C 三种运行方式，按键上带有指示灯，按下按键选择某种运行方式，指示灯点亮显示出相应的运行方式。在调整画面和工程画面上，以软键的功能进行操作。

（5）给定值调整按键

在回路画面和趋势画面上调节给定值的大小：按 ［△］ 键，给定值增加；按 ［▽］ 键，给定值减小。在调整画面和工程画面上，用软键的功能进行操作。

（6）编程功能键

在回路画面和趋势画面上使用编程功能 （PF） 键时，应预先定义其用途。

（7）翻页键

用于切换画面。

（8）输出操作键

输出值变更的操作。

（9）增速、SHIFT 键

和输出操作键一起使用时，可快速增减输出信号。和翻页键一起使用时，可切换画面组。

2. 内面盘

内面盘的构成如图 3-52 所示。

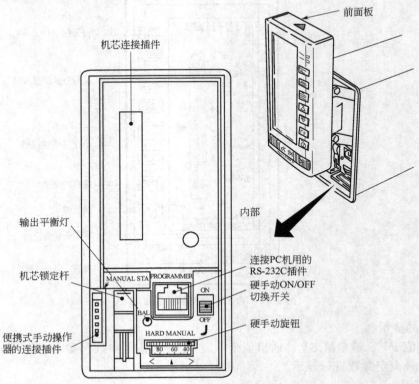

图 3-52　YS170 调节器的内面盘图

（1）连接 PC 机用的 RS-232C 插件

YS170 调节器和 PC 机通信时 RS-232 接口用的插件。

（2）便携式手动操作器的连接插件

当 YS170 调节器故障或需外部手动操作时，连接 YS110 手动操作器用的插件。

（3）机芯锁定杆

取出机芯时所用的拨杆。

（4）硬手动旋钮

调节硬手动输出信号的大小的旋钮。

（5）输出平衡灯

当硬手动输出信号和输出值相等时，输出平衡灯点亮呈现绿色。

（6）硬手动 ON/OFF 切换开关

确定硬手动操作处于打开状态还是处于关闭状态。该开关处于 ON 时，调整硬手动旋钮，硬手动输出信号向外输出；处于 OFF 时，硬手动输出信号只在内部调整不向外部输出。

（二）直接输入的信号

直接输入的信号有毫伏输入、热电偶输入、热电阻输入、滑线电阻输入、隔离输入、二线制变送器输入、频率输入。详细情况如表 3-32 所示。

表 3-32 （a）　直接输入的信号规格表

名称		Mv 输入	热电偶输入	热电阻输入	滑线电阻输入	隔离输入	二线制变送器输入
选择代号		A01	A02	A03	A04	A05	A06
信号输入		直流电位差 −50～+150V DC	JIS，ANSI 规格热电偶：K，T，J，E，B，R，S，IE，C，ANSI 规格：N	热 电 阻 JSI'89Pt100 （DINPt100）或 JSI'89Pt100 三线制：1mA	滑线电阻三线制	1～5V DC	二线制变送器来的 4～20mA DC 信号（向变送器提供电源）
测量范围	量程	10～100mV DC	10 ～ 63mV （温差电动势换算）	10～650℃ 10～500℃ （JPt100）	全电阻 100～200MΩ 量程 80～200Ω	—	—
测量范围	零点迁移	量程的 3 倍和 ±50mA 中的最小者的范围以内	量程的 3 倍和 ±25mV 中的最小者的范围以内	量程的 5 倍以内	全电阻的 50% 的以内	—	—
测量范围		在工程画面上设定					
输入电阻		1mΩ(停电时 3mΩ)	—	—	1MΩ （停电时 100kΩ）	250Ω	
输入外部电阻		500Ω 以下		每线 100Ω 以下①	每线 10Ω 以下	(20 — 变送器最小工作电压)/0.02 (Ω)以内	
允许输入电压、电流		−0.5～4V DC	—	—	±30V DC	40mA DC	
输入线性化		无	有	有	无	无	无
1～5V 输出变换精度		量程的 ±0.2%	量程的 ±0.2% 或输入换算 ±20μV 中的较大者	量程的 ±0.2% 或 ±0.2℃ 中的较大者	量程的 ±0.2%	量程的 ±0.2%	量程的 ±0.2%
基准接点补偿误差		—	±1℃ 以内②	—	—	—	—

① 每条线 10Ω 或者 ×0.4Ω，其中最小者的值以下。

② B 型不能进行基准接点温度补偿。测量温度在 0℃ 以下时，上述值乘以系数 K 作为补偿误差：

$$K = \frac{0℃ 附近每 1℃ 的热电势}{测量温度范围内每 1℃ 的热电势}$$

表 3-32 （b）　直接输入的信号规格表

名称	频率输入
选择代号	A08
输入信号	二线制：接点，电压脉冲，电流脉冲(可向变送器供电) 三线制：电源供给型电压脉冲
输入频率	0～10kHz
频率的 100%	0.1～10kHz
零点迁移	对 100% 的输入频率，可设定在 0～50%
小信号切除	设定范围：0.01Hz(最高频率的 1% 以上)～100%
最小输入脉冲宽度	接通：60μs；断开：60μs(输入频率 0～6kHz) 接通：30μs；断开：30μs(输入频率 6～10kHz)
输入信号类别	接点输入：继电器接点，晶体管接点 断开：100kΩ 以上；接通：200Ω 以下 接点容量：15V DC，15mA 以上 电压电流脉冲输入 　低电平：−1～8V 　高电平：3～24V 　脉冲峰值：3V 以上(频率为 0～6kHz) 　　　　　5V 以上(频率为 6～10kHz)

名称	频率输入
内部负载电阻(电流脉冲)	200Ω,500Ω,1kΩ 中选择
输入滤波	10ms 滤波(无电压接点用),有/无可选
对变送器供电电源	12V DC,30mA/24V DC,30mA,可切换
1～5V 输出变换精度	量程的±0.2%以内

(三) 运算控制指令

YS170 调节器的运算控制指令和 SLPC 调节器一样，包括输入输出指令、基本运算指令、带设备编号的运算指令、条件判断指令、寄存器位移指令和控制功能指令，共计 6 大类 46 条指令。详细内容见表 3-6 "SLPC 调节器运算指令一览表"。虽然运算指令相同，但是 YS170 调节器的编程方式和 SLPC 调节器有不同。其不同点如表 3-33 所示。

表 3-33　YS170 调节器和 SLPC 调节器的编程方式的不同点

比较内容	SLPC 调节器	YS170 调节器
程序行编号	有	无
程序分支去向指定方式	利用行编号	利用标号(@ABCD)
程序的说明字	不可写入	可以写入
功能扩展寄存器的名称	读取 Ann、Bnn	直接读取实际数据名 FF1、PB2

(四) 显示画面

YS170 调节器的显示画面有操作画面组、调整画面组和工程画面组三种，如图 3-53 所示。

1. 操作画面组

操作画面包括回路画面、趋势画面和报警画面。

(1) 回路画面

① 显示　回路画面的显示如图 3-54 所示。

回路画面的显示如下。

a. 工位号　由英文、数字、标点符号组成，最大 8 位，在功能设定画面 2 上设定工位号。

b. 画面标题　显示出画面标题的名称。

c. PV 数字值　PV 值是工程量，用 4 位有效数字（小数点、符号）显示。

d. PV 棒图　用棒图表示 PV 值。棒图满刻度为 200 个图案（100%），被分成 50 段显示，每段为 2%，以一个图素为单位（0.5%）增减。

e. PH 和 PL 指针　PV 值低于 0% 时，显示 PV 下溢；PV 值下限报警设定值 PL，用三角形指针表示，在 PID 设定画面上设定。

f. PV 下溢和 PV 上溢　PV 值低于 0% 时，显示 PV 下溢；PV 值高于 100% 时，显示 PV 上溢。

g. SV 数字值　SV 值是工程量，用 4 位有效数字（含小数点、符号为 6 位）显示。

h. SV 指针　SV 值用三角形指针显示，其分辨率为±0.5% 单位。

i. MV 数字值　MV 值用% 表示，用 4 位有效数字（含小数点、符号为 5 位）显示。

j. MV 棒图和 MV 刻度　用棒图表示 MV 值。棒图满刻度为 80 个图素（100%），被分成 20 段显示，每段为 5%，以一个图素为单位（1.25%）增减。

k. MH 和 ML 指针　MV 值上限极限值 MH，MV 值下限极限值 ML，用三角形指针表示，在 PID 设定画面 2 上设定。

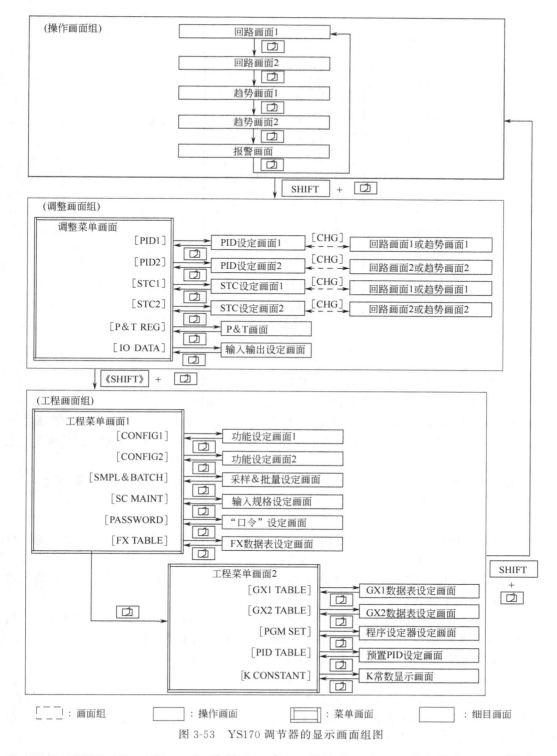

图 3-53 YS170 调节器的显示画面组图

l. MV 下溢和 MV 上溢　MV 值低于 0％时，显示 MV 下溢；MV 值高于 100％时，显示 MV 上溢。

m. MV 阀门方向　MV 阀门方向用"C"（关闭）和"O"（打开）显示，阀门开度方向 VDIR 在功能设定画面 2 上设定。

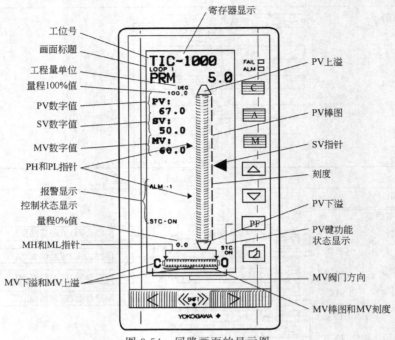

图 3-54　回路画面的显示图

n. 工程量单位　工程单位最多用 6 位数字显示，在功能设定画面 2 上设定。

o. 刻度　刻度最大显示 10 个分段，分段数在功能设定画面 2 上设定。

p. 量程 0％值和量程 100％值　量程 0％值和量程 100％值都是工程量，用 4 位有效数字（含小数点、符号为 6 位）显示。量程 0％值 SCL 和量程 100％值 SCH 在功能设定画面 2 上设定。

q. 报警显示和控制状态显示　报警显示和控制状态显示用省略语显示。如 SXS-ALM 表示系统发生报警，ALARM-1 表示测量值发生报警。

② 操作

a. 运行方式切换的操作　按 [C] 键，可将运行方式切换到串级状态；按 [A] 键，可将运行方式切换到自动状态；按 [M] 可将运行方式切换到手动状态。

b. 给定值调整的操作　在 YS170 调节器处于自动和手动状态时，按 [△] 键，给定值增加；按 [▽] 键，给定值减小。

c. 输出值的操作　在 YS170 调节器处于手动状态时，按 [<] 键，输出值减小；按 [>] 键，输出值增加。同时加按 [SHIFT] 键，可提高输出值增减的速度。

d. 编程功能键的操作　根据用户程序定义的功能进行操作。

（2）趋势画面

① 显示　趋势画面的显示如图 3-55 所示。

趋势画面的显示内容和回路画面相比较少了 PH 和 PL 指针、PV 上溢和 PV 下溢、报警显示和控制状态显示，多了 3 种显示。

a. 趋势记录时间宽度　显示趋势记录时间宽度的设定值，趋势记录时间宽度 TRDT 在功能设定画面 2 上设定。趋势记录，0 线位置为现在时间，90 线位置为最大过去时间。在 90 线位置时，时间宽度标尺定为 60。变更趋势记录时间宽度，记录过的数据将被清除。

b. 时间宽度标尺　在 60 线位置，用点线显示时间宽度标尺。当刻度为 4 分段以上时，

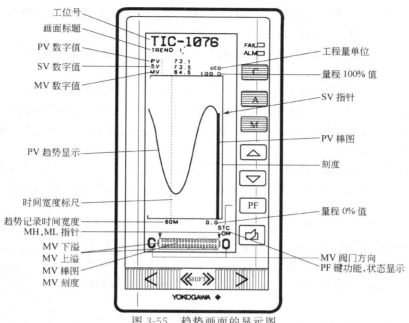

图 3-55 趋势画面的显示图

在 30 线位置也用点线显示时间宽度标尺。

c. PV 趋势显示 所设定的趋势记录时间宽度被分割成 60 段，每段内 PV 的最大值、最小值用一条纵线来显示。$PV<0\%$ 的部分或 $PV>100\%$ 的部分被清除掉，分别显示 0% 或 100%。

② 操作 趋势画面的操作同回路画面。

（3）报警画面

① 显示 报警画面的显示如图 3-56 所示。

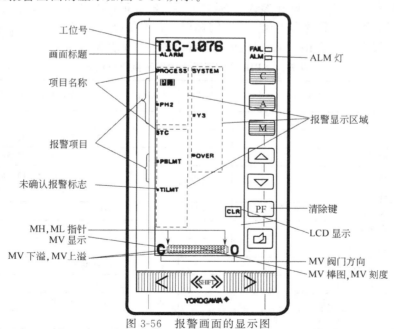

图 3-56 报警画面的显示图

报警画面的显示内容和回路画面相比较少了 PV 设定值、PV 棒图、PH 和 PL 指针、

113

PV 上溢和 PV 下溢、SV 数字值、SV 指针、MV 数字值、工程量单位、刻度、量程 0％值和量程 100％值、报警显示和控制状态显示，多了如下 3 种显示。

a. 项目名称　项目名称是显示 3 种报警的类别：过程报警 PROCESS、自整定报警 STC、系统报警 SYSTEM。

b. 报警项目　报警项目是显示 3 种报警类别的内容，比如测量值上限报警、变化率报警、电源异常报警、输出开路报警、运算溢出报警等。对已发生的报警项目显示形式有两种，即反转显示和正常显示，前者表示报警正在发生中，后者表示以前发生过报警，目前系统已恢复到正常状态。

c. 未确认报警的标志　在报警项目的前头加"＊"号，表示这个报警未确认。报警画面的工位号显示，无论有无使用第 2 个回路，通常只显示第 1 个回路的工位号。

② 操作

a. 输出值的操作　同回路画面。

b. 报警的确认操作　在编程功能键左边相邻的液晶显示器上显示一个 [CLR]。这个显示表示编程功能键具有清除功能，只要按一下这个键，则未确认的报警标志"＊"被清除，表明报警已被确认。

2. 调整画面

调整画面包括 PID 设定画面 1 和 2、自整定设定画面 1 和 2、P&G 寄存器画面、输入输出数据画面。

在进入调整菜单画面之后，若需修改参数，应先到口令设定画面上进行"口令"输入，再进行调整操作。在调整菜单画面上，只要按压位于细目画面右边的键就可以进入相应的画面，如图 3-57 所示。

(1) PID 设定画面 1

① 显示　显示 YS170 调节器第一个回路的有关参数，如图 3-58 所示，若图中参数的单位是秒，则在参数的右边加"s"的标记；若参数的单位是百分数，则在参数的右边加"％"的标记。有关参数的名称、单位、省略值、设定及其显示范围、设定可否等详细内容参见表 3-34。

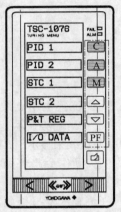

图 3-57　调整菜单画面的显示图

表 3-34　PID 设定画面 1 的显示参数一览表

行号	显示	名称	单位	省略值	设定及其显示范围	设定可否
1						
2	STC	STC 方式	—	OFF	OFF, DISP, ON, ATSTUP	×
3	PV1	测量值 1	工程量		$-6.3％～106.3％$相当的工程量[②]	×
4	SV1	设定值 1	工程量		$-6.3％～106.3％$相当的工程量[②]	○
5	MV1	操作输出 1	％	−6.3	$-6.3～106.3$	×[①]
6	DV1	偏差值 1	工程量		$PV1-SV1$	×
11	PB1	比例带 1	％	999.9	$2.0～999.9$	○
12	TI1	积分时间 1	s	1000	$1～9999$	○
13	TD1	微分时间 1	s	0	$0～9999$	○
14	SFA1	设定值滤波 $\alpha1$	—	0.000	$0.000～1.000$	○
15	SFB1	设定值滤波 $\beta1$	—	0.000	$0.000～1.000$	○
16	GW1	非线性控制不灵敏带宽度 1	％	0.0	$0.0～100.0$	○
17	GG1	非线性控制增益 1	—	1.000	$0.000～1.000$	○
19	PH1	测量值 1 上限报警设定值	工程量	106.3	$-6.3％～106.3％$相当的工程量[②]	○

行号	显示	名称	单位	省略值	设定及其显示范围	设定可否
20	PL1	测量值1下限报警设定值	工程量	−6.3	−6.3%～106.3%相当的工程量[2]	○
21	DL1	测量值1偏差报警设定值	工程量	106.3	−6.3%～106.3%相当的工程量[2]	○
22	VL1	测量值1变化率报警变化率设定值	工程量	106.3	−6.3%～106.3%相当的工程量[2]	○
23	VT1	测量值1变化率报警时间设定值	s	1	1～9999	○
24	MH1	操作信号1上限极值	%	106.3	−6.3～106.3	○
25	ML1	操作信号1下限极值	%	−6.3	−6.3～106.3	○
27	MR1	手动复位1	%	−6.3	−6.3～106.3	○
28	RB1	复位偏差1	%	0.0	0.0～106.3	○
30	PMV1	预置输出	%	−6.3	−6.3～106.3	○

① MV1 仅用于前面板下方的 MV 操作键设定。

② 用标尺 SCH1、SCDP1 设定的工程量。

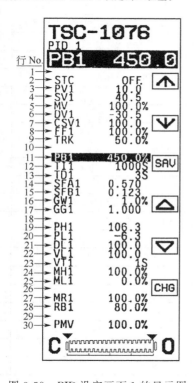

图 3-58　PID 设定画面 1 的显示图

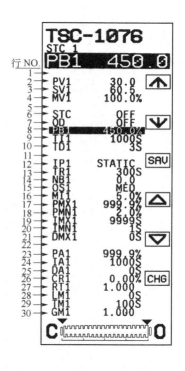

图 3-59　自整定画面 1 的显示图

② 操作

a. 软键的操作

（a）参数选择键。按动参数选择键［↑］［↓］，可以在画面所显示的参数中寻找所需要的参数。

（b）数值变更键。按动数值变更键［△］［▽］，可以修改被选参数的数值。

（c）存储键。按动存储键［SAV］，可以把显示画面上的参数写入 EEPROM，若写入 EEPROM 的参数值和画面上的参数不一致，就会在参数的项目名称前显示一个"＊"标记。

（d）切换键。按动切换键［CHG］，将由 PID 设定画面 1 切换到回路画面 1 或趋势画面 1。

b. 参数的设定操作　按参数选择键［↑］［↓］，在显示画面上选择要修改的参数，再按增加或减小键［△］［▽］，设定或变更参数的大小。

c. 输出值的操作　同回路画面。

d. 画面切换的操作　按变换键［CHG］，可以实现画面的切换。

（2）自整定画面1

① 显示　显示 YS170 调节器第1个回路的自整定参数。如图 3-59 所示，若图中的参数的单位是秒，则在参数的右边加"s"的标记；若参数的单位是百分数，则在参数的右边加"%"的标记。有关参数的名称、单位、省略值、设定及其显示范围、设定可否等详细内容参见表 3-35。

表 3-35　自整定画面1的显示参数一览表

行号	显示	名称	单位	省略值	设定及其显示范围	设定可否
2	PV1	测量值1	工程量		−6.3%～106.3%相当的工程量[②]	×
3	SV1	设定值1	工程量		−6.3%～106.3%相当的工程量[②]	○
4	MV1	操作输出1	%	−6.3	−6.3～106.3	×[①]
5						
6	STC	STC方式指定	—	OFF	OFF,DISP,ON,ATSTUP	○
7	OD	请求式整定启动	—	OFF	OFF,ON	○
8	PB1	比例带1	%	999.9	2.0～999.9	○
9	TI1	积分时间1	s	1000	1～9999	○
10	TD1	微分时间1	s	0	0～9999	○
12	IP1	过程类型1	—	0.000	0.000～1.000	○
13	IR1	过程响应时间1	s	300	4～9999	○
14	NB1	噪声频带1	工程量	0.0	0.0～20.0%相当的工程量[②]	○
15	OS1	运算控制目标类型1	—	MED	ZERO,MIN,MED,MAX	○
16	MI1	MV附加信号宽度1	%	5.0	0.0～20.0	○
17	PMX1	比例带1上限极值	%	999.9	2.0～999.9	○
18	PMN1	比例带1下限极值	%	2.0	2.0～999.9	○
19	IMX1	积分时间1上限极值	s	999	1～9999	○
20	IMN1	积分时间1下限极值	s	1	1～9999	○
21	DMX1	微分时间1上限极值	s	2000	0～9999	○
23	PA1	新比例带计算值1	%	999.9	2.0～999.9	×
24	IA1	新积分时间计算值1	s	1000	1～9999	×
25	DA1	新微分时间计算值1	s	0	0～9999	×
26	CR1	估计精度误差1	%	0.00	0.00～99.99	×
27	RT1	信号分散比1	—	0.000	0.000～9.999	×
28	LM1	等效损耗时间1	s	0	0～9999	×
29	TM1	等效时间常数1	s	0	0～9999	×
30	GM1	等效过程增益1	—	0.000	0.000～9.999	×

① 功能选择型，仅用前面板下方的 MV 操作键，设定 MV，显示 MV1（MV）。

② 用标尺 SCH1、SCL1、SCDP1 设定的工程量。

② 操作　同 PID 设定画面1的操作。

（3）P&T 寄存器画面

① 显示　显示 P 寄存器和 T 寄存器的参数。如图 3-60 所示，有关参数的名称、单位、省略值、内部运算的设定及范围等详细内容参见表 3-36。

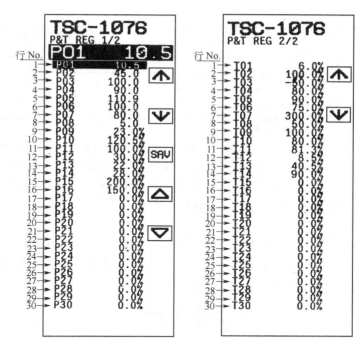

(a) P 参数画面显示　　　　　　　(b) T 寄存器画面显示

图 3-60　P&T 寄存器画面的显示图

表 3-36　P&T 寄存器画面的显示参数一览表

行号	显示	名称	单位	省略值	内部运算的设定及范围
1	P01	可变参数 1	工程量	0.0	−800.0%～800.0%显示为工程量[①]
2	P02	可变参数 2	工程量	0.0	−800.0%～800.0%显示为工程量[①]
3	P03	可变参数 3	工程量	0.0	−800.0%～800.0%显示为工程量[①]
4	P04	可变参数 4	工程量	0.0	−800.0%～800.0%显示为工程量[①]
5	P05	可变参数 5	工程量	0.0	−800.0%～800.0%显示为工程量[①]
6	P06	可变参数 6	工程量	0.0	−800.0%～800.0%显示为工程量[①]
7	P07	可变参数 7	工程量	0.0	−800.0%～800.0%显示为工程量[①]
8	P08	可变参数 8	工程量	0.0	−800.0%～800.0%显示为工程量[①]
9	P09	可变参数 9	%	0.0	−800.0～800.0
10	P10	可变参数 10	%	0.0	−800.0～800.0
11	P11	可变参数 11	%	0.0	−800.0～800.0
12	P12	可变参数 12	%	0.0	−800.0～800.0
13	P13	可变参数 13	%	0.0	−800.0～800.0
14	P14	可变参数 14	%	0.0	−800.0～800.0
15	P15	可变参数 15	%	0.0	−800.0～800.0
16	P16	可变参数 16	%	0.0	−800.0～800.0
17	P17	可变参数 17	%	0.0	−800.0～800.0
18	P18	可变参数 18	%	0.0	−800.0～800.0
19	P19	可变参数 19	%	0.0	−800.0～800.0
20	P20	可变参数 20	%	0.0	−800.0～800.0
21	P21	可变参数 21	%	0.0	−800.0～800.0
22	P22	可变参数 22	%	0.0	−800.0～800.0
23	P23	可变参数 23	%	0.0	−800.0～800.0
24	P24	可变参数 24	%	0.0	−800.0～800.0
25	P25	可变参数 25	%	0.0	−800.0～800.0

行号	显示	名称	单位	省略值	内部运算的设定及范围
26	P26	可变参数 26	％	0.0	−800.0～800.0
27	P27	可变参数 27	％	0.0	−800.0～800.0
28	P28	可变参数 28	％	0.0	−800.0～800.0
29	P29	可变参数 29	％	0.0	−800.0～800.0
30	P30	可变参数 30	％	0.0	−800.0～800.0

① 用 YSS10 设定 P01～P08 工业量显示单位。

② 操作　软键操作、参数的设定操作、画面切换操作，同 PID 设定画面 1。

P 寄存器和 T 寄存器画面的切换操作　在 P 寄存器显示画面上，选择可变参数 P30，再按参数选择键［↓］即可显示 T 寄存器画面；在 T 寄存器画面上，选择可变参数 T01，再按参数选择键［↑］即可返回到 P 寄存器画面。

（4）输入输出数据画面

① 显示　显示 YS170 调节器端子板上的输入输出信号，如图 3-61 所示。图中显示的模拟量输入信号、模拟量输出信号、状态量输入信号和状态量输出信号，有关参数的名称、单位、显示范围等详细内容参见表 3-37。

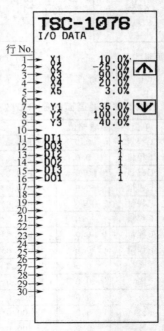

图 3-61　输入输出数据画面的显示图

表 3-37　输入输出数据画面的显示参数一览表

行号	显示	名称	单位	显示范围
1	X1	模拟输入 1	工程量	−25.0～125.0 相应工程量
2	X2	模拟输入 2	工程量	−25.0～125.0 相应工程量
3	X3	模拟输入 3	工程量	−25.0～125.0 相应工程量
4	X4	模拟输入 4	工程量	−25.0～125.0 相应工程量
5	X5	模拟输入 5	工程量	−25.0～125.0 相应工程量
7	Y1	模拟输出 1	％	−20.0～106.3
8	Y2	模拟输出 2	％	−6.3～106.3
9	Y3	模拟输出 3	％	−20.0～106.3

行号	显示	名称	单位	显示范围
11	DI/On	状态输入输出	—	0/1
12	DI/On	状态输入输出	—	0/1
13	DI/On	状态输入输出	—	0/1
14	DI/On	状态输入输出	—	0/1
15	DI/On	状态输入输出	—	0/1
16	DI/On	状态输入输出	—	0/1

② 操作　画面切换的操作同 PID 设定画面 1。

3. 工程画面组

工程画面组包括两个工程菜单画面。其中，工程画面 1 含有功能设定画面 1、功能设定画面 2、采样 & 批量设定画面、输入规格设定画面、口令设定画面、FX 数据表设定画面；工程画面 2 包括 GX 数据设定表画面、程序设定器设定画面、预置 PID 设定画面、K 常数显示画面。

在工程菜单画面上，只要按压位于细目画面右边的按键，就可以进入相应的画面，如图 3-62 所示。

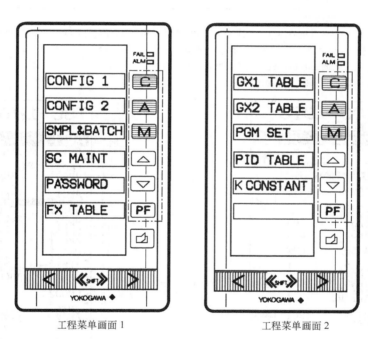

工程菜单画面 1　　　　　　　　　工程菜单画面 2

图 3-62　工程菜单画面的显示图

（1）功能设定画面 1

① 显示　YS170 调节器通信环境的设定，设定内容可以写入 EEPROM，如图 3-63 所示。有关参数的名称、省略值、选择、设定可否等详细内容参见表 3-38。

表 3-38　功能设定画面 1 的显示参数一览表

行号	显示	名称	省略值	选择	设定可否
1	SET	设定允许/禁止	INHB	INHB，ENBL	○
2	—	—	—	—	—
3	CTL	控制方式选择③	PROG	PROG SINGLE，CAS，SELECT	○

119

行号	显示	名称	省略值	选择	设定可否
4	START	启动方式	TIM1	TIM1，AUT，TIM2	○
5	COMM	通信	—	—，LCS，485①	×
6	COMWR	经通信设定可否	ENBL	ENBL，INHB	○
8	ADRS	RS-485 地址	1	1～16	○
9	STBIP	RS-485 停止位	1	1～12	○
10	PAR	RS-485 奇偶	NO	NO，ODD，EVEN	○
11	BPS	RS-485 通信速率	1200	1200，2400，4800，9600	○
13	ATSEL	自动选择指定	LOW	LOW，HIGH	○
15	LOOP1	画面显示选择，回路 1	1	0，1，2②	○
16	LOOP2	画面显示选择，回路 2	1	0，1，2②	○
17	TREND1	画面显示选择，趋势 1	1	0，1，2②	○
18	TREND2	画面显示选择，趋势 2	1	0，1，2②	○
19	ALARM	画面显示选择，报警	1	0，1，2②	○
21	DISP	显示寄存器选择	—	—，P01～P08	○
22	NAME	显示寄存器名称	PRM	英文数字 3 位	○
29	PROG	用户程序名			×
30	REVNO	系统 REV. NO			×

① 由通信用选择插件自动决定。

② 即使全部设定为"0"时，也照样显示 LOOP1，CTL 设定为 SINGLE 时，LOOP2/TREND2 应设定为"0"。

反转显示选择：已设定为"1"时，蓝底白字显示，设定为"2"时白底蓝字显示。另外，除了操作画面以外，别的画面显示与 LOOP1 相同。画面展开后，就是设定变更后，显示有效。

③ 一旦改变控制方式后，各种参数都被初始化。

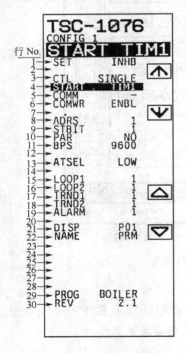

图 3-63　功能设定画面 1 的显示图

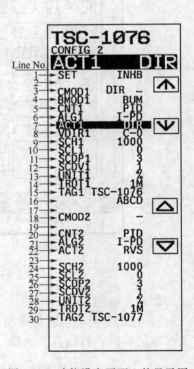

图 3-64　功能设定画面 2 的显示图

② 操作　软键操作、参数的设定操作、画面切换操作同 PID 设定画面 1。

在画面的第一行显示设定 SET，如果 SET 设定为禁止 INHB，表示下面显示的参数不可变更；如果 SET 设定为允许 ENBL，表示下面显示的参数可以变更。当 SET＝ENBL 时，自动手动串级运行方式将切换到手动方式，输出信号处于保持状态，此时画面标题的右侧出现"STOP"反转显示。如果显示画面切换到其他画面时，则 SET 的设定自动返回到禁止"INHB"状态。

（2）功能设定画面 2

① 显示　对 YS170 调节器的各种控制功能进行设定，设定内容可以写入 EEPROM，如图 3-64 所示。有关参数的名称、省略值、选择、设定及显示范围等详细内容参见表 3-39。

表 3-39　功能设定画面 2 的显示参数一览表

行号	显示	名称	省略值	设定及显示范围
1	SET	允许设定/禁止设定	INHB	INHB,ENBL
3	CMOD1	串级方式 1	—	—,CAS,CMP
4	BMOD1	后备方式 1	BUM	BUM,BUA
5	CNT1	控制类型 1	PID	PID,S-PI,BATCH,PD
6	ALG1	控制运算式 1	I-PD	I-PD,PI-D,SVF
7	ACT1	控制动作方向 1	RVS	RVS,DIR
8	VDIR1	阀门方向 1	C—O	C—O,O—C
9	SCH1	量程 100% 值 1	1000	−9999～9999
10	SCL1	量程 0% 值 1	0	−9999～9999
11	SCDP1	小数点位置 1	3	1～4
12	SCDV1	刻度盘分段 1	1	1,2,4,5,10
13	UNIT1	工程量单位 1	%	英文数字字符 6 位
14	TRDT1	趋势记录时间宽度 1	1M	1M,5M,10M,30M,1H,5H,10H,30H
15	TAG1	工位号 1	YS170	英文数字字符 12 位(8 位＋4 位)
18	CMOD2	串级方式 2	—	—,CAS,CMP
19	BMOD2	后备方式 2	BUM	BUM,BUA
20	CNT2	控制类型 2	PID	PID,S-PI,BATCH,PD
21	ALG2	控制运算式 2	I-PD	I-PD,PI-D,SVF
22	ACT2	控制动作方向 2	RVS	RVS,DIR
23	VDIR2	阀门方向 2	C—O	C—O,O—C
24	SCH2	量程 100% 值 2	1000	−9999～9999
25	SCL2	量程 0% 值 2	0	−9999～9999
26	SCDP2	小数点位置 2	3	1～4
27	SCDV2	刻度盘分段 2	1	1,2,4,5,10
28	UNIT2	工程量单位 2	%	英文数字字符 6 位
29	TRDT2	趋势记录时间宽度 2	1M	1M,5M,10M,30M,1H,5H,10H,30H
30	TAG2	工位号 2	YS170	英文数字字符 12 位(8 位＋4 位)

② 操作　同功能设定画面 1 的操作。

（3）采样 & 批量设定画面

① 显示　对采样 PI 控制和批量 PID 控制参数的显示和设定，如图 3-65 所示。有关参数的名称、单位、省略值、选择、设定及显示范围等详细内容参见表 3-40。

表 3-40　采样和批量设定画面的显示参数一览表

行号	显示	名称	单位	省略值	设定及显示范围
1	STM1	采样 PI 采样时间(周期)1	s	0	0～9999
2	SWD1	采样 PI 控制时间宽度 1	s	0	0～9999
3	BD1	批量 PID 偏差设定值 1	%	0.0	0～100.0
4	BB1	批量 PID 偏置值 1	%	0.0	0～100.0
5	BL1	批量 PID 锁定宽度 1	%	0.0	0～100.0
7	STM2	采样 PI 采样时间(周期)2	s	0	0～9999
8	SWD2	采样 PI 控制时间宽度 2	s	0	0～9999

行号	显示	名称	单位	省略值	设定及显示范围
9	BD2	批量 PID 偏差设定值 2	％	0.0	0～100.0
10	BB2	批量 PID 偏置值 2	％	0.0	0～100.0
11	BL2	批量 PID 锁定宽度 2	％	0.0	0～100.0

② 操作 软键操作、参数的设定操作、画面切换操作同 PID 设定画面 1 的操作。

（4）输入规格设定画面

① 显示 YS170 调节器要想直接输入毫伏、热电偶、热电阻等非标准信号，必须安装一块直接输入信号的插件 SC。这块插件有 6 个项目菜单，分别是型号名称、工位号、自诊断结果、显示项目、设定项目、调整项目。其中的前 3 项的有关参数只进行显示，后 3 项的有关参数不但要显示而且要设定，如图 3-66 所示。有关参数的项目、名称显示、SC 插件的显示数据的详细内容参见表 3-41。

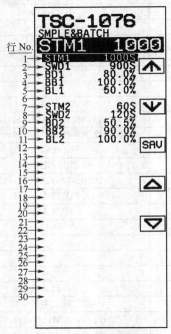

图 3-65 采样和批量设定画面的显示图

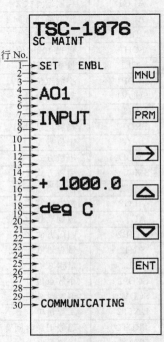

图 3-66 输入规格设定画面的显示图

表 3-41 输入规格设定画面的显示参数一览表

号码	项目	名称显示	SC 插卡不同，数据显示各异				
			A01(EM1)	A02(ET5)	A03(ER5)	A04(ES1)	A08(EP3)
01	型号	MODEL	EMI＊B	ET5＊B	ER5＊B	ES1＊B	EP3＊A
02	工位号	TAG NO	英文数字 15 位				
03	自诊断结果	SELF CHK	GOOD 或 ERROR				
A00	显示项目	DISPLAY					
A01	输入值	INPUT	□□□.□□ MV	□□□□.□ degc	□□□.□□ degc	□□□□□.□ OHM	□□□□ HZ
A02	输出值	OUTPUT	□□□.□％				
A03	状态	STATUS	FF(16 进制 2 位)				
A04	Rev 号	REV NO	n.oooo(n:Rev 号)				
B00	设定项目	SET					

号码	项目	名称显示	SC插卡不同,数据显示各异				
			A01(EM1)	A02(ET5)	A03(ER5)	A04(ES1)	A08(EP3)
B01	工位号1	TAG NO1	英文数字8位(工位号前8位)				
B02	工位号2	TAG NO2	英文数字8位(工位号后8位)				
B03	注释1	COMMENT1	英文数字8位(注释的前8位)				
B04	注释2	COMMENT2	英文数字8位(注释的后8位)				
B05	ER5输入型	INP TYPE			PT/JPT①		
B06	ET5输入型	INP TYPE		B/E/J/K/T/R/S/N			
B07	低切	LOW CUT					□□□□HZ⑤
B08	ES1全电阻	RESIST				□□□□□.□ OHM	
B09	温度单位	UNIT		degC/K	degC/K		
B10	零点	ZERO	□□□.□□ mv	□□□□.□ degc	□□□□.□ degc	□□□□□.□ OHM	□□□□HZ⑤
B11	量程②	SPAN	□□□.□□ mv	□□□□.□ degc	□□□□.□ degc	□□□□□.□ OHM④	□□□□HZ⑤
B12	烧断	BURNOUT	OFF/UP/DOWN	OFF/UP/DOWN	OFF/UP/DOWN	OFF/UP/DOWN	
C00	调整项目	ADJUST					
C01	0%输出补偿	OUT0%	±10.00	±10.00	±10.00	±10.00	±10.00
C02	10%输出补偿	OUT10%	±10.00	±10.00	±10.00	±10.00	±10.00
C03	烧断补偿	WIRING R	EXECUTE/RESET③ (BURNN-OUT补偿)	EXECUTE/RESET② (BURNN-OUT补偿)			
C04	输入零点调整	ZERO ADJ	□□□.□□□ mvRST/INC/DEC	□□□.□□□ mv RST/OMC/DEC	□□□.□□□ OHMRST/INC/DEC		
C05	输入量程调整	SPAN ADJ	□□□.□□□ mvRST/INC/DEC	□□□.□□□ mvRST/OMC/DEC	□□□.□□□ OHMRST/INC/DEC		
C06	输入零调整	ZERO ADJ				□□□.□□□ OHM	
C07	输入量程调整	SPAN ADJ				□□□.□□□ OHM	

① Pt100＝JIS'89Pt100(IEC,DINPt100相当品),JPT＝JIS'89.JP'100(旧JISPt100)。

② 可以测量的数据,已记录在标准规格范围内。

③ 所谓的BURN-OUT补偿,就是对在外部导线电阻值大时由BURN-OUT电流所引起的误差进行补偿的功能(仅在和BARD型安全栅组合应用时使用)。

④ 可以直到30kΩ,但标准规格为100～2000Ω。

⑤ 在有效数字四位以下时设定,但是满量程可设定10000Hz。

123

② 操作

a. 防止误设定的操作　为了防止误设定，在进入输入规格设定画面之后，所有的参数都处于锁定状态，按软键［→］光标移动键，才可选中参数"SET"，进入参数设定的允许/禁止的操作。

b. 可设定参数的操作　在选中参数"SET"后，按软键［△］数值变更键，设定状态由 INHB（禁止）进入 ENBL（允许）之后，运行方式切换按键强迫切入手动方式，调节器输出信号处于保持状态，而一旦切换到其他画面，自动进入禁止状态。

c. 软键操作

（a）菜单切换键。按动菜单切换键［MUN］，每按一次，可读出直接输入信号插件的参数并显示。

（b）光标移动键。按动光标移动键［→］，光标向右移动。

（c）参数变更键。按动参数变更键［PRM］，每按一次，可读出直接输入信号插件的参数并显示。

（d）数值变更键。按动数值变更键［△］［▽］，可以修改被选参数的数值。

（e）回车键。按动回车键［ENT］，可将参数写入直接输入信号插件。写入操作分两步，分别是写入参数的锁定和写入参数的输入。

d. 输入规格设定的操作　按［MUN］键选择菜单，按［PRM］键从菜单上选择参数，按［→］［△］［▽］键对被选择的参数进行设定，按［ENT］键，将设定的参数锁定，再按［ENT］键，将锁定的参数写入直接输入信号插件。

e. 画面切换的操作　同 PID 设定画面 1 的操作。

（5）口令设定画面

① 显示　为了防止调整画面组和工程画面组参数的变更，设定了"口令"。一旦"口令"设定，各个画面上软键的数值变更键［△］［▽］就会消失，不能进行参数变更的操作。口令设定和口令输入的画面如图 3-67 和图 3-68 所示。

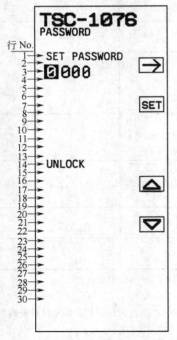 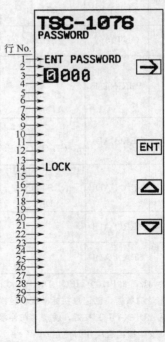

图 3-67　口令设定画面的显示图　　　　图 3-68　口令输入画面的显示图

② 操作

a. 软键的操作

（a）光标移动键。同输入规格设定画面的操作。

（b）数值变更键。同输入规格设定画面的操作。

（c）口令设定键。按动口令设定键［SET］，用于口令的设定。

b. 口令设定的操作

（a）进入口令设定画面，显示"SET PASSWORD"和"UNLOCK"。

（b）按软键［SET］口令设定键。

（c）口令显示"0000"，光标出现在最左边。

（d）使用软键［→］光标移动键和［△］［▽］数值变更键，设定口令的数值。

（e）按软键［SET］口令设定键，口令消失，显示"SET PASSWORD"和"LOCK"。在设定口令的同时，软键［SET］消失，［ENT］出现。

c. 口令输入的操作

（a）进入口令设定画面，显示"SET PASSWORD"和"LOCK"。

（b）按软键［SET］口令设定键。

（c）口令显示"0000"，光标出现在最左边。

（d）使用软键［→］光标移动键和［△］［▽］数值变更键，设定口令的数值。

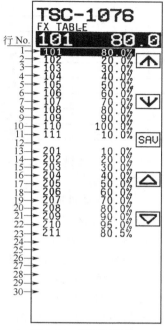

图 3-69 FX 数据表
设定画面的显示图

（e）按软键［ENT］回车键，锁定 4 位数字。

（f）再按软键［ENT］回车键，如果和原来设定的口令相同，则口令消失，显示"SET PASSWORD"；如果不相同，则返回到第（c）项。

（6）FX 数据表设定画面

① 显示　对 10 段折线函数数据表参数的显示和设定如图 3-69 所示。有关参数的名称、单位、省略值、设定及显示范围等详细内容参见表 3-42。

表 3-42　FX 数据表设定画面的显示参数一览表

行号	显示	名称	单位	省略值	设定及显示范围
1	101	输出设定值 1-1	%	0.0	0.0～100.0
2	102	输出设定值 1-2	%	10.0	0.0～100.0
3	103	输出设定值 1-3	%	20.0	0.0～100.0
4	104	输出设定值 1-4	%	30.0	0.0～100.0
5	105	输出设定值 1-5	%	40.0	0.0～100.0
6	106	输出设定值 1-6	%	50.0	0.0～100.0
7	107	输出设定值 1-7	%	60.0	0.0～100.0
8	108	输出设定值 1-8	%	70.0	0.0～100.0
9	109	输出设定值 1-9	%	80.0	0.0～100.0
10	110	输出设定值 1-10	%	90.0	0.0～100.0
11	111	输出设定值 1-11	%	100.0	0.0～100.0
12	—	—	—	—	—
13	201	输出设定值 2-1	%	0.0	0.0～100.0

125

行号	显示	名称	单位	省略值	设定及显示范围
14	201	输出设定值 2-2	％	10.0	0.0～100.0
15	203	输出设定值 2-3	％	20.0	0.0～100.0
16	204	输出设定值 2-4	％	30.0	0.0～100.0
17	205	输出设定值 2-5	％	40.0	0.0～100.0
18	206	输出设定值 2-6	％	50.0	0.0～100.0
19	207	输出设定值 2-7	％	60.0	0.0～100.0
20	208	输出设定值 2-8	％	70.0	0.0～100.0
21	209	输出设定值 2-9	％	80.0	0.0～100.0
22	210	输出设定值 2-10	％	90.0	0.0～100.0
23	211	输出设定值 2-11	％	100.0	0.0～100.0

② 操作　软键操作、参数的设定操作、画面切换操作同 PID 设定画面 1。

(五) 通信

(1) 和计算机通信

① 通信规格

通信接口：RS-485

传输方式：TTY，半双工

传输介质：双绞线

传输速率：1200bps、2400bps、4800bps、9600bps

通信距离：最长 1200m

节点数目：最多连接 16 台 YS170 调节器

最大帧长：200B

字间时间：0.1s

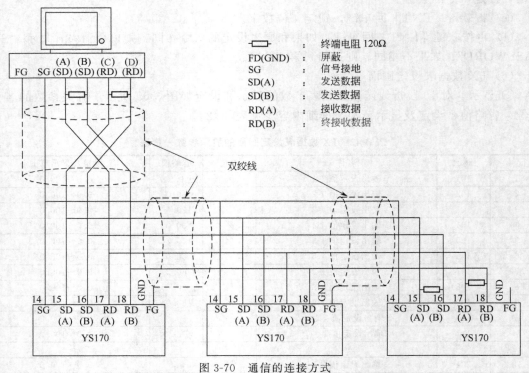

图 3-70　通信的连接方式

② 通信内容　根据通信数据设定的允许与禁止进行程序的下载、测量值、给定值、输出值等各种参数的读出和写入。

③ 通信异常备用　计算机故障时，可将运行方式设定为自动或手动方式。

（2）和集散控制系统通信

① 通信对象　可以和 CENTUM、CENTUM-XL、μXL 等集散控制系统进行通信。

② 通信内容　根据通信数据设定的允许与禁止，进行测量值、给定值、输出值、输出限幅值、运行方式、PID 参数等的读出与写入。

③ 通信异常备用　集散控制系统故障时，可将运行方式设定为自动或手动方式。

（3）连接方式

通信的连接方式如图 3-70 所示。

（六）程序生成

YS170 调节器的主程序和子程序最大合计为 200 步，其中子程序可以反复使用。利用 YS170 调节器程序生成软件包，可以在个人计算机上生成用户程序。然后通过 RS-232C 接口把程序下载到 YS170 调节器中。程序生成流程图如图 3-71 所示。

图 3-71　程序生成流程图

（1）确定文件名

在 C：/YS170 目录下双击 YS170.Exe 图标，出现菜单画面。把光标移动到 "1. File Management" 处，按回车键，画面切换到文件管理画面，把光标移动到＜Create New Program＞处，按回车键。在 "Create New Program？＜y/n＞" 处输入 "y"，画面切换到程序编辑画面，输入文件名和注释，然后回车。文件名是由大写字母、数字和符号组成，最多 8 个字符。

（2）生成用户程序

在菜单画面上，把光标移动到"2. Edit Program"处，按回车键，画面切换到程序编辑画面，键入程序清单。注意：要在程序的清单画面加上"END"。结束后按 F10 返回菜单画面。在进行程序键入时，键盘上功能键 F1～F10 代表的含义分别是标记、复制、剪切、粘贴、删除、前翻页、后翻页、置顶、置尾、返回菜单屏幕。

（3）实现方式，寄存器和参数的设定

在菜单画面上，把光标移动到"3. Mode，Register and Parameter"处，按回车键。画面切换到方式，寄存器和参数设定画面第一页，进行设定的适当修改。修改完毕，按 F10 返回菜单画面。

（4）源程序编辑

在菜单画面上，把光标移动到"4. Compile"处，按回车键。画面切换到编辑画面，在"Compile program？＜y/n＞"处输入"y"。

（5）编辑错误的检查

① 没有编辑错误　若没有产生编辑错误，将在编辑画面上的底部显示"Compile complete"，然后按 F10 返回到菜单画面。

② 发生编辑错误　如果产生编辑错误，将在编辑画面的底部显示错误的详细内容，如路径、文件名、注释等，再返回 2、3、4 检查错误发生的原因。

（6）程序存储

在菜单画面上，把光标移动到"1. File Management"处，按回车键，画面切换到文件管理画面；把光标移动到＜Save File＞处，按回车键，画面切换到文件存储画面，输入路径名、文件名和注释。

路径名——正常情况如下，路径已经设定好，按回车键，移动光标进入文件名区域。如果想把生成的程序存储在其他驱动器或不同的名称，则要输入路径名。

文件名——当启动生成程序时，文件名就已经被使用了。如果想使用其他文件名，可在这里输入。当完成这些操作时，移动光标进入注释区域，按回车键。

注释——输入注释后，按回车键返回到菜单画面。

（7）程序下载

用 RS-232C 接口把个人电脑和 YS170 调节器连接起来。在菜单画面上，把光标移动到"5. Communication"处，按回车键。画面切换到通信画面，把光标移动到＜Download Program＞处，按回车键。画面切换到程序下载画面，在此画面上，设定两个项目。

调节器地址——当调节器和计算机通过 RS-232C 接口进行通信时，地址设为"0"。

波特率——当调节器和计算机通过 RS-232C 接口进行通信时，波特率设为"4800"。

按 F6 停止 YS170 调节器的操作，再按 F1，程序下载画面的下边出现"Start Download？＜y/n＞"输入"y"，开始下载程序。若想中止下载，可按 F3。当程序顺利下载完毕时，画面上显示"Complete（END）"的信息。

（8）测试运行时检查操作

程序正常下载完毕，按 F4 检查程序的下载速率，然后才可对 YS170 调节器进行操作。程序的下载速率显示在画面上，"TEST RUN"显示在画面标题的右面，按 F6 可以停止 YS170 调节器的测试运行。

（9）测试运行时寄存器和参数读写

按 F4，设定程序的状态为"TEST RUN"。正常操作时，程序的下载速率可以显示在画面上。按 F8，可以显示"寄存器和参数读写"。按 F1，再按 PC 机键盘上的方向键，在寄存器名称显示区和编号选择区分别选择寄存器的名称和编号。按 F2，可清除被选择的寄存器。按 F4，可以写入寄存器的数值。按 F10 退出。

（10）启动控制程序/实现错误校正

完成测试运行后，如没有错误，按 F5 就可以启动 YS170 调节器的控制程序；如有错误，按 F10 返回到主菜单，重新进行程序生成的（2）～（10）步操作，实现错误的校正。

（11）操作结束

如果生成的程序已经存在硬盘上了，程序的清单也打印出来了，那么程序生成的操作就结束了。

习题与思考题

3-1 参见下列程序，试回答问题。

（1）该调节器的给定信号是内给定还是外给定？

（2）当 $X_1 = 3V$，$X_2 = 2V$，$P_B = 100\%$，$T_I = \infty$，$T_D = 0$ 时，Y_1 等于多少毫安？

（3）当 A/M/C 运行方式切换按键置于 M 时，输出信号 Y_1 和 X_1、X_2 有关系吗？为什么？

程序如下：

① LD X2

② ST A1

③ LD X1

④ BSC

⑤ ST Y1

⑥ END

3-2 参见下列程序，试回答问题。

（1）CNT1 和 CNT2 哪个是内给定哪个是外给定？

（2）X_1 和 X_2 各代表什么物理量？

（3）程序中对什么参数进行了报警？

（4）DO_1 的输出是 0 还是 1？

程序如下：

① LD X1

② LD X2

③ SQT

④ CSC

⑤ ST Y1

⑥ LD X3

⑦ FX1

⑧ LD X4

⑨ HSL

⑩ LD K1

⑪ HAL1

⑫ ST DO1

⑬ END

3-3 根据下式编写程序

$$Y_1 = 6X_1/(0.7-X_2)+9$$

3-4 根据下式编写程序

$$Y_1 = [(K_1X_1+K_2)X_3/(K_3X_2+K_4)]^{1/2}$$

3-5 利用高值选择和低值选择指令，试编写可从三个输入信号中选择中间值的程序。

3-6 有一个 A、B 流量相加为 C 流量的系统如图 3-72 所示。A 流量为 $0\sim300$L/h，B 流量为 $0\sim700$L/h，C 流量为 $0\sim1000$L/h。试编写程序。

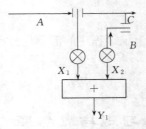

图 3-72　流量系统图

3-7 根据下列传递函数画出功能框图并编写程序：

$$W(s) = K_1[1/(1+Ts)+K_2T_Ds/(1+T_Ds)]$$

3-8 有一个基本控制系统，要求无识别上、下限报警，送入 DO_1，偏差报警送入 DO_2，若系统发生变化率报警时则由自动切向手动操作，试按要求编写程序。

3-9 有一个比率外部设定的基本控制系统如图 3-73 所示。试编写程序。

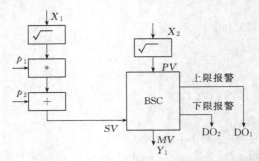

图 3-73　比率外部设定的基本控制系统方框图

3-10 基本控制系统的方框图如图 3-74 所示，在手动或自动状态下，仪表正面的给定值指针通常显示内给定的值。当 $DI_1=1$ 时，要求用软件开关使仪表正面给定值指针显示由 X_2 来的外给定的值，试编写程序。

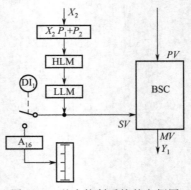

图 3-74　基本控制系统的方框图

130

3-11 某串级控制系统的方框图如图 3-75 所示，试编写程序。

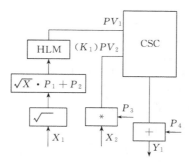

图 3-75 串级控制系统的方框图

3-12 当对象特性变化较大时，常采用由外部接点切换两种 PID 整定参数的控制方案，如图 3-76 所示。如果要求外部接点 $DI_1=0$ 时选用第一种 PID 整定参数，外部接点 $DI_1=1$ 时选用第二种 PID 整定参数，试利用 SSC 控制功能编写程序。

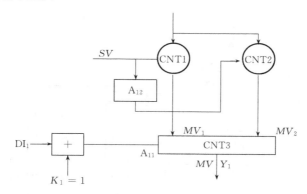

图 3-76 题 3-12 功能框图

3-13 利用 YS170 调节器编写一个基本控制系统，当外部接点输入为 1 时，将输出值送到测量指针上进行显示的程序。

3-14 有一个流量基本控制系统，要求将测量值和给定值都用平方刻度在 SLPC 调节器的正面表头上进行显示。试按图 3-77 编程。

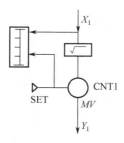

图 3-77 流量基本控制系统的方框图

3-15 根据图 3-78 编写主程序和仿真程序，并画出键入过程图。

3-16 某化学反应器的控制功能框图如图 3-79 所示。因为低温时反应慢，增益低；高温时反应快，增益高。为了均衡反应过程，由 A_3 引入可变增益。试用 SLPC 调节器编写程序。

3-17 某串级控制系统的方框图如图 3-80 所示，试用 YS170 调节器编写程序。

3-18 SPRG 编程器可以独立工作吗？YS170 调节器和 SLPC 调节器编程的方法有何不同？

3-19 某传递函数 $W(s)=K_P F(1+1/FT_I s+T_D s/F)/(1+1/K_I T_I s+T_D s/K_D)$，试画出功能框图并编程。

3-20 YS170 调节器的口令设定画面的 PASS WORD 处于锁定状态时，哪些调整工作不可进行？

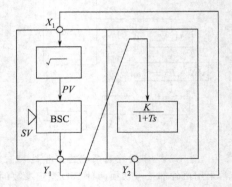

图 3-78 题 3-15 功能框图

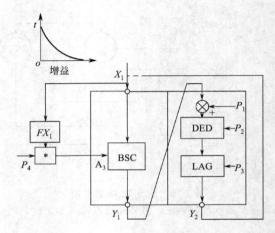

图 3-79 题 3-16 功能框图

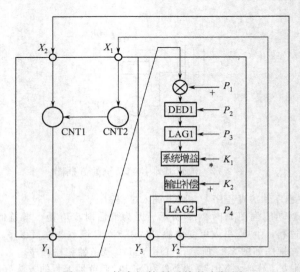

图 3-80 某串级控制系统的方框图

3-21 根据图 3-81 用 YS170 调节器编写程序，说明该程序都具有哪些功能？

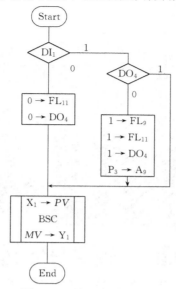

图 3-81 题 3-21 功能框图

第四章 集散控制系统

第一节 CS3000 集散控制系统的技术及应用

一、构成与特点

（一）构成

1. 基本构成

CS3000 集散控制系统的基本构成如图 4-1 所示。它由人机界面站 HIS、现场控制站 FCS 和控制网 Vnet 组成。

2. 系统构成

CS3000 集散控制系统的系统构成如图 4-2 所示。它由以下几个基本部分组成。

（1）人机界面站 HIS

人机界面站 HIS 的功能：第一是对生产过程进行监视和操作；第二是对 CS3000 本身进行维护保养；第三是利用趋势和报表窗口对数据进行采集；第四是利用权限和历史信息窗口对操作进行后台支持；第五是利用 OPC 和 DDE 软件接口和上位机进行数据通信；第六是利用系统生成软件实现系统组态；第七是利用测试软件对组态进行离线测试。

图 4-1　CS3000 集散控制系统的基本构成

（2）现场控制站 FCS

现场控制站 FCS 的功能是对生产过程进行控制，它具有反馈、顺序、运算、编程控制的功能。由于 I/O 插件本身带有微处理器，因此在 I/O 级就可以实现输入输出处理、热电偶冷端温度补偿、信号变换、数字滤波、正确性判断、工程单位换算、输入输出开路检查和 A/D、D/A 转换等功能。

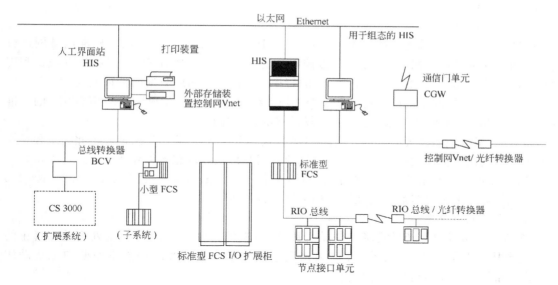

图 4-2　CS3000 集散控制系统的系统构成

现场控制站 FCS 具有 RS-232C、RS-485/422、Ethernet、MODBUS 接口。利用通信插件和驱动程序，可以和可编程逻辑控制器、基金会现场总线仪表、过程现场总线仪表进行通信连接。

（3）网络

CS3000 集散控制系统具有三种不同的网络：控制网 Vnet，以太网 Ethernet，RIO 总线。控制网 Vnet 用于现场控制站和人机界面站之间的连接，是一种实时的控制网络，采用 IEEE802.4 令牌总线方式，可以进行数据高速传输。由于采用倍频技术，传输速率可达 10Mbps。以太网 Ethernet 用于人机界面站和上位机的连接，可以共享以太网 Ethernet 数据。RIO 总线用于现场控制站中的现场控制单元 FCU 和远程 I/O 节点之间的连接。三种网络的性能比较如表 4-1 所示。

表 4-1　三种网络的性能比较表

类型	传输介质	网络结构	是否冗余	传输距离	通信速度
以太网 Ethernet	同轴电缆	总线型	—	185m 每段	10Mbps
控制网 Vnet	同轴电缆	总线型	是	500m	10Mbps
	光缆	多点连接		最大 20km	
RIO 总线	双绞线	总线型	是	750m	2Mbps
	光缆			最大 20km	

（4）总线转换器 BCV

总线转换器的功能是把 CS3000 集散控制系统与横河公司的其他集散控制系统，如 CENTUM-CS 或 μXL 等，连接在一起，实现集中操作和监视。

（5）通信门单元 CGW

通信门单元的功能是把 CS3000 集散控制系统与管理计算机或个人计算机连接在一起，以便获取或设置现场控制站的数据。由于人机界面站采用 Windows NT 操作系统，不需要通信门单元，直接利用动态数据接口 DDE 或过程数据接口 OPC 也可以进行通信。

（二）特点

（1）系统的开放性

CS3000 集散控制系统通过以太网，利用 TCP/IP、NFS 协议，可以和标准局域网进行通信。由于在标准局域网上 CS3000 集散控制系统采用的是符合 IEEE 标准的浮点数据和工程单元的实型数据，因此避免了数据格式的转换，提高了网络间数据的传输速度。

CS3000 集散控制系统可以提供基金会现场总线 Foundation 和现场总线 Fieldbus 的标准接口，把 CS3000 和基金会现场总线及现场总线的装置连接在一起。

CS3000 集散控制系统的人机界面站 HIS 采用 Windows NT 操作系统，因此给工程环境和人工操作提供了标准化条件，来自上位机的数据和信息可以在人机界面站上进行显示。

CS3000 集散控制系统的现场控制站 FCS 配备了 Ethernet、RS-232C、RS-422、RS-485 接口，凡是具有上述接口通信功能装置均可以进行连接。

（2）系统的可靠性

CS3000 集散控制系统的现场控制站采用 32 位精简指令集（RISC）微处理器，真正的 1：1 冗余技术来构成系统，4 个 CPU 采用冗余及容错技术可实现控制不间断和无扰动切换，使得系统的可靠性得到充分的保证。

CS3000 集散控制系统所有的 I/O 点和回路都有单独的隔离措施。

CS3000 集散控制系统的控制网 Vnet 和 RIO 总线均采用双重化措施。现场控制单元、节点接口单元也具有冗余功能，供电系统亦可采用双电源系统。

（3）系统的可扩性

CS3000 集散控制系统采用浮动资源分配技术，提高了系统的利用率。根据系统的实际配置可分成不同的控制域。每个控制域最多可以连接 64 个站，可同时连接几个控制域，使系统的最大配置达到 256 个站。

（4）系统的方便性

CS3000 集散控制系统的所有插件都可以带电拔插，不会引起插件故障，也不会影响其他插件的正常工作，插件的编址不受插槽的影响。由于配备了自诊断功能，可以对硬件的情况进行判断，若有故障可在帮助窗口进行显示，以便指导维护人员进行更换。CS3000 集散控制系统提供了仿真软件和无线调试软件，在没有现场控制站的情况下，也能建立虚拟的现场控制站，直接进行操作、监视、控制等功能的测试。

（5）控制功能丰富

CS3000 集散控制系统可以提供反馈控制、顺序控制、算术运算和编程等控制功能。顺序控制功能采用了四种实施方法，以满足不同的需求。反馈控制功能新引进了自整定 PID 调节模块、流量和重量测量的批量设定模块等，为更好地完善控制功能奠定了基础。

二、现场控制站

（一）现场控制站的构成

现场控制站分为标准型和小型现场控制站两种，下面介绍的是标准型现场控制站。

1. 现场控制单元

现场控制单元由电源供给单元、远程输入输出总线接口插件、微处理器插件、V 网连接单元、电池单元、外部接口单元、电源分配面板、电源输入输出端子、空气过滤器、风扇单元和远程输入输出总线连接单元构成，如图 4-3 所示。其中电源供给单元、微处理器插件、电池单元、风扇单元可以冗余配置。

2. 远程输入输出总线

远程输入输出总线是连接现场控制单元和节点的通信网络。两者的距离<750m 时，可

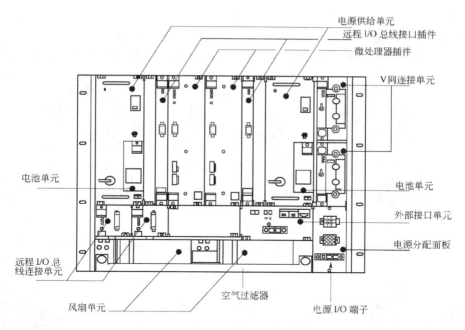

图 4-3　现场控制单元的构成

采用双绞线；两者的距离≤20km 时，应采用光缆。

3. 节点

节点包括节点接口单元和输入输出单元两部分，如图 4-4 所示。

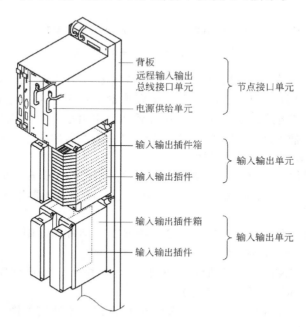

图 4-4　节点的构成

（1）节点接口单元

节点接口单元由远程输入输出总线接口单元和电源供给单元组成，参见图 4-4。其中远程输入输出总线接口单元含有远程输入输出通信插件，电源供给单元含有电源插件，两者均可以冗余配置。

137

（2）输入输出单元

输入输出单元由输入输出插件箱和输入输出插件组成，参见图4-4。

① 输入输出插件箱　输入输出插件箱的结构可分成7种不同的款式，如图4-5所示。

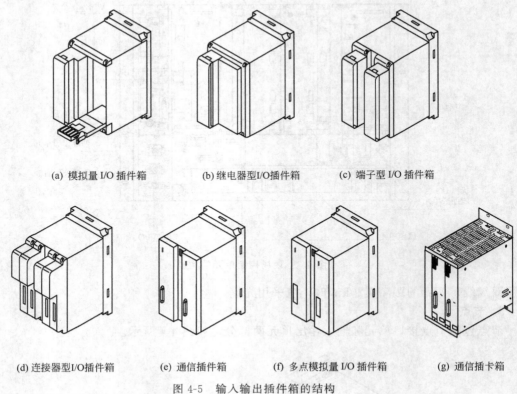

(a) 模拟量I/O插件箱　　　(b) 继电器型I/O插件箱　　　(c) 端子型I/O插件箱

(d) 连接器型I/O插件箱　　(e) 通信插件箱　　(f) 多点模拟量I/O插件箱　　(g) 通信插卡箱

图 4-5　输入输出插件箱的结构

a. 模拟量I/O插件箱 AMN11/AMN12　模拟量I/O插件箱如图4-5(a)所示，该插件箱既适于作模拟量I/O插件箱，也适于作高速模拟量I/O插件箱。这种插件箱可以插入电流/电压输入、毫伏、热电偶和热阻输入、脉冲输入、电流输入、电流/电压输出插件。

b. 继电器型I/O插件箱 AMN21　继电器型I/O插件箱如图4-5(b)所示，该插件箱可以插入继电器型输入和继电器型输出插件。

c. 端子型I/O插件箱 AMN31　端子型I/O插件箱如图4-5(c)所示，该插件箱可以插入电压输入、毫伏输入、热电偶输入、热电阻输入、二线制变送器输入、电流输出、接点输入、接点输出插件。

d. 连接器型I/O插件箱 AMN32　连接型接点I/O插件箱如图4-5(d)所示，该插件箱可以插入接点输入和接点输出插件。

e. 通信插件箱 AMN33　通信插件箱如图4-5(e)所示，该插件箱可以插入RS-232C、RS-422、RS-485通信插件（连接型信号）。

f. 多点模拟量I/O插件箱 AMN34　多点模拟量I/O插件箱如图4-5(f)所示，该插件箱可以插入多点模拟量I/O插件。

g. 通信插卡箱 AMN51　通信插卡箱如图4-5(g)所示，该插卡箱可以插入RS-422/RS-485一般用途的通信插卡（端子型信号）。

② I/O插件　输入插件把模拟信号或者是接点信号转换成现场控制站使用的数字信号，输出插件把现场控制站使用的数字信号转换成模拟信号或者是接点信号。CS3000集散控制

系统使用的 I/O 插件如表 4-2 所示。I/O 插件安装的插件箱里设有导轨和联锁装置，防止损坏或引发故障。带电拔插既不会引起插件故障，也不会影响其他插件正常工作。插件的编址也不受插槽位置的限制。

表 4-2 I/O 插件一览表

信号类型	插件名称	插件类型	每个插件的输入输出点数	信号连接方式
模拟输入输出插件	AAM10	电流/电压输入插件（简约型）	1	端子型
	AAM11	电流/电压输入插件	1	
	AAM21	毫伏、热电偶、热电阻输入插件	1	
	APM11	脉冲输入插件	1	
	AAM50	电流输出插件	1	
	AAM51	电流/电压输出插件	1	
	AMC80	多点模拟控制输入输出插件	8 输入/ 8 输出	连接型
继电器输入输出插件	ADM15R	继电器输入插件	16	
	ADM55R	继电器输出插件	16	
多点插件	AMM12T	多点电压输入插件	16	端子型
	AMM22M	多点毫伏电压插件	16	
	AMM22T	多点热电偶输入插件	16	
	AMM32T	多点热电阻输入插件	16	
	AMM42T	多点二线制变送器输入插件	16	
	AMM52T	多点电流输出插件	16	
数字输入输出插件	ADM11T	接点输入插件（16 点，端子型）	16	
	AMD12T	接点输入插件（32 点，端子型）	32	
	ADM51T	接点输出插件（16 点，端子型）	16	
	ADM52T	接点输出插件（32 点，端子型）	32	
	ADM11C	接点输入插件（16 点，连接器型）	16	连接型
	ADM12C	接点输入插件（32 点，连接器型）	32	
	ADM51C	接点输出插件（16 点，连接器型）	16	
	ADM52C	接点输出插件（32 点，连接器型）	32	
通信插件	ACM11	RS-232C 通信插件	1ch	端子型
	ACM12	RS-422/RS-485 通信插件	1ch	
通信插卡	ACM21	RS-232C 一般用途通信插卡	1ch	连接型
	ACM22	RS-422/RS-485 一般用途通信插卡	1ch	端子型

③ 常用的 I/O 插件

a. 电流/电压输入插件 AAM10（简约型）/AAM11　这些插件是单点输入插件，只接收 1 个 1～5V DC 或 4～20mA DC 信号。如果是非标准的电流/电压输入信号，也可以接收，需要对信号进行转换处理。

b. 毫伏、热偶和热阻输入插件 AAM21　该插件是单点输入插件，只接收 1 个毫伏信号或热偶信号或热阻信号，然后对信号进行转换处理。假如选用 AAM21 作为热电偶输入，还需要配备一个热电偶冷端温度补偿插件。

c. 电流输出插件 AAM50 和电流/电压输出插件 AAM51　这些插件是单点输出插件，把数字信号转换成 4～20mA DC 电流或者是 0～10V DC 电压作为输出信号，控制执行器的动作。当 AAM50 或 AAM51 设置成双冗余的电流输出方式时，它们在插件箱 AMN11 中必须以奇数插槽开始，相邻安装，比如 1-2、3-4……15-16。注意：混合安装在同一个插件箱内的 AAM50 和 AMM51 不能进行双冗余设置。

d. 多点输入输出插件 AMM12T/AMM22M/AMM22T/AMM32T/AMM42T/AMM52T　这些插件都是多点输入或输出插件。输入插件接收 16 个电压信号或毫伏信号或热偶信号或热阻信号或二线制变送器信号，然后对信号进行转换处理。输出插件把数字信号转换成 4～20mA DC 输出。

e. 接点输入插件 ADM11T（16 点，端子型）　该插件是 16 点输入插件，接收 16 个开关量输入信号。

f. 接点输出插件 ADM51T（16 点，端子型）　该插件是 16 点输出插件，输出 16 个开关量信号经电缆和端子板送出。

④ I/O 插件箱安装限制

a. AMN11 是模拟量 I/O 插件箱，内部最多可安装 16 个模拟量 I/O 插件。

b. AMN31 是端子型 I/O 插件箱，内部最多可安装 2 个多点插件或者是数字量 I/O 插件。

这两个插件必须是同类的，即两个多点插件或两个数字量插件，不可混淆。在安装多点插件时，如果是一块二线制变送器输入多点插件，则只能安装在箱内的左边插槽位置上；如果是一块热电阻输入多点插件，则只能安装在箱内的右边插槽位置上；如果是一块热电偶输入多点插件，要考虑其他插件产生的热量对它的影响，其限制要求如图 4-6 所示。

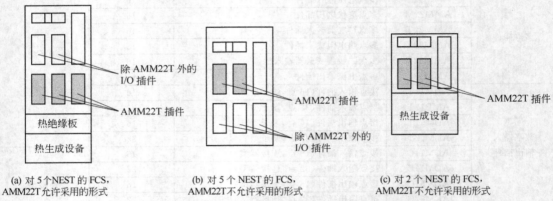

(a) 对 5 个 NEST 的 FCS，AMM22T 允许采用的形式　　(b) 对 5 个 NEST 的 FCS，AMM22T 不允许采用的形式　　(c) 对 2 个 NEST 的 FCS，AMM22T 不允许采用的形式

图 4-6　热电偶输入多点插件的安装限制示意图

（二）现场控制站的功能

现场控制站的标准功能有反馈控制功能、顺序控制功能、计算功能、仪表面板功能和单元监视管理功能，限于篇幅只介绍前三项功能。

1. 反馈控制功能

（1）功能模块总括

实现反馈控制功能的功能模块总计有 9 类 30 种产品，如表 4-3 所示。

表 4-3　完成反馈控制功能的功能模块一览表

种　类	型　号	功　能
输入指示模块	PVI	输入指示模块
	PVI-DV	带偏差报警的输入指示模块
调节模块	PID	PID 调节模块
	PI-HLD	采样 PI 调节模块
	PID-BSW	带批量开关的 PID 模块
	ONOFF	两位置 ON/OFF 调节模块
	ONOFF-G	三位置 ON/OFF 调节模块
	PID-TP	时间比例 ON/OFF 调节模块
	PD-MR	带手动复位的 PD 调节模块
	PI-BLEND	混合 PI 调节模块
	PID-STC	自整定 PID 调节模块

种　　类	型　　号	功　　能
手动操作模块	MLD	手动操作模块
	MLD-PVI	带输入指示的手动操作模块
	MLD-SW	带输出开关的手动操作模块
	MC-2	两位置电机控制模块
	MC-3	三位置电机控制模块
信号设定模块	RATIO	比率设定模块
	PG-LI3	13 段程序设定模块
	BSETU-2	流量测量的批量设定模块
	BSETU-3	重量测量的批量设定模块
信号限幅模块	VELLIM	变化速率限幅模块
信号选择模块	SS-H/M/L	信号选择模块
	AS-H/M/L	自动选择模块
	SS-DUAL	双信号选择模块
信号分配模块	FOUT	串级控制信号发送模块
	FFSUM	前馈控制信号模块
	XCPL	不相互作用的控制输出模块
	SPLIT	分离控制信号发送模块
脉冲计数模块	PTC	脉冲计数输入模块
报警模块	ALM-R	报警模块
模拟面板模块	INDST2	两点指示站模块
	INDST2S	两点指示操作站模块
	INDST3	三点指示操作站模块
混合面板模块	HAS3C	扩展操作站模块

（2）常用功能模块介绍

CS3000 集散控制系统的功能模块是固化在 ROM 中的一段子程序。不同的功能模块具

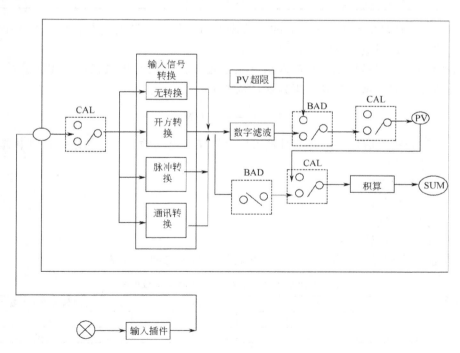

图 4-7　输入信号处理功能方框图

有不同的功能，但有些功能是通用的。下面介绍的是通用功能。

① 通用功能

a. 输入信号处理功能　输入信号处理功能包括输入信号转换、数字滤波、积算、PV 超限和校正功能，如图 4-7 所示。

（a）输入信号转换功能。输入信号转换功能包含无转换、开方转换、脉冲转换和通信转换。下面简介无转换和通信功能。

● 无转换。该功能就是不进行信号转换，但是从输入插件读入的 0～100％的原始数据（除热电偶/热电阻模块外）输入到功能模块的 IN 端时，将被转换成工程单位上下限（1～5V DC/4～20mA DC）范围的 PV 值。

输入插件的输入范围和原始数据的范围如表 4-4 所示。

表 4-4　输入插件的输入范围和原始数据范围

插件名称	输入类型	输入范围	原始数据
AAM11	电流输入	4～20mA	1％～100％
	电压输入	1～5V	1％～100％
AAM10	电压输入	1～5V	1％～100％
AAM21	mV 输入	随意定义	1％～100％
	热电偶输入	相应热电偶的测量范围	所测的温度
	热电阻温度检测输入	相应热电阻温度检测的测量范围	所测的温度
	电压输入	用户定义	1％～100％
AAM51	电流输出	4～20mA	—
	电压输出	1～5V	—
AMM12T	电压输入	1～5V	1％～100％
AMM22M	mV 输入	用户定义	1％～100％
AMM22T	热电偶输入	相应热电偶的测量范围	所测的温度
AMM32T	热电阻输入	相应热电阻温度检测的测量范围	所测的温度
AMM42T	二线制变送器输入	4～20mA	1％～100％

● 通信转换。该功能是对 CS3000 的子系统来的信号进行转换，在转换过程中对增益和偏置的大小进行配置调整，以满足系统的需要。

（b）积算功能。积算功能是对输入信号或经过计算处理的数值进行累积积算，只对 IN 端读入的输入信号进行累积积算。积算表达式如下：

$$\mathrm{SUM}_n = \frac{X T_\mathrm{s}}{T_\mathrm{k}} + \mathrm{SUM}_{n-1}$$

式中　X——积算输入信号，或者经过输入信号转换功能的输入值，如果是校准状态下，则是 PV 值；

SUM_n——当前积算值；

SUM_{n-1}——前次积算值；

T_s——扫描周期；

T_k——时间刻度转换系数。

T_k 的设置与累计时间单位有关，表 4-5 表示了两者之间的关系。

表 4-5　时间刻度转换系数与累计时间单位的关系

累积时间单位	时间刻度转换系数 T_k	累积时间单位	时间刻度转换系数 T_k
秒(s)	1	小时(h)	3600
分钟(min)	60	天(d)	86400

累积时间单位必须与测量值单位相同，例如 PV 的单位是"m³/min"，则累积时间单位

设置为"min"，累积时间单位有"s"，"min"，"h"，"d"或"None"。累积时间单位为"None"，则不进行积算功能。

（c）PV 超限功能。PV 超限功能是指当输入信号的数据状态无效时，PV≥上限刻度 SH 或 PV≤下限刻度 SL。

因为 PV 超限只是对过程输入信号而言，因此 I/O 连接目标必须是过程 I/O 才行。表 4-6 是无效原因和越限值之间的关系。

表 4-6　无效的原因和越限值之间的关系

无效的原因	越限值
高限输入开路（IOP＋）	刻度上限（SH）
低限输入开路（IOP－）	刻度下限（SL）
过程 I/O 出错或其他错误	

在进行功能块组态时，该功能的选择有"Overshoot"和"Hold"两种，缺省值为"Hold"。在"Hold"状态时，若 PV 的状态为无效，则在无效 BAD 出现之前使 PV 保持在正常值上。

b. 报警处理功能　报警处理功能是检测异常信号，如 PV 超限，将检测结果汇总记录并通知人机界面站。报警处理功能的结构框图，如图 4-8 所示。

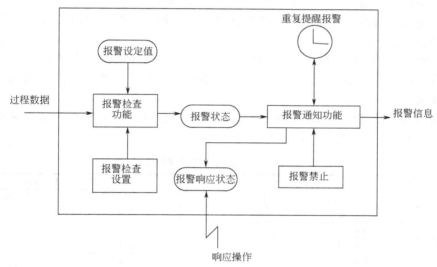

图 4-8　报警处理功能的结构框图
报警设定值—与报警设置（PH、PL 等）有关的单项数据；报警状态—指示功能
模块（报警）状态的数据项；报警响应状态—指示报警闪烁状态的数据项

（a）报警检查功能。报警检查功能包括输入开路报警检查、输入错误报警检查、输入上上限和下下限报警检查、输入上限和下限报警检查、输入变化率报警检查、偏差报警检查、输出开路报警检查、输出错误报警检查、输出上限和下限报警检查以及连接错误报警检查。

● 输入开路报警检查。当来自现场由 I/O 插件读入的输入信号大于输入开路上限设定值 HIIOP 或者是小于输入开路下限设定值 LOIOP 时，进行输入开路上限报警 IOP 或输入开路下限报警 IOP，以此来判断检测元件或变送器某处是否出现断线现象。

输入开路报警检查是由 I/O 插件完成的，直接与 I/O 插件相连的功能模块接收来自 I/O 插件数据状态检查的结果，激活或恢复上限和下限输入开路报警。如果功能模块不直接与 I/O 插件相

143

连，则通过对引起上限和下限输入开路报警的数据比较来激活上限和下限输入开路报警。

● 输入错误报警检查。输入错误报警检查就是检测输入值的数据是否在无效 BAD 状态。当输入值数据状态是无效时，IOP 激活，一旦输入值数据状态脱离无效时，则系统可从报警状态中恢复正常，如果数据状态无效引起 IOP－激活，则 IOP 不再激活。引起输入值的数据状态无效的原因有以下几种情况：输入开路检测；I/O 插件出错；作为数据参考模块的模块方式是 O/S 状态；输入值的数据状态是 BAD；输入值不能通信 NCOM。

● 输出开路报警检查。输出开路报警检查是由 I/O 插件实施的，根据从 I/O 插件接收的数据状态，激活输出开路报警 OOP，以此检查输出端接线是否开路，只有与 I/O 插件相连的功能块才具有该功能。

● 输出错误报警检查。当输出值的数据状态为输出错误 PTPF 时，激活输出开路 OOP 报警信号，一旦数据状态恢复正常，系统脱离 OOP 报警状态。

● 连接错误状态报警检查。当功能模块与 I/O 连接端出现连接错误时，进行连接错误状态报警 CNF 检查，下列情况判定为连接错误：连接端上功能模块处于 O/S 方式；连接端上功能模块处于在线维护状态；连接信息失常，不能进行数据参照或数据设定；连接端上功能模块的数据类型不能转换成合适的数据类型。

其他的报警检查功能，如输入上上限和下下限报警检查，输入上限和下限报警检查，输入变化率报警检查，偏差报警检查，输出上限和下限报警检查，不再赘述。

（b）报警权限功能。报警权限功能包括报警优先权、报警显示闪烁作用、重复提醒报警和报警禁止指定。

● 报警优先权。报警优先权分为高级、中级、低级和记录级四个等级，每个等级依据下列项目有自己的规定：禁止/允许 CRT 显示；报警显示颜色；禁止/允许打印输出；禁止/允许记录成文；报警动作。

在上述规定中只有报警动作与现场控制站有关，它包括报警产生时报警灯闪烁和能否重复提醒报警。表 4-7 为报警动作的标准用法。

表 4-7　报警动作的标准用法

报警等级	正常时报警动作		禁止时报警动作	
	报警显示闪烁动作	重复通知报警	报警显示闪烁动作	重复通知报警
高级报警	锁定型		自确认	
中级报警	锁定型		自确认	
低级报警	非锁定型		自确认	
记录报警	自确认		自确认	

● 报警显示闪烁作用。当报警产生或恢复，以及操作者确认报警产生或恢复时，在操作观察窗口上的报警标志改变闪烁状态或颜色。当报警产生时，报警标志开始闪烁；当报警确认时，报警标志停止闪烁。变化的三种形式：锁定型、非锁定型和自确认型。特别是当报警状态恢复正常时，三种形式所反映的闪烁动作是不一样的，如图 4-9 所示。

● 重复通知报警。重复通知报警功能是指在报警原因还保留的一段时间时，不管报警是否确认，仍可重复过程报警信息，其目的是提示操作者主报警状态仍在继续；当来自相同工位号的多个报警信号存在时，则对同一工位号同时发出重复报警请求，但只有最高级别的报警信号能够再次重复发出。

重复通知报警的周期为 1～3600s，缺省值为 600s。

● 报警处理等级。报警处理等级有 4 个，分别是高级报警、中级报警、低级报警和记录报警，如表 4-8 所示。

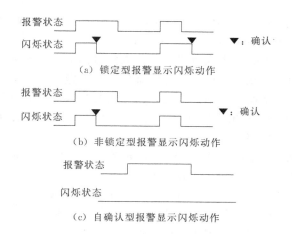

（a）锁定型报警显示闪烁动作

（b）非锁定型报警显示闪烁动作

（c）自确认型报警显示闪烁动作

图 4-9　报警显示闪烁动作

表 4-8　工位号重要等级和报警处理等级设置表

工位号重要等级	报警处理等级	工位号重要等级	报警处理等级
重要	高级报警处理	辅助 2	记录报警处理
普通	中级报警处理	用户自定义	从 4 种报警处理等级进行选择
辅助 1	低级报警处理		

● 报警禁止 AOF。当报警功能激活时，暂时禁止过程报警信息的功能，称为报警禁止 AOF。当报警状态由"正常"转变到"禁止"时，报警作用将保持原来的状态不变，例如报警闪烁状态和报警重复通知的状态都将保留。

报警禁止的设定可以通过操作员或者是顺序控制功能的功能模块或者是计算功能的功能模块来实现。人机界面站的工位号报警只能同时被禁止，而不能单独进行。

c. 输出信号处理功能　输出信号处理功能包括输出限幅、输出变化率限幅、输出预置、输出跟踪、输出信号转换和辅助输出功能，如图 4-10 所示。

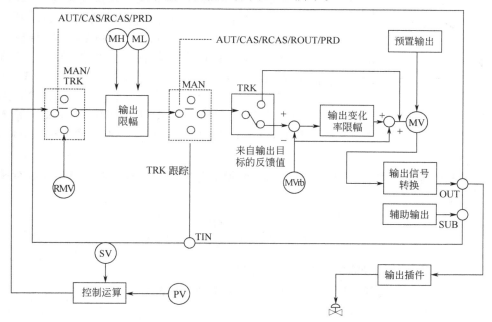

图 4-10　输出信号处理功能方框图

145

（a）输出限幅功能。功能模块处于自动状态时，如果输出值≥输出限幅值（MH、ML），则按限幅值对输出加以限制，同时产生输出上、下限报警。

功能模块处于手动状态时，由人机界面站控制的输出值可以是限幅值以外的值，只要执行人机界面站的用户确认信息，就可以超越限幅值进行设定。

功能模块从手动方式切换到自动方式时，输出将超越限幅值，利用限幅功能使输出强制在 MH 或 ML 上，但是会使输出产生突变，这时利用高/低限幅扩展功能将限幅值暂时加在电流输出上，从而避免输出突变。

（b）输出变化率限幅功能。若输出值发生急剧变化，可以对输出的变化量进行限幅。输出变化率的设定值是每秒输出变化的允许值。

功能模块处于手动状态时，该功能既可以选择也可以不选择。

（c）输出预置功能。通过外部命令 PSW 开关，迫使功能模块进入手动方式，使输出按照预先设置的数量输出。输出预置值由 PSW 决定：

PSW＝1，输出＝MSL（MV 刻度下限值）；

PSW＝2，输出＝MSH（MV 刻度上限值）；

PSW＝3，输出＝PMV（预置操作输出值）；

PMV 的值由人机界面站调节或由顺序控制功能的模块设置。

（d）输出跟踪功能。力图使输出值与目标模块的输出值或跟踪的输入信号一致。如在反馈控制的功能模块中，使输出值跟踪外部跟踪信号端子上的值。

（e）输出信号转换功能

● 无转换。就是不需要进行信号转换功能，直接从控制运算处理得到输出。

○ 向其他功能模块输出。把输出数据设定到或者连接到其他功能模块。比如串级控制系统的主调节器的输出连接到副调节器的给定。

○ 向模拟量输出插件输出。把输出信号连接到模拟量输出插件。通过插件把 0～100％的输出信号转换成 4～20mA DC 电流或 1～5V 电压。

○ 模拟输出方向。功能模块的输出信号，通过模拟量输出插件转换成 4～20mA DC 电流或 1～5V DC 电压，其输出有两种形式可供选择。当调节阀为气关阀时，选择正作用输出方式，即 $MV＝0\%～100\%$，对应于 4～20mA DC（1～5V DC）；当调节阀为气开阀时，选择反作用输出方式，即 $MV＝100\%～0\%$ 对应 4～20mA DC（或 1～5V DC），如

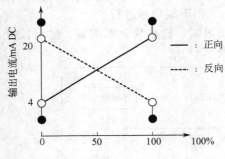

图 4-11 输出值和输出电流/
电压之间的关系

图 4-11 所示。

● 脉宽输出转换。把输出的变化量 ΔMV 转换成脉宽信号，经过数字量输出插件输出脉宽信号，脉宽信号表示为：

$$T_{out} = p_f \frac{\Delta MV}{100}$$

式中　T_{out}——脉宽信号（输出接点闭合的时间）；

　　　p_f——全行程时间（阀门从全开到全关所需要的时间）；

　　　ΔMV——输出的变化量。

d. 控制运算处理功能　控制运算处理功能主要包括非线性增益、控制输出、积分限幅、

输入输出补偿、测量指跟踪等，如表 4-9 所示。下面选择几个常用功能做一介绍。

表 4-9　控制运算处理通用功能一览表

控制运算处理项目		描　　述
非线性增益	定义	根据偏差的大小改变比例增益，使偏差和输出之间的关系成非线性
	间隙作用	当偏差在死区(GW)范围内，降低比例增益调整控制作用
	偏差平方作用	当偏差在死区(GW)范围内，根据偏差程度改变比例增益
控制输出		每个控制周期将输出变化量转换成实际输出值，控制输出分为位置型和速度型，缺省值定义为位置型
作用方向		根据正偏差和负偏差，切换正/反作用
积分限幅		在 PID 控制时，利用从连接目标的输入端 RL1 和 RL2 读入数值进行校正补偿，防止积分饱和
死区作用		当偏差处在死区范围时调整输出值的变化量为 0
I/O 补偿	定义	当功能模块处于自动状态时，将来自外部的 I/O 补偿值加到 PID 运算的输入值或输出值上
	输入补偿	将来自外部的 I/O 补偿值加到 PID 运算的输入值上
	输出补偿	将来自外部的 I/O 补偿值加到 PID 运算的输出值上
测量值跟踪		使测量值和给定值一致
给定值限幅		使给定值限制在给定值的高/低幅值上
给定值退回		使三个给定值(SV,CSV,RSV)中的两个与余下的给定值保持一致
无扰动切换		当运行方式改变时，其切换功能不会引起输出值发生突变
联锁手动 IMAN 方式		当运行方式变成联锁手动时，暂停自动控制功能
输出保持		自动控制功能暂停，输出值维持原有的数值不变
返回手动方式		当运行方式变成手动时，实现手动控制
返回自动方式		当运行方式由 CAS 或 PRD 变成自动时，实现自动控制
计算机出错		当运行方式为 RCAS 或 ROUT 时检测到上位机错误，暂时停止控制，切换到计算机备用方式
运行方式变成联锁		自动控制停止，功能模块不能变为自动运行方式
PRD 方式		当串级控制变成 PRD 方式时，把主调节器输出作为串级控制系统的输出值

（a）控制输出。控制输出分成速度型和位置型两类。速度型的表达式如下：

$$MV_n = MV_{rb} + \Delta MV_n$$

式中　MV_n——输出值；

MV_{rb}——从输出端读入的数值；

ΔMV_n——当前输出变量。

位置型的表达式如下：

$$MV_n = MV_{n-1} + \Delta MV_n$$

式中　ΔMV_n——当前输出变量；

MV_{n-1}——前一次输出值。

在功能模块组态时，应对控制输出的类型进行选择。

（b）作用方向。作用方向有正作用和反作用，PV 增加导致 MV 增加称为正作用，PV

增加导致 MV 减少称为反作用，或者是 DV 增加使 MV 增加称为正作用，DV 减少使 MV 增加称为反作用。在功能模块组态时，可对正反作用进行设定和变更。

（c）输入输出补偿

输入补偿的表达式为：

$$CV_n = PV_n + CK(VN + CB)$$

式中　CV_n——经过输入补偿后的输入值；

$\qquad PV_n$——补偿前的输入值；

$\qquad CK$——补偿增益；

$\qquad CB$——补偿偏置；

$\qquad VN$——补偿数值。

输出补偿表达式为：

$$MV_n = MV_{no} + CK(VN + CB)$$

式中　MV_n——经过输出补偿后的输出值；

$\qquad MV_{no}$——补偿前的输出值。

输入输出补偿的流程图如图 4-12 所示。

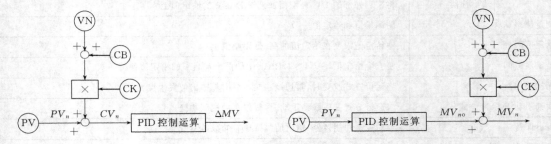

图 4-12　输入输出补偿的流程图

（d）无扰动切换

● 速度型。因为控制运算式是速度型的，所以回路状态的切换或控制回路之间的切换是无扰动切换。其原因是当前的输出值是前次的输出值与当前输出变化量的结果，任何情况下只是当前输出变化量产生动作。

● 位置型。因为控制运算式是位置型的，当回路状态变成跟踪方式时，或者串级系统从开路变成闭合时，均会使输出值发生突变，为了防止这种情况的发生，力图使输出值等于控制功能停止时的输出值，从而实现无扰动切换。

（e）PID 控制运算。PID 控制运算的方框图如图 4-13 所示。

PID 控制运算表达式如下：

$$MV(t) = \frac{100}{P_B}\left[E(t) + \frac{1}{T_I}\int E(t)\mathrm{d}t + T_D\frac{\mathrm{d}E(t)}{\mathrm{d}t}\right] \tag{4-1}$$

式中　$MV(t)$——输出值；

$\qquad E(t)$——偏差，$E(t) = PV(t) - SV(t)$；

$\qquad PV(t)$——测量值；

$\qquad SV(t)$——给定值；

$\qquad P_B$——比例带；

$\qquad T_I$——积分时间；

$\qquad T_D$——微分时间。

148

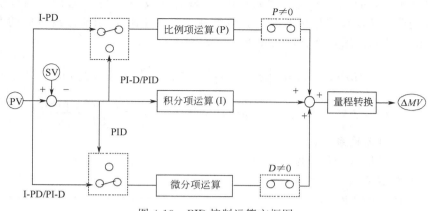

图 4-13　PID 控制运算方框图

可以将式(4-1)转换成差分表达式如下:

$$\Delta MV_n = \frac{100}{P_B}\left[\Delta E_n + \frac{\Delta T}{T_I}\times E_n + \frac{TD}{\Delta T}\times\Delta(\Delta E_n)\right] \qquad (4\text{-}2)$$

式中　ΔMV_n——输出增量;

$\quad\quad E_n$——偏差, $E_n = PV_n - SV_n$;

$\quad\quad PV_n$——测量值;

$\quad\quad SV_n$——给定值;

$\quad\quad \Delta E_n$——偏差增量 ($\Delta E_n = E_n - E_{n-1}$);

$\quad\quad \Delta T$——控制周期。

PID 控制运算式(4-2)计算的结果是输出增量 ΔMV_n,该输出增量 ΔMV_n 加上前一次的输出 MV_{n-1} 可得到新的输出值 MV_n,从而使增量输出变为位置输出,即:

$$MV_n = \Delta MV_n + MV_{n-1}$$

PID 控制运算式有五种类型:标准型 PID 控制 (PID)、PV 比例和微分型 PID 控制 (I-PD)、PV 微分型 PID 控制 (PI-D) 和自整定型 PID 控制 (两种)。表 4-10 为 PID 控制算法和输入信号之间的关系。

表 4-10　PID 控制算法和输入信号的关系

PID 控制算法	输入信号		
	比例项	微分项	积分项
PID	E_n	E_n	E_n
I-PD(定值算法)	PV	PV	E_n
PI-D(追值算法)	E_n	PV	E_n
自整定 1	在 AUT 方式和 I-PD 相同 在 CAS 或 RCAS 方式和 PI-D 相同		
自整定 2	在 AUT 或 RCAS 方式和 I-PD 相同 在 CAS 方式和 PI-D 相同		

PID 控制运算的设定在功能模块组态时进行,下面介绍三种常见的 PID 控制算法。

● 标准型 PID 控制 (PID)。该算法主要用在时间常数比较长的生产过程,以及给定值

149

变化带来的瞬间响应的控制系统，例如利用 13 段程序设定模块改变 PID 调节模块的给定值，该 PID 调节模块应该采用标准 PID 控制算法。标准 PID 控制根据给定值的变化实施比例、积分和微分控制作用，其表达式如下：

$$\Delta MV_n = K_P K_S \left[\Delta E_n + \frac{\Delta T}{T_I} \times E_n + \frac{T_D}{\Delta T} \times \Delta(\Delta E_n) \right]$$

$$E_n = PV_n - SV_n \qquad K_P = 100/P_B \qquad K_S = \frac{MSH - MSL}{SH - SL}$$

式中　K_S——刻度转换系数；

　　　PV_n——测量值（工程单位）；

　　　SV_n——给定值（工程单位）；

　　　SH——PV 刻度上限；

　　　SL——PV 刻度下限；

　　MSH——MV 刻度上限；

　　MSL——MV 刻度下限。

● PV 比例微分型 PID 控制（I-PD）。该算法不同于标准 PID 控制，给定值的变化不影响比例微分作用，即使给定值突变也不会引起输出的急剧变化，易于获得稳定的控制。PV 比例微分型 PID 控制对过程的特性变化、负荷变动以及干扰，比例、积分和微分作用一起动作，达到良好的控制效果。其算术表达式如下：

$$\Delta MV_n = K_P K_S \left[\Delta PV_n + \frac{\Delta T}{T_I} \times E_n + \frac{T_D}{\Delta T} \times \Delta(\Delta PV_n) \right]$$

式中　　　　　　　　　　$\Delta PV_n = PV_n - PV_{n-1}$

● PV 微分型 PID 控制（PI-D）。该算法不同于标准 PID 控制，给定值变化时只进行比例和积分作用，没有微分作用，从而获得快速响应。主要应用于希望给定值变化时有较好跟踪特性的场合，例如串级控制回路的副回路。其算术表达式如下：

$$\Delta MV_n = K_P K_S \left[\Delta E_n + \frac{\Delta T}{T_I} \times E_n + \frac{T_D}{\Delta T} \times \Delta(\Delta PV_n) \right]$$

PID 控制整定参数的设定范围：$P_B = 0 \sim 1000\%$；$T_I = 0.1 \sim 10000s$；$T_D = 0 \sim 10000s$。

注：当 $P_B = 0$，$T_D = 0$ 时，控制作用旁路。

② 手动操作模块（MLD）

a. 用途　接收手动输入信号，经过输出处理后，送出 $0 \sim 100\%$ 的输出信号。

b. 方框图　手动操作模块的功能方框图如图 4-14 所示。图中 TIN 表示跟踪输入端，TSW 表示跟踪开关。

c. 应用　生产过程的开车、停车经常需要人工手动控制执行器，在自动控制系统中引入手动操作模块，就可以实现上述的需求。

③ PID 调节模块（PID）

a. 用途　将测量信号和给定信号比较的偏差信号进行 PID 运算之后作为输出信号。

b. 方框图　PID 调节模块的功能框图如图 4-15 所示。

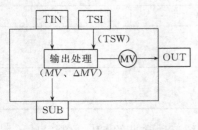

图 4-14　手动操作模块的功能方框图

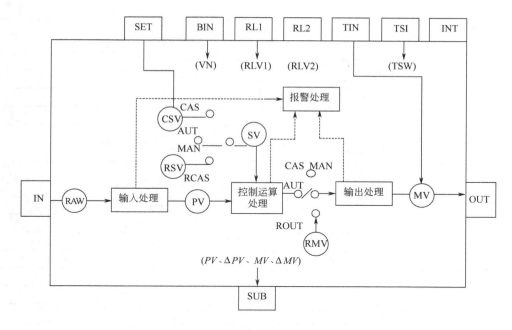

图 4-15　PID 调节模块的功能框图

IN—输入端；OUT—输出端；SET—给定端；SUB—辅助输出端；BIN—补偿输入端；

RL1，RL2—积分信号输入端；TIN—跟踪信号输入端；TSI—跟踪开关输入端；INT—联锁开关输入端；

TSW—跟踪开关；RAW—原始数据；PV—测量值；SV—给定值；MV—输出值；CSV—串级给定值；

RSV—远程给定值；VN—补偿输入值；RLV1，RLV2—积分信号；RMV—远程输出值

　　c. 应用　PID 调节模块应用非常广泛，如图 4-16 所示的比值控制系统就用到 PID 调节模块。

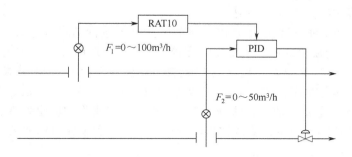

图 4-16　比值控制系统

2. 顺序控制功能

（1）功能模块总括

实现顺序控制功能的功能模块总计 7 类 26 种产品，如表 4-11 所示。

表 4-11　实现顺序控制功能的功能模块一览表

种　　类	型　　号	功　　能
顺序控制表模块	ST16	顺序控制表模块（基本部分）
	ST16E	顺序控制表扩展模块
逻辑图模块	LC64	逻辑图模块

种　类	型号	功　能
顺序功能图模块	SFCSW	三位置开关型功能图模块
	SFCPB	按钮型功能图模块
	SFCAS	模拟型功能图模块
开关仪表模块	SI-1	1 点输入开关仪表模块
	SI-2	2 点输入开关仪表模块
	SO-1	1 点输出开关仪表模块
	SO-2	2 点输出开关仪表模块
	SIO-11	1 点输入/1 点输出开关仪表模块
	SIO-12	1 点输入/2 点输出开关仪表模块
	SIO-21	2 点输入/1 点输出开关仪表模块
	SIO-22	2 点输入/2 点输出开关仪表模块
	SIO-12P	1 点输入/2 点输出脉冲仪表模块
	SIO-22P	2 点输入/2 点输出脉冲仪表模块
辅助顺序模块	TM	计时器模块
	CTS	软件计数器模块
	CTP	脉冲输入计数器模块
	CI	代码输入模块
	CO	代码输出模块
	RL	关系表达式模块
	RS	资源调度模块
阀监视器	VLVM	16 点阀门监视模块
顺序控制面板模块	BSI	批量状态指示模块
	PBSC5	增强型 5 按钮开关模块

（2）常用功能模块介绍

① 顺序控制表模块 ST16/ST16E

a. 功能框图　顺序控制表模块是以表格的方式排列条件信号（输入）和操作信号（输出），通过与其他功能模块的结合，实现顺序控制功能。ST16 和 ST16E 分别表示顺序控制表模块的基本模块和扩展模块，前者可以处理 64 点 I/O 信号、32 个规则，后者可以与 ST16 相连，组成一个顺序控制表组，但是 ST16E 必须由 ST16 激活。图 4-17 为 ST16/ST16E 的功能框图，主要包括三大部分：输入处理、逻辑操作和输出处理。图中 Q01～Q64 为输入端，J01～J64 为输出端。输入输出端子的连接方法和连接目标如表 4-12 所示。

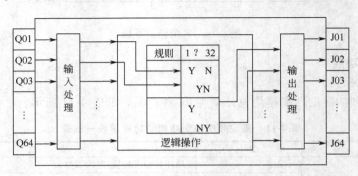

图 4-17　ST16/ST16E 模块的功能框图

表 4-12　ST16/ST16E 的连接方法和连接目标

I/O 端子	连接方法					连接目标		
	数据参考	数据设定	条件测试	状态操作	端子连接	过程 I/O	软件 I/O	功能模块
Q01～Q64	×	×	○	×	×	○	○	○
J01～J64	×	×	×	○	×	○	○	○

注：○—允许；×—不允许。

b. 顺序控制表　ST16/ST16E 模块逻辑操作部分的核心是顺序控制表。它是由编号、工位号、数据项、数据、规则号、步号、注释、条件位号、条件规则、操作信号、操作规则、目标步序号组成的，如图 4-18 所示。

顺序控制表可分成上、下两部分，上边 C01～C32 为条件信号和条件规则，下边 A01～A32 为操作信号和操作规则。顺序控制表又可分成左右两部分，左边把条件信号和操作信号用工位号、数据项表示，右边把条件规则和操作规则用 Y/N 表示。

编号	工位号.数据项	数据	规则号	01	02	03	04	05	06	07	…	08
			步序号									
			注释									
C01	LS-A. PV	ON			Y							
C02	LS-B.PV	ON					Y					
C03	LI100.ALRM	HH			Y							
C04	LI100.ALRM	HI				Y						
C05	LI100.ALRM	LO					Y					
C06	LI100.ALRM	LL						Y				
C07												
C08												
⋮	⋮	⋮	⋮	⋮	⋮	⋮	⋮	⋮	⋮	⋮	⋮	⋮
C32												
A01	VALVE-A.PV	H			N			Y				
A02	VALVE-B.PV	H			Y			N				
A03	％AN0001	L			Y							
A04	％AN0002	L				Y						
A05	％AN0003	L					Y					
A06	％AN0004	L						Y				
A07												
A08												
⋮	⋮	⋮	⋮	⋮	⋮	⋮	⋮	⋮	⋮	⋮	⋮	⋮
A32												

处理时间　TE　…　扫描周期　基本扫描 ▼

扩充规则工位号

NEXT □

THEN
ELSE
目标步序号

图 4-18　顺序控制表示意图

(a) 条件信号。条件信号是由工位号、数据项和数据组成，共有 32 个条件信号。

(b) 操作信号。操作信号是由工位号、数据项及数据组成，共有 32 个操作信号。在一个顺序控制表中条件信号和操作信号最多可用 64 个。

(c) 工位号、数据项。工位号、数据项表示条件信号的输入或者操作信号的输出。如图 4-18 中，LI100. ALARM 表示工位号 LI100 的上上限报警信号，VALVE-A. PV 表示 VALVE-A 的阀门。

(d) 数据。表示条件信号的条件规定或操作信号的操作规定。如图 4-18 中的 LS-A. PV 的数据为 ON，表示限位开关 LS-A. PV 条件是接通；而 VALVE-A. PV 的数据为 H，表示阀（VALVE-A）的条件满足则触点动作，不满足则输出保持。

(e) 注释。对条件信号和操作信号所代表的含义加以说明。

(f) 规则号。规则号从 01 到 32，顺序控制表的动作按照规则号顺序进行。

(g) 条件规则。条件信号成立，条件规则为 Y，条件信号不成立，条件规则为 N。如图 4-18 中，当 LS-A.PV 接通时，表示条件信号成立，则条件规则为 Y。

(h) 操作规则。执行操作信号，操作规则为 Y，不执行操作信号，操作规则为 N。如图 4-18 中，VALVE-A.PV 关闭，对应的操作规则为 N；而 VALVE-B.PV 打开，对应的操作规则为 Y。

(i) 步序号。步序号由两位阿拉伯数字或字母加阿拉伯数字组成（A~Z，0~9）。在一个顺序控制组里，步序号最大为 100 步，每次循环都是从 00 步序号开始。

(j) 目标步序号。表示下一次执行步序号是由 THEN/ELSE 命令完成。THEN 表示条件成立时，则转向 THEN 所指的步序号；ELSE 表示条件不成立时，转向 ELSE 所指的步序号；若 THEN/ELSE 的步序号是空的，不产生转移。

c. 顺序控制表的动作过程　顺序控制表的动作过程分成无步序号和有步序号两种情况。

（a）无步序号顺序控制表的动作过程。顺序控制表中的 32 个规则全要进行条件测试，条件规则满足后才可进行操作，如图 4-19 所示。

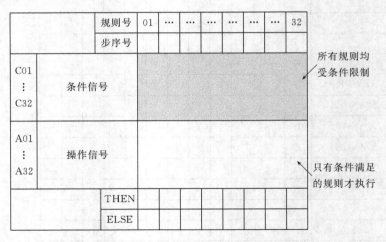

图 4-19　无步序号顺序控制表的动作过程

在条件测试中，同一规则号的全部条件都满足，表示条件成立，执行一次操作。若有一个条件不成立，就不能执行操作。若输出定义为"每当条件改变时输出"，则表示一旦条件从不成立到成立，执行一次操作。可是如果操作信号是非联锁输出，则当条件从成立到不成立时，也会改变操作过程。当输出定义为"每当条件成立时输出"，表示在每个控制周期内只要条件信号成立，就执行一次操作。

一个操作信号对应的条件规则同时成立，如图4-20所示，同时检测到Y和N的请求，则先执行Y请求的操作，而不执行N请求的操作。

			01	02	03	04
编号	工位号.数据项	数据				
C01	%SW0100.PV	ON	Y			
C02	%SW0101.PV	ON		Y		
C03						
A01	%SW0200.PV	H	Y	N		
A02						
A03						

图4-20　同时请求处理例子

（b）有步序号顺序控制表的动作过程。有步序号顺序控制表的动作过程是把每一工序分成条件检测和操作执行的步骤，然后按步序号顺序执行，如图4-21所示。

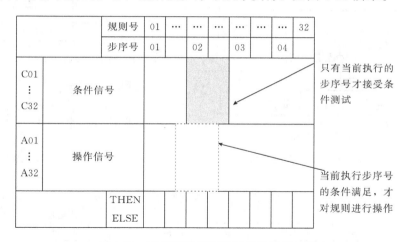

图4-21　有步序号顺序控制表的动作过程

每一个控制周期都执行00步序号，00步序号设在顺序控制表组的开头，而且不能标有可移动目标的步序号。

有步序号顺序控制表的动作过程中，下一步的执行必须在THEN/ELSE中有描述，表明步序移动的目标。如果步序移动目标的是空白的，则停止向前移动。如果步序移动的目标没有描述内容，那么每次都执行相同的步序号。

当相同步序号分配有多个规则时，如图4-22所示，根据条件进行分支操作。

d. 顺序控制表填写

（a）无步序号顺序控制表的填写。图4-23是缓冲罐液位顺序控制系统，由缓冲罐、注入阀、排出阀、注入阀限位开关LS-A、排出阀限位开关LS-B和液位变送器LT100组成，通过液位指示模块LI100监视缓冲罐液位的变化，并对液位进行上上限、上限、下限和下下限报警。该顺序控制系统各阀位信号、报警信号及限位开关之间的逻辑关系如图4-24所示。

155

编号	工位号.数据项	数据	01	02	03	04	05
			A		A		A
			1		2		3
C01	%SW0100.PV	ON	Y	N			
C02	%SW0101.PV	ON					
C03							
A01	%SW0200.PV	H	Y	N			
A02							
THEN			A	A			
			2	3			
ELSE							

图 4-22　条件分支例子

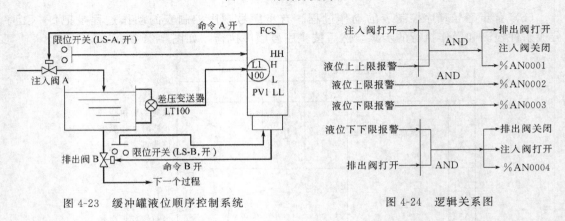

图 4-23　缓冲罐液位顺序控制系统 　　　　　　　　图 4-24　逻辑关系图

处理时间	TE	⋯	扫描周期	基本扫描	▼

规则号

编号	工位号.数据型	数据	注释	01	02	03	04
C01	LS-A.PV	ON	注入阀限位开关	Y			
C02	LS-B.PV	ON	排出阀限位开关				Y
C03	LI100.ALRM	HH		Y			
C04	LI100.ALRM	HI			Y		
C05	LI100.ALRM	LO				Y	
C06	LI100.ALRM	LL					Y
A01	V-A.PV	H	注入阀打开命令	N			Y
A02	V-B.PV	H	排出阀打开命令	Y			N
A03	%AN0001	L	液位上上限报警	Y			
A04	%AN0002	L	液位上限报警		Y		
A05	%AN0003	L	液位下限报警			Y	
A06	%AN0004	L	液位下下限报警				Y

图 4-25　无步序号顺序控制表的填写

156

当注入阀处于开启状态时，注入阀的限位开关 LS-A 接通，液体流入缓冲罐，液位上升到上上限报警设定值时，产生液位上上限报警，关闭注入阀，打开排出阀，发出公告 1 信息％AN0001；随着液位下降到上限报警设定值时，产生液位上限报警，发出公告 2 信息％AN0002；若液位再下降到下限报警设定值时，产生液位下限报警，发出公告 3 信息％AN0003，同时排出阀的限位开关 LS-B 接通，关闭排出阀，打开注入阀，发出公告 4 信息％AN0004。综合上述，条件信号有 6 个，操作信号有 6 个，填入顺序控制表，如图 4-25 所示。

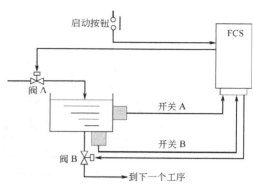

图 4-26　注水和排水过程的顺序控制系统

（b）有步序号顺序控制表的填写。注水和排水过程的顺序控制系统如图 4-26 所示。首先按下启动按钮，阀 A 打开，向罐内注水，水位上升，当罐充满水后，开关 A 接通，阀 A 关闭，这是注水过程；然后再按下启动按钮，这时罐内已经注满了水，阀 B 打开，进行排水，水位下降，这是排水过程；当排水结束，开关 B 接通，阀 B 关闭。图 4-27 为该过程的顺序流程，系统的动作过程分为步序号为 1 的注水过程和步序号为 2 的排水过程。

步序号为 1 的顺序动作如下：
- 按下启动按钮；
- 打开阀 A，进行注水，直到开关 A 接通；
- 关闭阀 A。

步序号为 2 顺序动作如下：
- 再按下启动按钮；
- 打开阀 B，进行排水，直到开关 B 接通；
- 关闭阀 B。

将上述顺序关系填入步序顺序控制表，如图 4-28 所示。

在图 4-28 顺控表中，规则 01 和 02 指为步序号 1，规则 03 和 04 指为步序号 2。步序号 1 监视着规则 01 和 02，步序号 2 监视着规则 03 和 04。

② 开关仪表模块

a. 用途　用于控制设备的开关动作，比如对电机和泵的启动、停止。

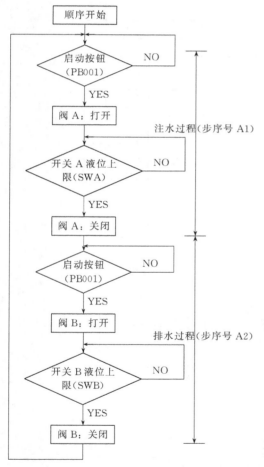

图 4-27　注水和排水顺序控制流程

b. 方框图　开关仪表模块的功能框图如图 4-29 所示。图中 SWI 是应答旁路输入端子，INT 是联锁开关输入端子，IN 是应答 I/O 端子，TSE 是远程/本地 I/O 端子，OUT 是输出端子。

157

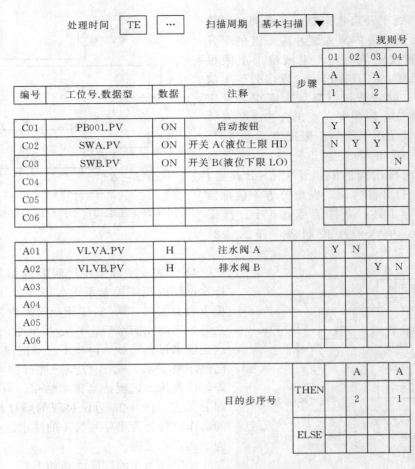

处理时间 TE ⋯ 扫描周期 基本扫描 ▼

编号	工位号.数据型	数据	注释	步骤	规则号 01	02	03	04
					A		A	
					1		2	
C01	PB001.PV	ON	启动按钮		Y		Y	
C02	SWA.PV	ON	开关 A(液位上限 HI)		N	Y	Y	
C03	SWB.PV	ON	开关 B(液位下限 LO)					N
C04								
C05								
C06								
A01	VLVA.PV	H	注水阀 A		Y	N		
A02	VLVB.PV	H	排水阀 B				Y	N
A03								
A04								
A05								
A06								

目的步序号		A	A
THEN		2	1
ELSE			

图 4-28　有步序号顺序控制表的填写

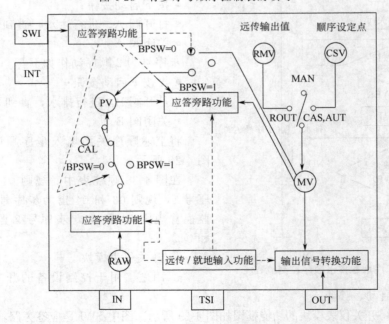

图 4-29　开关仪表模块的功能方框图

c. 应用　图 4-30 是利用 2 点输入 2 点输出脉冲型开关仪表模块 SIO-22P 组成的控制阀门开关的系统。来自阀门限位开关的开/关信号送到 SIO-22P 中，其输出的脉冲信号控制阀门的打开和关闭。

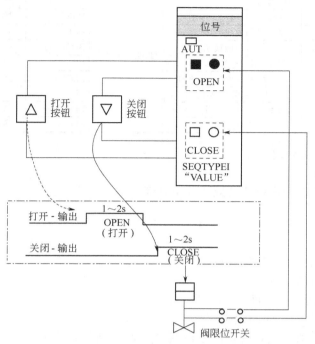

图 4-30　开关仪表模块 SIO-22P 组成的控制阀门开关的系统

根据输入/输出信号点数的不同，开关仪表模块分为 10 种类型，如表 4-13 所示。

表 4-13　开关仪表模块的类型

型号	名　称	型号	名　称
SI-1	1 点输入开关仪表模块	SIO-12	1 点输入和 2 点输出开关仪表模块
SI-2	2 点输入开关仪表模块	SIO-21	2 点输入和 1 点输出开关仪表模块
SO-1	1 点输出开关仪表模块	SIO-22	2 点输入和 2 点输出开关仪表模块
SO-2	2 点输出开关仪表模块	SIO-12P	1 点输入和 2 点输出脉冲型开关仪表模块
SIO-11	1 点输入和 1 点输出开关仪表模块	SIO-22P	2 点输入和 2 点输出脉冲型开关仪表模块

3. 计算功能

（1）功能模块总括

实现计算功能的功能模块总计有 4 大类 33 种产品，如表 4-14 所示。

表 4-14　实现计算功能的功能模块一览表

种类	型号	功　能	种类	型号	功　能
一般运算模块	CALCU	一般运算模块	模拟运算模块	SQRT	开方模块
	CALCU-C	带字符串输入/输出的一般运算模块		EXP	指数模块
				LAG	对数模块
数字运算模块	ADD	加法模块		INTEG	积分模块
	MUL	乘法模块		LD	微分模块
	DIV	除法模块		RAMP	阶跃模块
	AVE	平均值模块		LDLAG	超前/滞后模块

159

种类	型号	功　能	种类	型号	功　能
模拟运算模块	DLAY	纯滞后模块	辅助运算模块	DSW-16	16 点数据常数选择模块
	DLAY-C	纯滞后补偿模块		DSW-16C	16 点字符串常数选择模块
	AVE-M	移动平均模块		DSET	数据设定模块
	AVE-C	累积平均模块		DSET-PVI	带输入指示的数据设定模块
	FUNC-VAR	变量线段功能模块		BDSET-1L	带阀限位的单批量设定模块
	TPCPL	温度/压力补偿模块		BDSET-1C	字符串单批量设定模块
	ASTM1	ASTM 补偿模块(旧的 JIS)		BDSET-2L	带阀限位的双批量设定模块
	ASTM2	ASM 补偿模块(新的 JIS)		BDSET-2C	字符串双批量设定模块
辅助运算模块	SW-33	三极三位置选择开关模块		BDA-L	带阀限位的批量数据确认模块
	SW-91	一极九位置选择开关模块		BDA-C	字符串批量数据确认模块

（2）常用功能模块介绍

① 一阶滞后模块

a. 用途　对输入信号进行滤波或作为仿真环节，运算表达式为：

$$CPV = \frac{GAIN \times RV}{1 + T_I s}$$

式中　GAIN——增益（缺省值＝1）；

RV——原始数据；

T_I——一阶滞后时间，$T_I = I - 1$；

I——一阶滞后时间设定值。

b. 方框图　一阶滞后模块的功能方框图如图 4-31 所示。

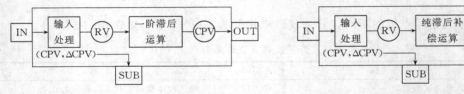

图 4-31　一阶滞后模块的功能方框图　　　图 4-32　纯滞后补偿模块功能方框图

c. 应用　一阶滞后模块主要用于输入信号的滤波和过程对象的仿真。在应用时，应对增益和一阶滞后时间设定值进行设定。

② 纯滞后补偿模块

a. 用途　对输入信号进行纯滞后补偿运算，运算表达式为：

$$CPV = \frac{GAIN \times RV}{1 + T_I s}(e^{-Ls} - 1)$$

式中　GAIN——增益；

RV——原始数据；

L——纯滞后时间，$L = $ 采样周期 $SMPL(M-1)$，M 为采样点的数目；

T_I——一阶滞后时间，$T_I = I - 1$；

I——一阶滞后时间设定值。

b. 方框图　纯滞后模块的功能方框图如图 4-32 所示。

c. 应用　如图 4-33 所示的 Smith 补偿控制系统，就是由纯滞后补偿模块和 PID 调节模块联合构成的，对大滞后系统有比较好的控制效果。

4. 输入输出连接

反馈控制功能的输入输出插件和功能模块之间、功能模块和功能模块之间、功能模块和各种信息之间的输入输出连接，是通过"软连接"来完成的。

输入输出连接关键在于确定各个功能模块输入输出端子的连接方法和连接目标，连接方法有 3 种形式：数据连接、端子连接、顺控连接，连接目标有 4 种形式：过程 I/O、通信 I/O、软件 I/O、功能模块。

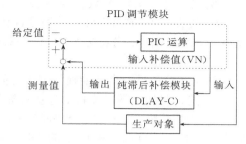

图 4-33 利用纯滞后补偿模块
实现 Smith 补偿控制系统

（1）数据连接

数据连接分为数据参照和数据设定，前者是从连接目标上读入数据，后者是将数据写到连接目标上。

① 连接目标　数据连接的连接目标是过程 I/O、软件 I/O、通信 I/O 和功能模块。

a. 过程 I/O 的数据连接　图 4-34 是过程 I/O 的数据连接，输入插件和 PID 调节模块 IN 端子之间的连接称为数据参照，PID 调节模块 OUT 端子和输出插件之间的连接称为数据设定。

图 4-34　过程 I/O 的数据连接图　　　　图 4-35　软件 I/O 的数据连接

b. 软件 I/O 的数据连接　图 4-35 是软件 I/O 的数据连接，通用开关和一般运算模块 IN 端子之间的连接称为数据参照，一般运算模块 OUT 端子和通用开关之间的连接称为数据设定。

c. 功能模块的数据连接　图 4-36 是功能模块的数据连接，输入指示模块和超前滞后模块 IN 端子之间的连接称为数据参照，超前滞后模块 OUT 端子和 PID 调节模块之间的连接称为数据设定。

图 4-36　功能模块的数据连接

② 连接信息　数据连接的连接信息由元素符号名和数据项名组成，其格式为：元素符号名. 数据项名。元素符号名包括工位号、标记名、元素编号、端子编号；数据项名就是数据类型，如 PV、SV、MV、RV 等。

有关连接目标，元素符号和数据项名的构成如表 4-15 所示。

表 4-15　连接目标、元素符号名和数据项名构成一览表

连接目标	元素符号名	数据项名
过程 I/O	工位号、标记名、端子编号	PV
软件 I/O	工位号、元素编号	PV
其他功能模块	工位号	数据

161

例如：过程 I/O 的数据连接表达为 %z01uscc，其中：%z 代表过程 I/O 模件，自动生成；01 代表输入/输出模件，其编号自动生成；u 代表单元号或插件箱号（1~5）；s 代表插槽号，1 或者 2；cc 代表端子号，01~16。

（2）端子连接

端子连接就是两个功能模块端子之间的连接。

① 连接目标　端子连接的连接目标是功能模块，功能模块的连接最常见有两种形式。

a. 功能模块 OUT 端子和 SET 端子的连接　图 4-37 是功能模块输出端子和设定端子之间端子连接，PID 调节模块 1 的 OUT 端和 PID 调节模块 2 的 SET 端子的连接称为端子连接。

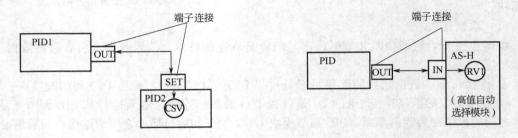

图 4-37　OUT 端和 SET 端之间的端子连接　　　图 4-38　OUT 端和 IN 端之间的端子连接

b. 功能模块 OUT 端和 IN 端子的连接　图 4-38 是功能模块输出端子和输入端子之间的连接，PID 调节模块的 OUT 端和高值自动选择模块的 IN 端的连接称为端子连接。

② 连接信息　端子连接的连接信息由元素符号名和 I/O 端子名组成，其格式为：元素符号名. 端子名。元素符号名就是工位号；I/O 端子名就是端子，如 IN、OUT、SET、SUB 等。

可用端子连接的功能模块如表 4-16 所示。

表 4-16　可用端子连接的功能模块一览表

类　型	功能模块名称	目标端子名称	相应输入数据
反馈控制功能	PID PI-HLD ONOFF ONOFF-G PID-TP PD-MR PI-BLEND PID-STC MILD-SW VELLIM FOUT SPLIT	SET	CSV
	RATIO	IN	PV
	FFSUM	SET	CSV
	SS-H/M/L AS-H/M/L	IN1	PV1
		IN2	PV2
		IN3	PV3
	SS-DUAL	IN1	RV1
		IN2	RV2
	XCPL	IN	RV

162

类 型	功能模块名称	目标端子名称	相应输入数据
计算功能	SQRT EXP INTEG LD LDLAG DLAY DLAY-C FUNC-VAR	IN	RV

（3）顺控连接

顺控连接不但是顺序控制采用的 I/O 连接方法，也是反馈控制时常采用的 I/O 连接方法。顺控连接分为条件测试和状态操作，前者是从连接目标上读入数据，后者是将数据写到连接目标上。

① 连接目标　顺控连接的连接目标是过程 I/O、软件 I/O、通信 I/O 和功能模块。

条件测试是对输入端连接目标的数据进行判断，获取条件成立或不成立的表达式。操作状态是对输出端连接目标根据条件成立或不成立的表达式进行操作的变更。

② 连接信息　顺控连接的连接信息由元素符号名、数据项名、条件指定或操作指定组成，其格式为：

元素符号名.数据项名.条件指定
元素符号名.数据项名.操作指定

元素符号名包括工位号、标记名、端子编号、元素编号。数据项名就是数据类型。

可用顺控连接的功能模块如表 4-17 所示。

表 4-17　可用顺控连接的功能模块一览表

类 型	功能模块名称	目标端子名称
反馈控制功能	PTC	OUT
顺序控制功能	ST16	Q01～Q56
	ST16E	J01～J56
	TM	OUT
	CTS	
	CTP	
	VLVM	J01～J17
计算功能	CALCU	IN、OUT、Q01～Q07、J01～J03
	CALCU-C	IN、OUT、Q01～Q07、J01

上述介绍的输入输出连接的内容归纳整理如表 4-18 和表 4-19 所示。

表 4-18　连接方法、目标和信息一览表

连接方法	连接目标		连 接 信 息
数据连接	数据参照	过程 I/O	工位号/标记名/端子.数据项名
		通信 I/O	工位号/元素编号.数据项名
		软件 I/O	工位号/元素编号.数据项名
		功能模块　相同控制图	工位号.数据项名
		另一控制图	工位号.数据项名
	数据设定	过程 I/O	工位号/标记名/端子.数据项名
		通信 I/O	工位号/元素编号.数据项名
		软件 I/O	工位号/元素编号.数据项名
		功能模块　相同控制图	工位号.数据项名
		另一控制图	工位号.数据项名

连　接　方　法	连　接　目　标		连　接　信　息
端子连接	功能模块	相同控制图	工位号.I/O端子名
		另一控制图	工位号.I/O端子名
顺控连接	条件测试	过程 I/O　通信 I/O	工位号/标记名/端子/元素编号.数据项名.条件指定
	操作状态	软件 I/O　功能模块	工位号/标记名/端子/元素编号.数据项名.操作状态

表 4-19　端子编号和元素编号一览表

名　　称		符　号	符　号　语　言
过程 I/O		%Z01uscc	01:输入输出模件(自动生成)
			u:单元号或插件箱号(1~5)
			s:插槽号(1~2)
			cc:端子(1~16)
通信 I/O	字	%WWnnnn	nnnn:连续数字(标准型:1~1000)
			(扩展型:1~4000)
	字节	%WBnnnnbb	nnnn:连续数字(标准型:1~1000)
			(扩展型:1~4000)
			bb:字节数(1~16)
软件 I/O	通用开关	%SWnnnn	nnnn:连续数字(1~1000)
	公告信息	%ANnnnn	nnnn:连续数字(1~200)
	打印输出信息	%PRnnnn	nnnn:连续数字(1~100)
	操作指导信息	%OGnnnn	nnnn:连续数字(1~100)
	顺序信息请求	%RQnnnn	nnnn:连续数字(1~100)
	上位机事件信息(对操作和监视功能)	%M3nnnn	nnnn:连续数字(1~100)
	信号事件信息	%EVnnnn	nnnn:连续数字(1~100)

三、人机界面站

(一) 人机界面站的构成

CS3000 集散控制系统的人机界面站如图 4-39 所示。它采用通用 PC 机和 WindowsNT 操作系统构成。其特点是利用了最新的 PC 技术，选用了开放式的操作环境，具有高速数据采集功能和一触式多窗口显示功能。

图 4-39　人机界面站的构成

1. 硬件配置

(1) 通用 PC 机

CPU　奔腾Ⅲ≥1GHz

主内存　≥128MHz

硬盘　≥40GB

软盘驱动器　3.5in

光盘驱动器　48 速 CD-ROM

键盘　106 键盘

总线插槽 PCI

并行接口　1 个

打印机接口　RS-232

监视器　21in　1024×1280 CRT

鼠标

(2) 操作员键盘接口 9 针系列 RS-232

操作员键盘如图 4-40 所示。这里侧重介绍 CS3000 集散控制系统操作员键盘特有的按键及其功能，如表 4-20 所示。

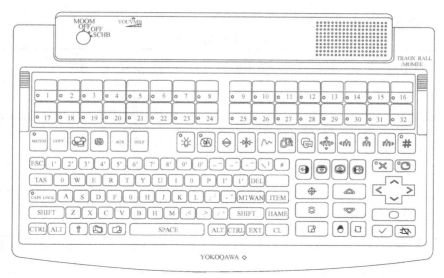

图 4-40　操作员键盘

表 4-20　CS3000 集散控制系统操作员键盘特有的按键及其功能

图　标	名　　称	功　　能
循环键	循环键	实现操作监视窗口和 Windows NT 应用窗口之间的循环切换
AUX	辅助键	显示预先设置的对话用户、窗口切换菜单、操作菜单等
HELP	帮助对话窗口键	调出帮助对话窗口,提供操作错误和操作指导方面的详细信息
导航窗口调出键	导航窗口调出键	调出导航窗口,显示基于树型结构的操作监视功能的窗口分类
左分级窗口调出键	左分级窗口调出键	按升序方式或者窗口分级的定义调出激活窗口的分级窗口
上级窗口调出键	上级窗口调出键	调出激活窗口的上级窗口
右分级窗口调出键	右分级窗口调出键	按降序方式或者窗口分级的定义调出激活窗口的分级窗口
上下左右滚动键	上下左右滚动键	使窗口可以上下左右卷动
目标键	目标键	实现选定目标的切换

2. 软件配置

CS3000 集散控制系统采用 Windows NT 4.0 或更高版本作为操作系统,256 色,虚拟内存为 200MB。

采用的其他软件如表 4-21 所示。

表 4-21　其他软件一览表

类　型	软 件 名 称	版　本	注　　释
操作监视软件包	LHS1100-S11/N0001		标准操作监视软件
	LHS1100-C11/N0001		标准操作监视软件
	LHS6530-S11		报表软件
	LHS2411-S11		OPC 接口软件
工程软件包	LHS5100-S11/N0001		标准组态软件
	LHS5150-S11		流程图组态软件
	LHS5495-S11		电子资料软件
	LHS5420-S11		调试软件
	LFS9053-S1S1		Modbus 通信软件
媒体软件包	LHSDM01-S11		ID 组件和软件媒体
	LHSKM02-C11		
	LHSKM03-C11		
升级软件	Microsoft Visual Basic	5.0	现场控制站用户 VB、VC 语言编程软件
	Microsoft Visual C++	5.0	

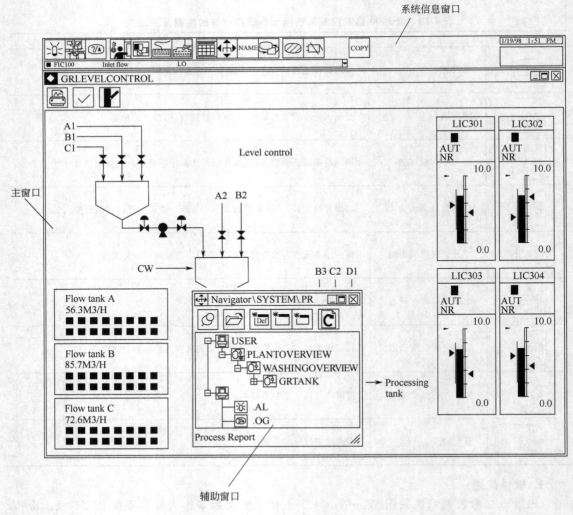

图 4-41　全屏幕方式

（二）人机界面站的功能

人机界面站的功能可以概括为 7 项：通用功能、标准的操作和监视功能、系统维护功能、控制状态显示功能、操作和监视的支持功能、趋势功能和数据开放接口功能。下面介绍部分功能。

1．通用功能

（1）操作屏幕方式

操作屏幕分为全屏幕方式和多窗口方式。全屏幕方式如图 4-41 所示，由系统信息窗口、主窗口和辅助窗口构成。系统信息窗口位于屏幕的最上端，可以移动但不会被其他窗口覆盖。其功能主要是显示最新的过程报警信息。主窗口位于屏幕的主体部分，当前的窗口总会被打开的新窗口所更新，其功能主要是显示各种监视操作画面。辅助窗口位于主窗口之下，是系统信息窗口和主窗口的调出窗口，其功能主要是显示参数和信息。

多窗口方式如图 4-42 所示，由系统信息窗口和其他窗口构成。系统信息窗口同全屏幕方式，其他窗口在一个屏幕上最多可同时显示 5 个，没有主次区别。每个窗口也可以单独调用和显示。

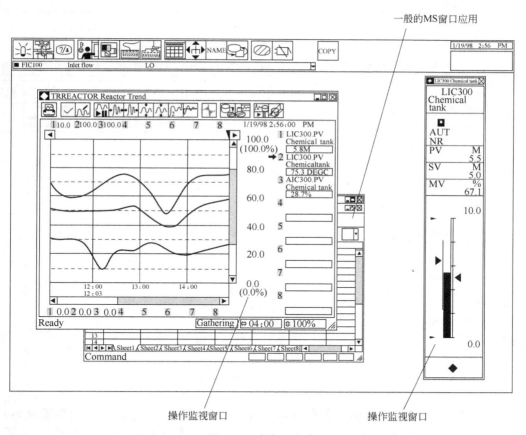

图 4-42　多窗口方式

（2）窗口大小

无论是全屏幕方式还是多窗口方式，窗口的大小均限定三种尺寸之内，在打开窗口之前可对窗口的大小进行设置，但有些窗口的大小是固定的，比如仪表面板窗口，而历史报告窗口的大小只有大和中两种。

（3）系统信息窗口

① 构成　系统信息窗口如图 4-43 所示，由工具条显示区、信息显示区、图像显示区和时间显示区构成。

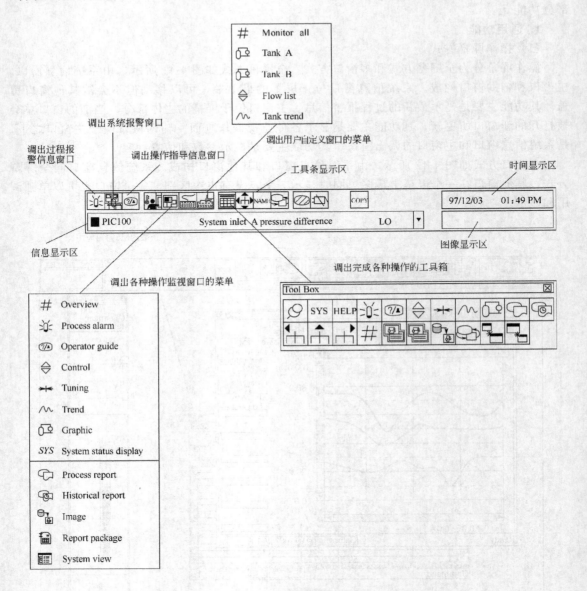

图 4-43　系统信息窗口

工具条显示区的功能是调出各种窗口，完成多种操作。信息显示区的功能是显示最新未确认的信息，可以是过程报警信息，公告信息和系统报警信息，如图 4-44 所示。在下拉菜单中最多可显示 5 条信息，点击已显示的报警信息可以调出过程报警窗口、系统报警窗口、调整窗口和仪表面板窗口等。图像显示区的功能是显示当前站或系统的状态，一旦事件恢复正常，显示图标自动消隐。时间显示区的功能是显示系统的年、月、日、时、分。

② 按钮　图 4-44 的工具条显示区按钮的图标、名称和功能如表 4-22 所示。

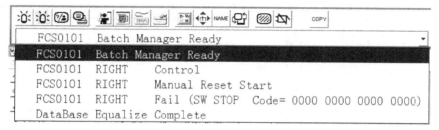

FCS0101　　Batch　Manager　Ready

FCS0101		Batch Manager Ready
FCS0101	RIGHT	Control
FCS0101	RIGHT	Manual Reset Start
FCS0101	RIGHT	Fail (SW STOP Code= 0000 0000 0000 0000)
DataBase Equalize Complete		

图 4-44　系统信息窗口的信息下拉菜单

表 4-22　工具条显示区按钮的图标、名称和功能一览表

图标	名称	功能
	过程报警窗口调出按钮	确认过程报警信息和公告信息,其显示状态随着报警状态而变化,红色闪烁时,表示过程报警未被确认;红色闪烁停止时,表示过程报警已经确认
	系统报警窗口调出按钮	同过程报警窗口调出按钮
	操作指导信息窗口调出按钮	确认操作指导信息;按钮键红色闪烁时,表示操作指导信息未被确认;红色闪烁停止时,表示操作指导信息已经确认
	用户对话框调出按钮	可以调出用户对话框,进行用户注册或修改密码
	窗口切换菜单调出按钮	可以调出窗口切换菜单,从菜单上可以调出人机界面站的操作监视窗口,如综观、流程图、趋势窗口等
	操作菜单调出按钮	可以调出操作菜单,通过菜单对与操作监视窗口有关的当前显示窗口进行操作
	预置菜单调出按钮	可以调出预置菜单,通过菜单可以调出用户自定义的窗口
	资源管理器按钮	可以调出资源管理器窗口,该窗口可以对人机界面站的分级窗口列表显示
	输入对话框打开按钮	可以调出输入对话框,通过输入操作监视窗口的名称调出操作监视窗口
	循环按钮	可以实现操作监视窗口和 Windows NT 应用窗口的前后循环切换
	清屏按钮	可以清除屏幕上所有的显示窗口
	消音按钮	可以消除蜂鸣器的响声
COPY	硬拷贝按钮	可以对屏幕上显示的窗口进行复制
	工具框调出按钮	可以调出工具框。工具框由各种操作监视窗口按钮组成,有关工具框调出按钮的图标、名称及功能如表 4-23 所示

表 4-23　工具框调出按钮的图标、名称和功能一览表

图　标	按　钮	功　能
	总是显示按钮	按下此按钮,工具条总是显示在屏幕上
SYS	系统状态综观窗口按钮	调出系统状态综观窗口
HELP	帮助窗口按钮	调出帮助窗口
	过程报警窗口按钮	调出过程报警窗口
	操作指导信息窗口按钮	调出操作指导信息窗口
	控制窗口按钮	调出控制窗口
	调整窗口按钮	调出调整窗口
	趋势窗口按钮	调出趋势窗口
	流程图窗口按钮	调出流程图窗口
	过程报告窗口按钮	调出过程报告窗口
	历史信息报告窗口按钮	调出历史信息报告窗口
	左分级窗口按钮	向上次序,调出分级窗口的激活窗口
	上分级窗口按钮	调出激活窗口的上一级窗口
	右分级窗口按钮	向下次序,调出分级窗口的激活窗口
	综观窗口按钮	调出综观窗口
	保存窗口设置按钮	保存动态窗口的设置
	消除窗口设置按钮	消除动态窗口的设置
	映像窗口按钮	调出映像窗口
	切换激活按钮	进行激活窗口的切换
	大尺寸窗口按钮	调出大尺寸激活窗口
	中尺寸窗口按钮	调出中尺寸激活窗口

（4）分级窗口

操作监视窗口是按窗口分级结构排列。利用分级窗口，自上而下，很容易调出各个窗口，使得低级窗口定义的功能模块报警状态可以连成一体，利用高一级的窗口进行监视。如图 4-45 所示。它分成 3 级，从综观到细目全部窗口均可以看到，用户定义的窗口显示在最上边，中间是某一过程的窗口，而功能模块或趋势窗口则显示在最下边。用户定义的窗口分级排列是任意的，不需要确定级别，但是系统定义的窗口分级排列是预定好的，其位置是固定的。

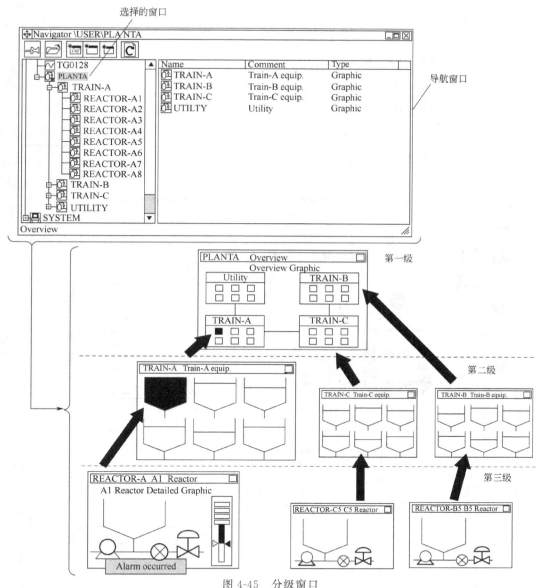

图 4-45　分级窗口

（5）导航窗口

导航窗口如图 4-46 所示，由工具条、分级窗口显示区和状态条组成。利用工具条上的按钮可对分级窗口进行打开、修改尺寸等操作。分级窗口显示区是预先定义的操作监视窗口的分级窗口，通过选择窗口名称调出该窗口。状态条显示的是窗口注释，位于导航窗口的最下方。

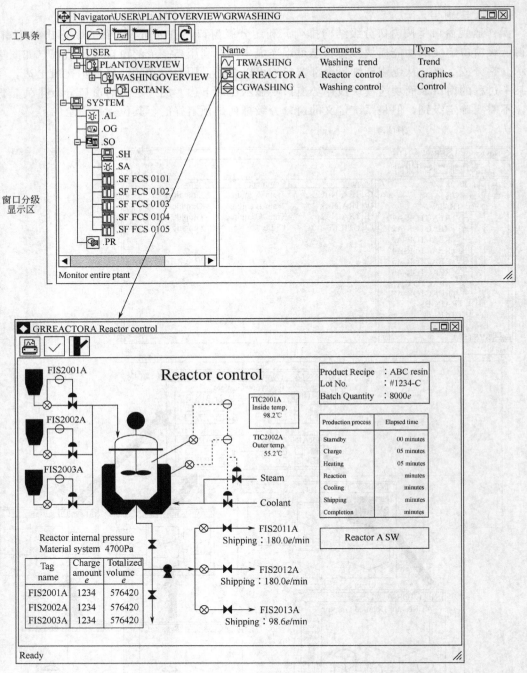

图 4-46　导航窗口

（6）画面组

画面组如图 4-47 所示。通过按动按钮在不同的人机界面站上显示一组窗口。通常的操作可以显示一组相关画面，例如流程图、趋势、仪表面板等。系统中经常使用的画面组可以在系统生成时登记，每个画面组最多包括 5 个窗口，最多可定义 200 个不同的画面组。

（7）动态窗口

动态窗口的概念是动态地保存当前显示的窗口组，等下次操作时再恢复保存的窗口组。

172

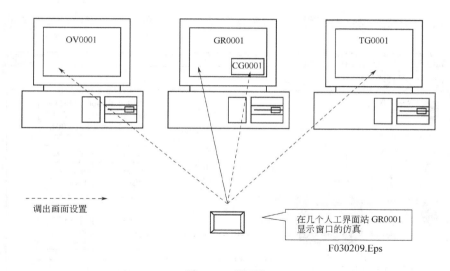

图 4-47　画面组

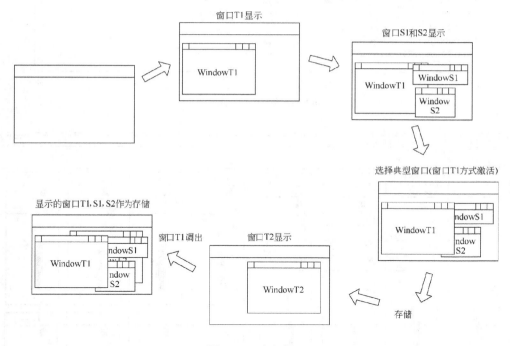

图 4-48　动态窗口

动态窗口的操作过程如图 4-48 所示。为保存当前一组窗口，先从所显示的窗口中选择典型窗口，再用鼠标点击系统信息窗口中工具条的动态窗口设置功能按钮，将这组窗口作为一组加以保存。若要显示该组窗口，只需调出典型窗口，这组窗口就会同时显示。若需要取消动态窗口设置功能，只要激活典型窗口，然后点击系统信息窗口中的工具条的动态窗口设置功能按钮旁的图标按钮即可。一个 HIS 最多可设 30 组窗口保存。

2．标准的操作监视功能

（1）流程图窗口

流程图窗口的属性分成四种类型，分别是具有流程图属性的流程图窗口、具有控制属性的流程图窗口、具有综观属性的流程图窗口和具有多功能属性的流程图窗口，如图 4-49 所示。

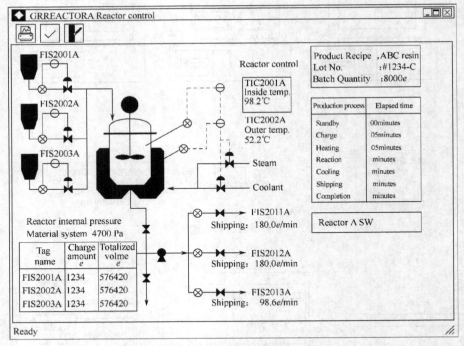

(a) 具有流程图属性的流程图窗口

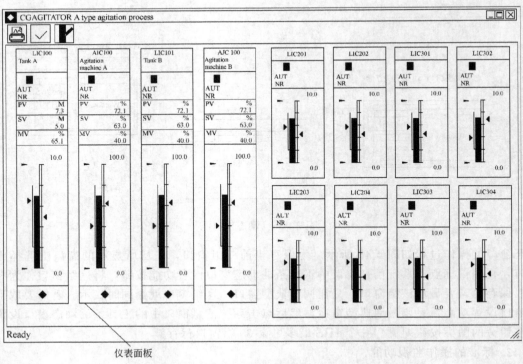

(b) 具有控制属性的流程图窗口

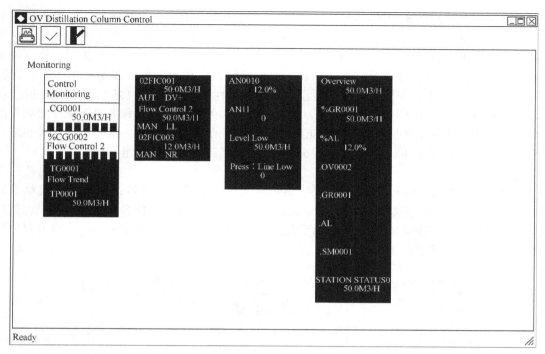

(c) 具有综观属性的流程图窗口

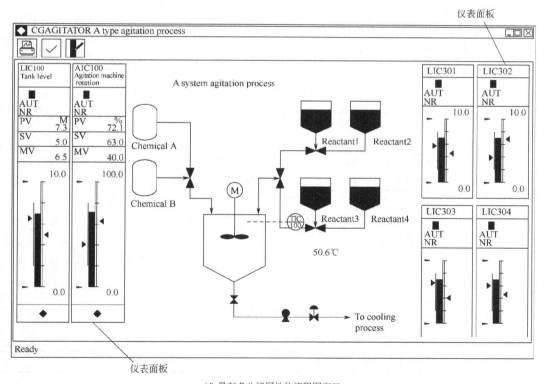

(d) 具有多功能属性的流程图窗口

图 4-49　流程图窗口

具有流程图属性的流程图窗口显示的是工厂装置和控制系统的图形化描述，提供了一个直观的操作环境，从流程图窗口可以调出其他窗口。具有控制属性的流程图窗口显示的是仪表面板图，仪表面板图的尺寸有两种规格，一种是整个窗口显示 8 个仪表面板图，另一种是显示 16 个仪表面板图，不同尺寸的仪表面板图也可以混合显示在具有控制属性的流程图窗口上，也可以单独调出一个仪表面板图。具有综观属性的流程图窗口显示的是一组报警状态，它既可以提供整个工厂的全貌状况，也可以调出相关的窗口。具有多功能属性的流程图窗口，把前边介绍的三种属性汇集在一起，显示的是一个流程图属性、仪表面板属性和综观属性的集合体，同时它还具有集装箱（container）功能和数据生成功能。

（2）调整窗口

调整窗口如图 4-50 所示，由工具条、参数显示区、调整趋势显示区和仪表面板显示区组成，其功能是显示一个功能模块的调整参数、调整趋势曲线以及仪表面板图。由于调整窗口显示的是单个功能模块的详细内容，因此选中一个功能模块，点击图标→|←，即可调出调整窗口。下面介绍该窗口工具条。

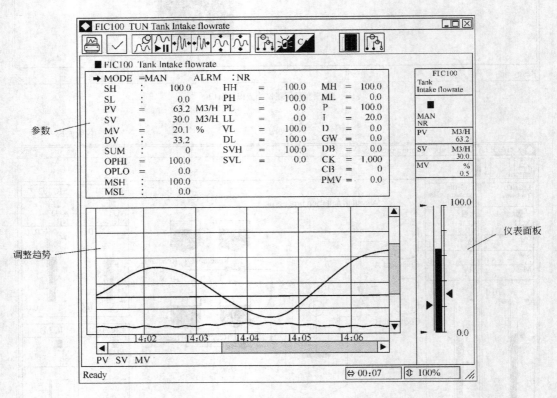

图 4-50　调整窗口

工具条由一组按钮组成，其图标、名称和功能如表 4-24 所示。

表 4-24　调整窗口工具条的图标、名称和功能一览表

图　标	名　称	功　能
	硬拷贝按钮	对当前的调整窗口进行复制

图 标	名 称	功 能
	确认按钮	对报警信息进行确认
	保存按钮	即使调整窗口关闭,仍会继续采集调整趋势数据,下次打开调整窗口时,继续显示调整趋势图
	暂停按钮	暂停趋势曲线的显示。暂停结束后,趋势曲线从当前时间重新开始,而数据采集从未中断
	时间轴缩小放大按钮	每按一次按钮,时间轴刻度的变化为标准刻度的 4、2、1、1/2、1/4 和 1/8 倍
	数据轴缩小放大按钮	每按一次按钮,数据轴刻度的变化为标准刻度的 1/2、1/5、1/10、2、5 和 10 倍
	PRD 方式按钮	把串级控制系统改为主调节器直接控制状态
	报警旁路按钮	使报警状态旁路
	校验按钮	使功能模块处于校验状态
	操作标记安装拆除按钮	对调整窗口显示的仪表面板进行操作标记的安装或拆除
	顺序控制表窗口调出按钮	调出顺序控制表窗口

（3）趋势窗口

趋势窗口如图 4-51 所示，由工具条、趋势图显示区和趋势数据显示区组成，其功能是用不同颜色的曲线显示 8 个工位号过程参数的实时趋势。按 [〜] 按钮，即可调出趋势窗口。下面介绍该窗口的工具条。

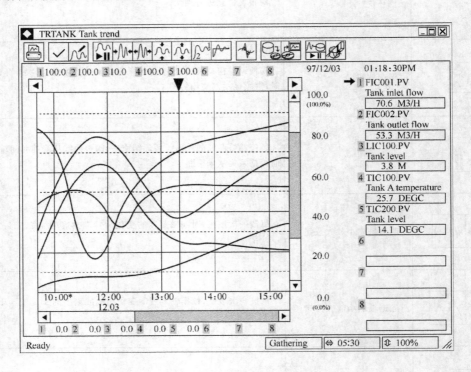

图 4-51　趋势窗口

工具条由一组按钮组成，其图标、名称和功能如表 4-25 所示。

表 4-25　趋势窗口工具条的图标、名称和功能一览表

图　标	名　称	功　能
	硬拷贝按钮	同调整窗口
	确认按钮	同调整窗口
	趋势笔分配对话调出按钮	调出趋势笔分配对话框，完成旋转趋势的笔分配以及批量趋势参考方式的登记、显示属性的变更。比如在第 1 笔写入了 LIC001.PV 的数据，然后点击确认，如图 4-52 所示。这种数据的更改必须通过生成下载到 HIS 中，才能生效。为了防止随意变更数据，必须对趋势窗口设置权限等级
	暂停按钮	同调整窗口

图　标	名　称	功　能
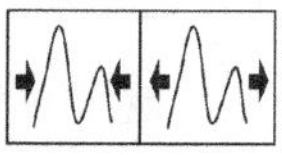	时间轴缩小放大按钮	同调整窗口
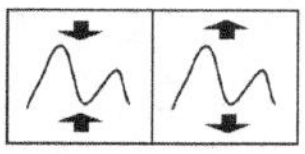	数据轴缩小放大按钮	同调整窗口
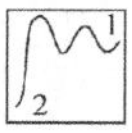	笔号显示按钮	在趋势曲线坐标上显示笔号
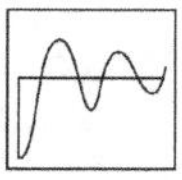	参照模式显示按钮	在趋势曲线坐标上显示一组趋势的参照模式
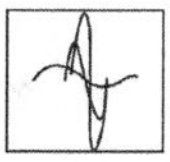	初始化显示按钮	趋势曲线坐标的时间轴和数据轴的刻度返回到初始状态
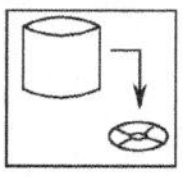	趋势数据存储按钮	把趋势窗口显示的趋势数据存储到文件中
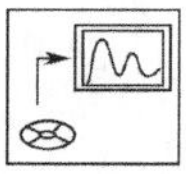	趋势数据读入按钮	从文件中取出趋势数据显示在趋势窗口上
	获取停止/启动按钮	批量趋势采集的暂停或恢复
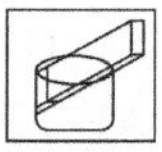	获取再启动按钮	批量趋势采集的启动

（4）趋势点窗口

趋势点窗口如图 4-53 所示，由工具条、趋势图显示区和趋势数据显示区组成。其功能是显示一个工位号过程参数的实时趋势。在趋势窗口上选中某一工位号（即一支笔），双击鼠标，即可打开该笔的趋势点窗口。趋势点窗口和 μXL 集散控制系统的单笔趋势画面基本相同。

（5）过程报警窗口

过程报警窗口如图 4-54 所示，由工具条、信息显示区和状态条组成，其功能是按照序号、工位号标记、时间、工位号、报警信息、工位号说明、报警状态、当前的过程变量、工

179

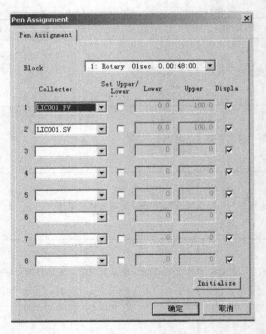

图 4-52　趋势笔分配对话框示意图

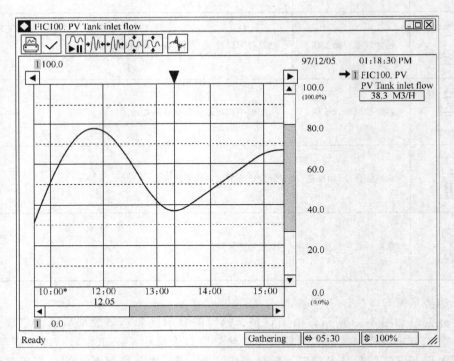

图 4-53　趋势点窗口

程单位、当前报警状态这个顺序来显示过程报警。按 ［▓▓］ 按钮，可以调出过程报警窗口。该窗口最多显示 200 个报警信息，超过 200 个，则自动删除最早出现的信息，按 ［√］ 按钮，对报警信息进行确认。

180

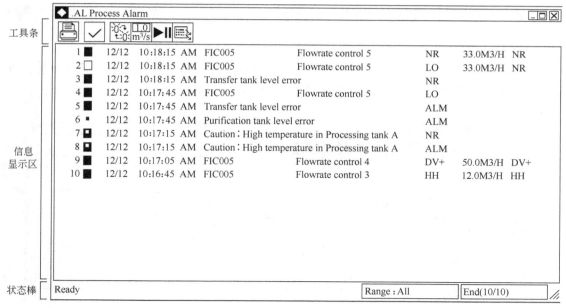

工具条

信息
显示区

状态栏

1	12/12	10:18:15 AM	FIC005	Flowrate control 5	NR	33.0M3/H	NR		
2	12/12	10:18:15 AM	FIC005	Flowrate control 5	LO	33.0M3/H	NR		
3	12/12	10:18:15 AM	Transfer tank level error		NR				
4	12/12	10:17:45 AM	FIC005	Flowrate control 5	LO				
5	12/12	10:17:45 AM	Transfer tank level error		ALM				
6	12/12	10:17:45 AM	Purification tank level error		ALM				
7	12/12	10:17:15 AM	Caution：High temperature in Processing tank A		NR				
8	12/12	10:17:15 AM	Caution：High temperature in Processing tank A		ALM				
9	12/12	10:17:05 AM	FIC005	Flowrate control 4	DV+	50.0M3/H	DV+		
10	12/12	10:16:45 AM	FIC005	Flowrate control 3	HH	12.0M3/H	HH		

图 4-54　过程报警窗口

（6）操作指导信息窗口

操作指导信息窗口如图 4-55 所示，由工具条、信息显示区组成，其功能是按照序号、工位号标记、时间、指导信息或对话信息这个顺序来显示操作指导信息。按 ［ 🖼 ］ 按钮，可以调出操作指导信息窗口。该窗口最多显示 40 个操作指导信息，超过 40 个，则自动删除最早出现的信息。按 ［√］ 按钮，可以对操作指导信息进行确认。

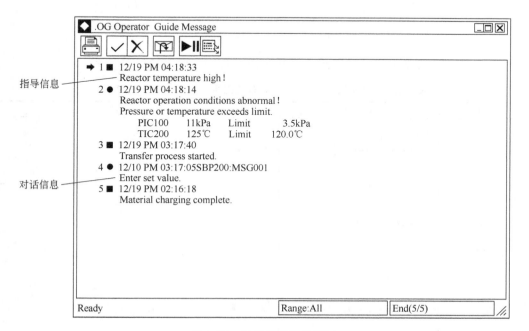

指导信息

对话信息

图 4-55　操作指导信息窗口

3. 系统维护功能

系统维护功能主要包括系统状态综观显示、系统报警、FCS 状态显示、HIS 设置和时间设置对话功能。

（1）系统状态综观窗口

系统状态综观窗口如图 4-56 所示，由工具条和状态显示区组成，其功能是显示连接在 V 网上所有的 FCS 和 HIS 的状态，总共包括 24 个站和 V 网的状态。

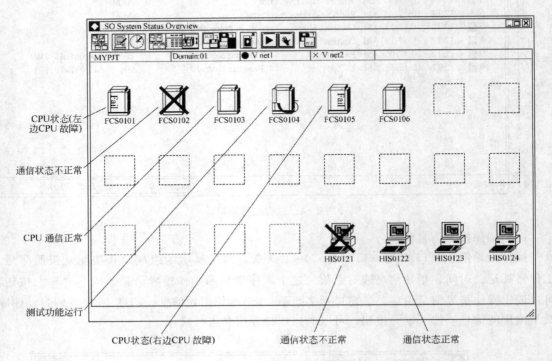

图 4-56　系统状态综观窗口

① 工具条　工具条由一组按钮组成，其图标、名称和功能如表 4-26 所示。

表 4-26　系统状态综观窗口工具条的图标、名称和功能一览表

图　标	名　称	功　能
	系统报警窗口调出按钮	调出系统报警窗口
	HIS 设置窗口调出按钮	调出 HIS 设置窗口
	时间设置对话框调出按钮	调出时间设置对话框，设置系统数据和时间

图 标	名 称	功 能
	系统状态综观显示按钮	从 FCS 状态显示返回到系统状态综观窗口
	列表显示按钮	用文本方式显示系统状态的总貌
	显示下一个域按钮	调出下一个域
	FCS 启动按钮	启动 FCS
	FCS 停止按钮	停止 FCS
	调整参数保存按钮	可以打开调整参数保存对话框,保存 FCS 的调整参数
	下载 IOM 按钮	把组态中规定的 I/O 插件的定义下载到 I/O 插件中
	FCS 下载按钮	把组态中规定的现场控制站的信息下载到 FCS 中
	报告产生按钮	调出报告对话框显示站的信息

② 状态显示区　状态显示区显示同一域上 VLnet 总线所有站的状态全貌，表 4-27 和表 4-28 分别是 FCS 和 HIS 状态显示表。

表 4-27　FCS 状态显示表

显　　示	FCS 状态	显　　示	FCS 状态
无标记	通信正常	R-FAIL(红色)	双冗余 CPU 的右边 CPU 故障
红叉标记×	通信出现错误	L-FAIL(红色)	双冗余 CPU 的左边 CPU 故障
READY(绿色)	通信正常	TEST(深蓝色)	系统在测试状态
FAIL(红色)	通信出现错误		

表 4-28　HIS 状态显示表

显　　示	HIS 状态	显　　示	HIS 状态
无标记	通信正常	READY(绿色)	通信正常
红叉标记×	通信出现错误	FAIL(红色)	通信出现错误

系统状态综观窗口可以通过资源管理器窗口、工具条窗口上的"系统状态综观窗口"按钮、操作键盘上的"系统状态综观窗口"按钮、系统报警窗口的"系统状态综观窗口"按钮调出。

（2）系统报警窗口

系统报警窗口如图 4-57 所示，由工具条、信息显示区和状态条组成。其功能是按照序号、标记、时间、站号、报警状态、注释这一顺序显示系统报警信息，告知系统硬件或通信故障的情况。在系统状态综观窗口上可以调出系统报警窗口。

通过系统报警窗口工具条上的［√］和［×］按钮，可对系统报警信息进行确认或对确认的信息进行删除。

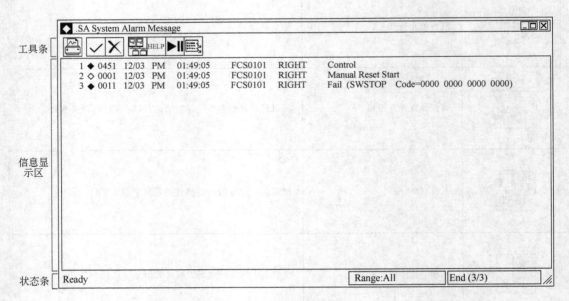

图 4-57　系统报警窗口

（3）FCS 状态显示窗口

FCS 状态显示窗口如图 4-58 所示，由工具条和状态显示区组成。工具条和系统状态综观窗口的工具条完全相同，不再赘述。状态显示区显示的内容包括站信息、CPU 状态、电源供给状态、VL 网状态、IOM 状态和启动条件等。

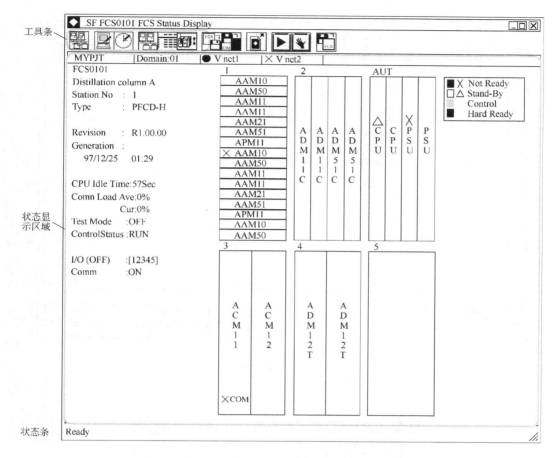

图 4-58　FCS 状态显示窗口

（4）HIS 设置窗口

HIS 设置窗口如图 4-59 所示。其功能是对人机界面站的 12 种设置类型进行变更，这 12 种设置类型分别是站、打印机、蜂鸣器、显示、窗口切换、控制总线、报警、预置菜单、平衡、功能键、操作标记和多媒体等。图中所示的内容为站信息记录条窗口，它显示了项目、站名、类型、地址、注释、操作系统、版本、接口等一系列信息。用户根据自行需求进行相关信息的设置。

（5）时间设置对话窗口

时间设置对话窗口如图 4-60 所示。其功能是设置连接在 V 网上的 CS3000 的系统数据和时间。

4. 操作显示支持功能

操作显示支持功能包括过程报警功能、过程报告功能、历史信息报告功能、权限功能、报告功能和循环功能。

（1）过程报警功能

当过程报警发生时，过程报警功能发出一系列报警通知，在系统信息窗口、过程报警窗口、具有综观属性的流程图窗口、导航窗口以及相关窗口上发出过程报警信息，使操作员键盘上 LED 灯闪烁，蜂鸣器鸣叫，并且对报警信息进行打印输出，文件存储。

185

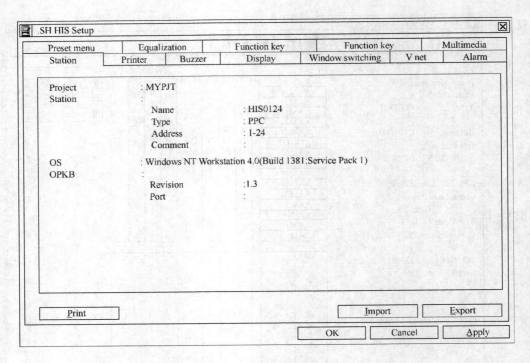

图 4-59　HIS 设置窗口

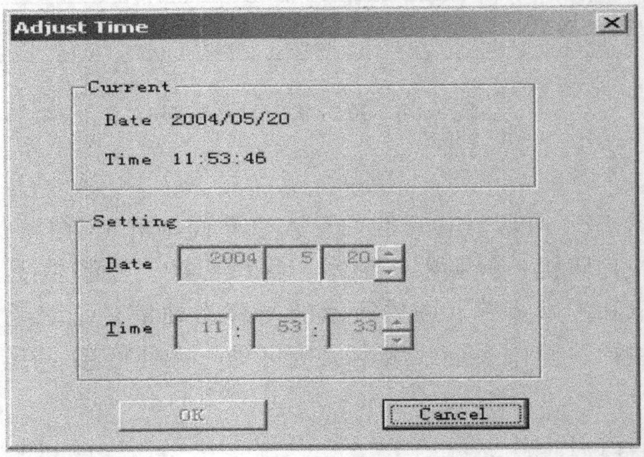

图 4-60　时间设置对话窗口

　　过程报警的重要等级分为 5 级，分别是高报警、中报警、低报警、记录报警和参考报警。在报警被确认之后，如果重要工位号的报警状态在规定的时间内没有返回到正常状态，蜂鸣器可以再次鸣叫，实现反复报警功能。

　　（2）过程报告功能

　　过程报告按形式分成工位号报告和 I/O 报告两种。工位号报告如图 4-61 所示，其功能是显示每个功能模块的工位号、工位号说明、报警状态、过程数据、运行方式、操作状态、系统工位号名称等。

186

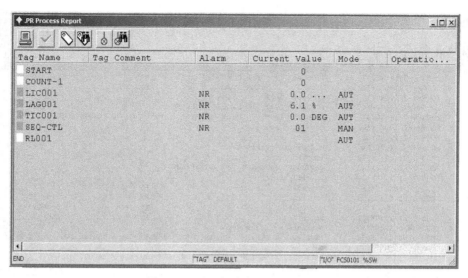

图 4-61　过程报告窗口（工位号）

I/O 报告如图 4-62 所示，其功能是显示每个工位号输入输出状态的详细内容。

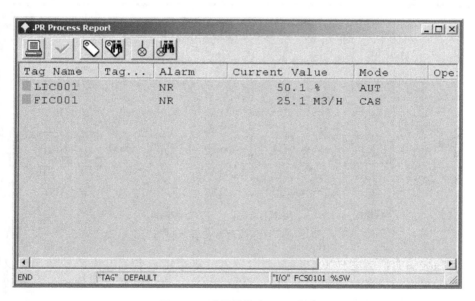

图 4-62　过程报告窗口（I/O）

（3）历史信息报告功能

历史信息报告如图 4-63 所示，其功能是显示 FCS 过去所产生的过程报警信息和系统报警信息，以及操作日志，可以打印这些历史信息。

（4）安全功能

该功能的目的是通过对操作人员权限的识别和操作监视范围的限制来预防操作失误，以保证系统的安全。

HIS 对操作人员进入操作监视时登记的用户名、用户组或用户准许进行核对，再根据系统生成功能预先定义的内容，确定操作监视的范围及权限。图 4-64 为 HIS 的权限检查流程图。

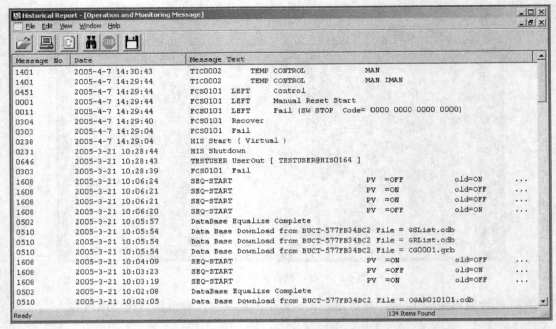

图 4-63　历史信息报告窗口

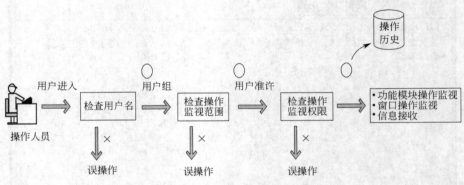

图 4-64　HIS 的权限检查流程图

　　用户名是唯一的，历史日志中包含了用户名，每个用户名都有密码。密码定义在每个 HIS 上，HIS 根据用户名和密码识别用户，也可以通过用户组和用户准许进一步设置安全权限。用户组定义执行操作监视功能的范围，例如，哪个 FCS 可以显示，哪个 FCS 可以操作，哪些窗口可以显示，哪些操作监视的项目可以限制等。用户准许被用于操作监视功能范围的限制，用户组可以细分成用户准许的几个等级，例如普通操作人员、高级操作人员、管理操作人员等。每个用户组缺省定义 3 个等级 S1，S2，S3。用户也是可以自定义 7 个等级 U1～U7，如表 4-29 所示。

表 4-29　用户准许的标准

准许级别	监视	操作	维护
S1	○	×	×
S2	○	○	×
S3	○	○	○
U1～U7	用户设定		

　　注：○：允许；×：不允许。

188

HIS除了基于权限等级的安全措施之外，还对功能模块定义了操作标记和重要等级，确保功能模块的数据、运行方式等内容不被随意变更。利用对功能模块进行操作标记的安装和拆除来设定权限，利用工位号的重要等级来保证安全性。工位号的重要等级如表 4-30 所示。

表 4-30   工位号的重要等级

工位号等级	确认	工位号标志	报警动作
重要工位号	需要	▣	高级报警
普通工位号	不需要	■	中级报警
辅助工位号 1	不需要	■	低级报警
辅助工位号 2	不需要	▪	记录报警

（5）报表功能

HIS 的报表功能是以 Excel 作为工具，产生日报表、周报表、月报表等多种模式的报表，报表软件包通过 OPC 接口获取各种数据，包括休闲数据、历史趋势数据、历史报警事件信息、工位号信息、过程数据和批量数据，如图 4-65 所示。

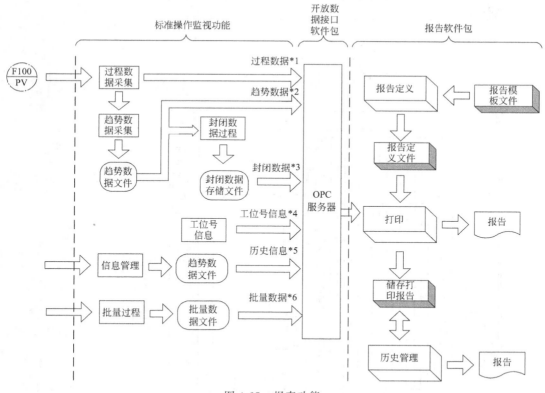

图 4-65   报表功能

（6）循环功能

循环功能如图 4-66 所示。操作监视窗口可以和 Window NT 应用窗口（例如 Excel）进行切换，无论是在窗口方式下，还是全屏幕方式下，均可以实现这一功能。

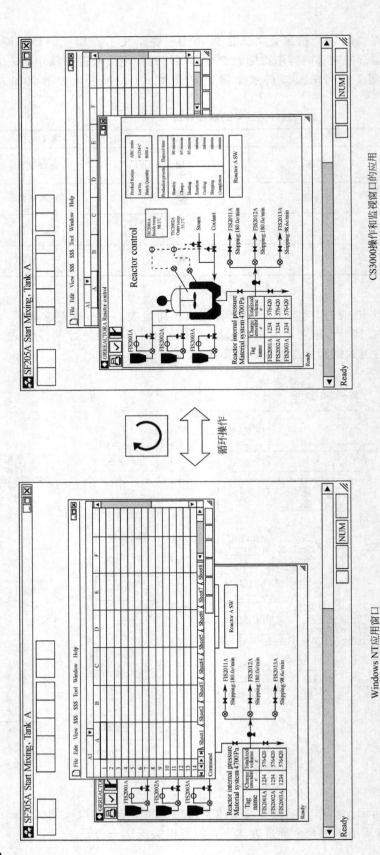

CS3000操作和监视窗口的应用

Windows NT应用窗口

图 4-66　循环功能

190

四、系统生成

（一）项目介绍

1. 项目类型

（1）缺省项目

安装系统生成软件后，第一次启动系统综观窗口，自动生成的项目就是所谓的缺省项目。在建立新项目时，第一次建立的项目为缺省项目，以后建立的都是用户自定义项目。系统生成时必须有一个缺省项目，缺省项目才能下载到 FCS。缺省项目下装到 FCS 后，自动变成目前项目。在 CS3000 集散控制系统的项目属性对话框中，可以定义或修改缺省项目的属性。

（2）目前项目

目标系统自己生成的项目就是所谓的目前项目。一个目标系统中只能生成一个目前项目。目前项目的组态内容可以下载到目标系统的 FCS 或 HIS，组态文件可以写入到硬盘，保存在硬盘里的数据总是与目前项目中的 FCS 或 HIS 的数据匹配。在目前项目里可对组态内容进行修改。CS3000 集散控制系统的在线组态通常是在目前项目里完成。

（3）用户自定义项目

除第一次创建的项目之外，以后创建的项目都是所谓的用户自定义项目。一个目标系统中可以建立多个用户自定义项目，用户自定义项目不能下装到 FCS 或 HIS 中。在对工程进行虚拟测试或对目前项目备份时，必须使用用户自定义项目。在 CS3000 集散控制系统的项目属性对话框中，可以把目前项目改为用户自定义项目。

（4）项目之间的关系

只有缺省项目才能下载到 FCS 或 HIS，一旦下载成功，缺省项目变成目前项目，在系统综观窗口中目前项目是唯一的。在目标系统中可以有多个用户自定义项目，但用户自定义项目不能成为目前项目。

2. 项目操作

（1）项目的概要

在创建新项目时，系统综观窗口上会出现项目概要对话框，内容是软件信息和项目信息。软件信息包括安装软件的用户和机构，项目信息包括生产类型、厂名或装置名称、负责DCS 的公司或组织、各个责任部门及个人等内容。

（2）项目名称和地址

$$项目名称和地址＝项目名称＋地址注释＋别名$$

（3）项目属性和项目删除

点击 Window NT 的［开始］→［程序］→［YOKGAWA CENTUM］→［Project's Attribution Utility］，打开项目属性更改对话框。

① 注册项目　点击项目属性更改对话框的"注册"，弹出项目注册对话框，选择需注册的项目文件夹的地址，然后输入项目名称，最后设置项目的属性。

② 更改属性　在项目属性更改对话框的项目列表中选中需要更改属性的项目，点击"更改"，弹出属性更改对话框，选择新的属性，点击"应用"。

③ 删除项目　在项目属性更改对话框的项目列表中选中需要删除的项目，点击"删除"，弹出项目删除对话框，点击"应用"。

系统组态的核心是系统生成、FCS 组态、HIS 组态的建立。下面首先介绍这三大功能的内容，然后介绍反馈控制和顺序控制组态的实例，最后说明这些组态的虚拟测试和下装调试的过程。

（二）系统生成的思路

系统生成包括建立一个项目和组态一个项目。建立一个新项目的框图包括新的项目、新的 FCS 和新的 HIS，如图 4-67 所示。

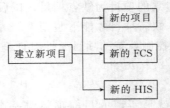

图 4-67　建立新项目的框图

其中新的项目、新的 FCS 和新的 HIS 的细目内容分别如图 4-68 所示。

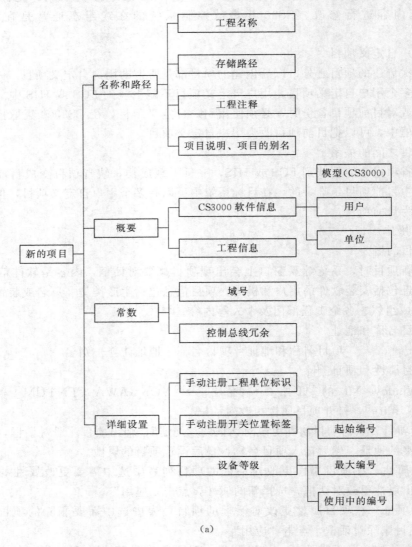

(a)

图 4-68

192

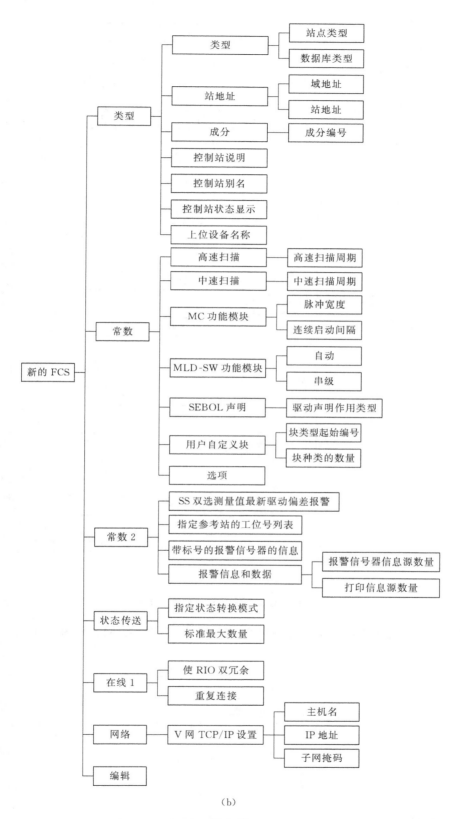

（b）

图 4-68

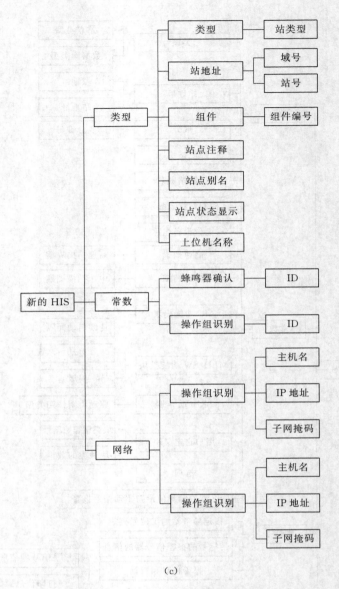

(c)

图 4-68　建立一个新项目的细目框图

组态一个新项目的框图包括组态公共项、FCS0101 和 HIS0164，如图 4-69 所示。

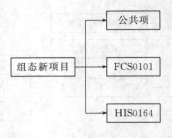

图 4-69　组态新项目的框图

其中公共项、FCS0101、HIS0164 的细目内容分别如图 4-70 所示。

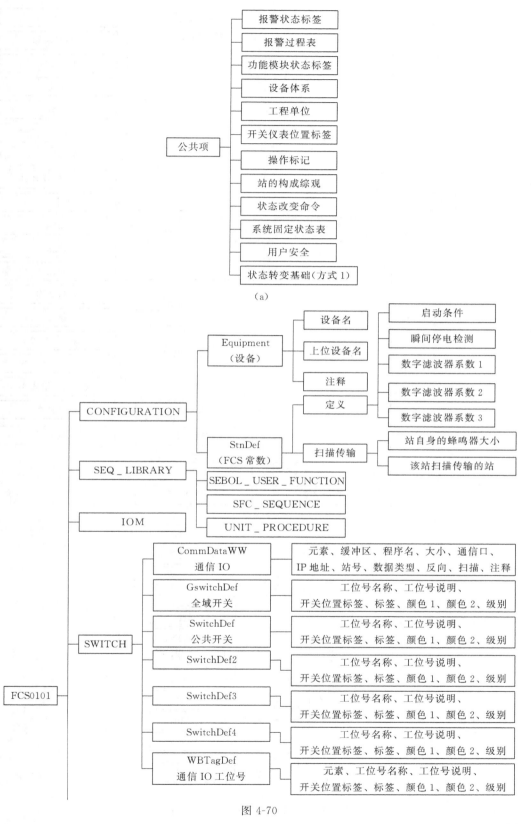

（a）

图 4-70

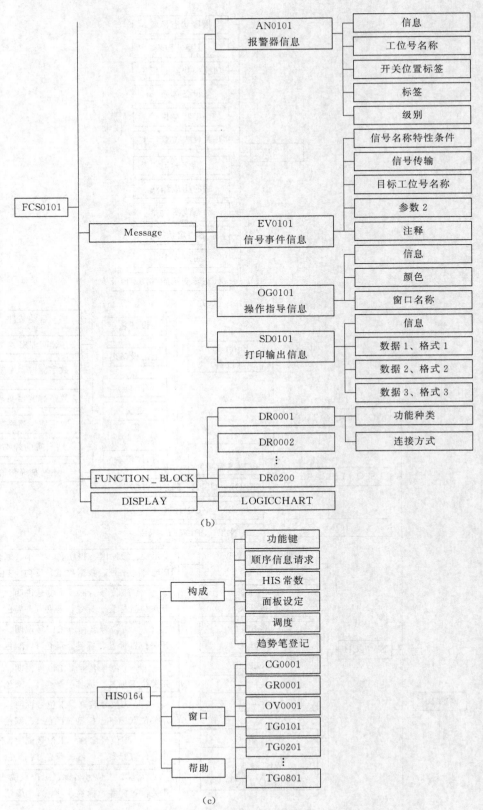

（b）

（c）

图 4-70　组态一个项目的细目框图

下面分别以实例介绍反馈控制功能和顺序控制功能的组态技术。

（三）反馈控制功能的组态技术

精馏塔提馏段温度与蒸汽流量串级控制系统如图 4-71 所示，其反馈控制功能的生成过程如下。

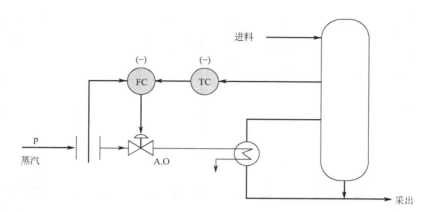

图 4-71　精馏塔提馏段温度与蒸汽流量串级控制系统

1. 生成新项目

① 点击"开始"→"程序"→YOKOGAWA CENTUM→System View，如图 4-72 所示，弹出 System View 窗口。

图 4-72　弹出 System View 窗口

② 在 System View 窗口中，点击 File→Create New→Project，弹出 Outline 窗口。如图 4-73 所示。

③ 在 Outline 窗口中定义 Project Information，点击［OK］，弹出 Create New Project 窗口，如图 4-74 所示。

图 4-73　Outline 窗口　　　　　　　　　　　图 4-74　Create New Project 窗口

④ 在 Create New Project 窗口定义 Project 和 Project Comment，点击［确定］。弹出 Create New FCS 窗口。如图 4-75 所示。

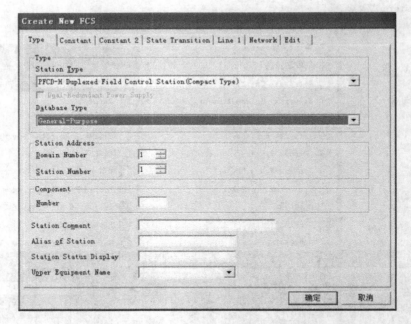

图 4-75　Create New FCS 窗口

⑤ 在 Create New FCS 窗口的 Station Type 处选择 PFCD-H Duplexed Field Control Station（Compact Type），在 Database Type 处选择 General-Purpose（Station Type 和 Database Type 要匹配），点击［确定］，弹出 Create New HIS 窗口，如图 4-76 所示。

⑥ 在 Create New HIS 窗口的 Station Type 处选择 PC With Operation and monitoring function，点击［确定］。

198

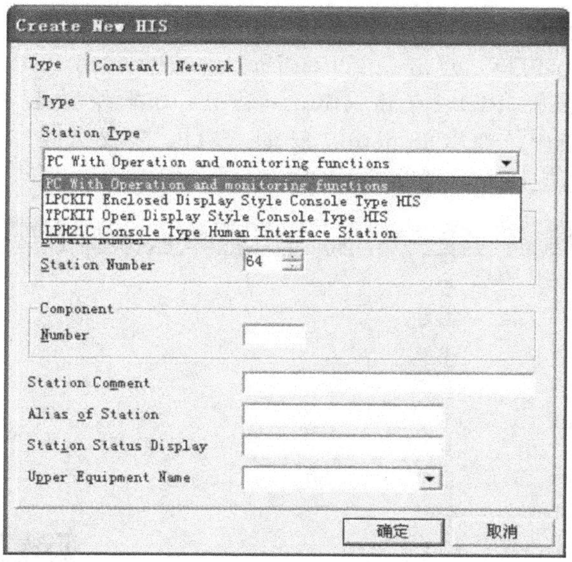

图 4-76 Create New HIS 窗口

2. 组态新项目

（1）IOM 组态

① 点击 FCS0101→鼠标右键→Create New→IOM，弹出 Create New IOM 窗口。在 Category 处选择 AMN11/AMN12（Control I/O），在 Type 处选择 AMN11（Control I/O），点击［确定］。

② 双击 FCS0101，点击 IOM，在 Name 处双击 1-1AMN11，弹出 IOM Builder 窗口，如图 4-77 所示。在 Signal 处选择％Z011101～％Z011103 的数值分别为 6、3、12，然后点击 Save→File→Exit IOM Builder。

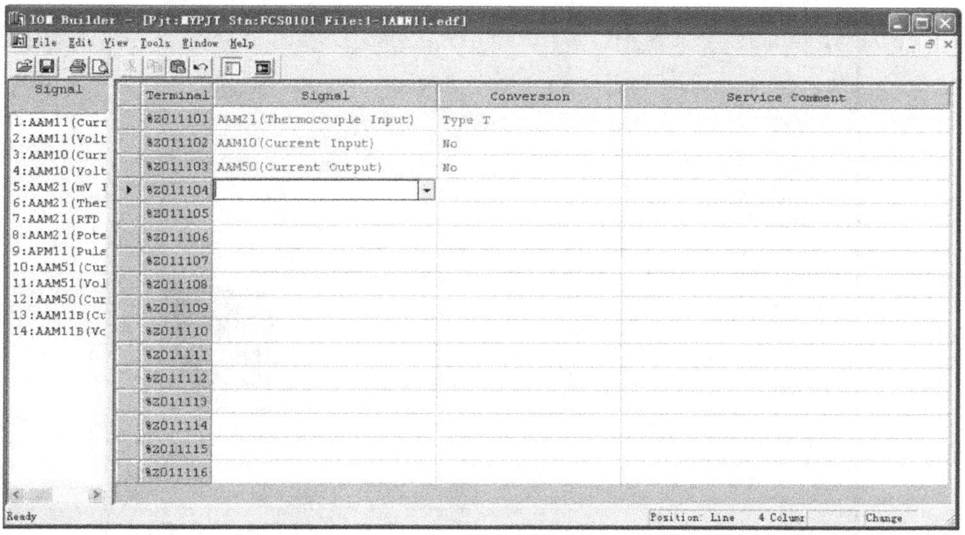

图 4-77 IOM Builder 窗口

（2）功能模块组态

① 在 System View-IOM 窗口上，点击 FUNCTION BLOCK，双击 DR0001，弹出 Control Drawing Builder 窗口，点击 Function Block 按钮，弹出 Select Function Block 窗口，在 Model Name 处，选择 PID，点击 OK，将 PID 功能块放到控制图中。工位号为"TIC001"，双击该功能块，弹出 Function Block 窗口，定义 Tag Comment、Lvl 等内容，如图 4-78 所示，点击［应用］→［确定］。

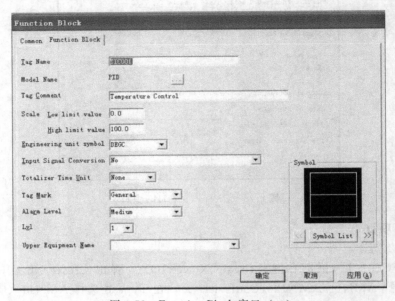

图 4-78　Function Block 窗口（一）

② 生成另一个 PID 功能块 FIC001，定义如图 4-79 所示，点击［应用］→［确定］。

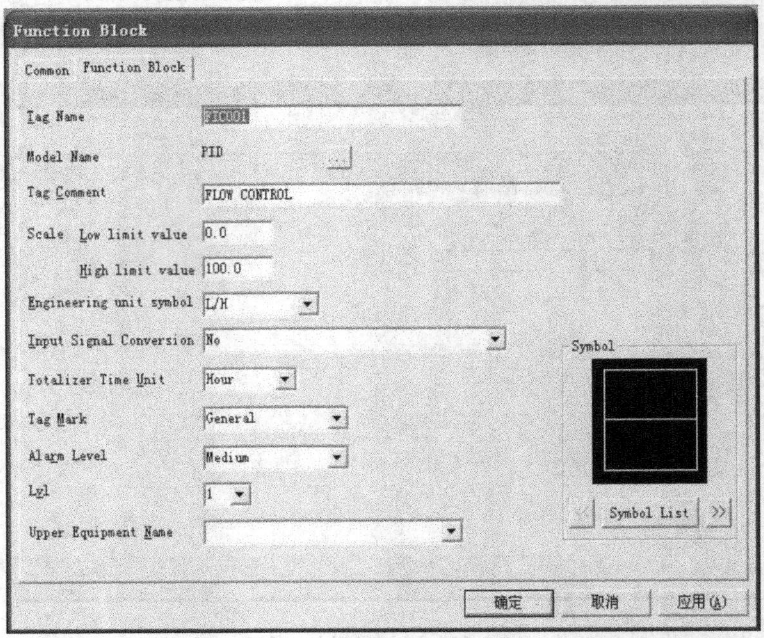

图 4-79　Function Block 窗口（二）

③ 点击 FIC001→鼠标右键→Edit detail，弹出 Function Block Detail Builder 窗口，点击 Show/Hide Detailed Setting Items，把 MAN mode 改为 Yes，把 Fully-open/Tightly-shut 改为 No，如图 4-80 所示，点击 File→Update→Save→Exit Function Block Detail Builder。

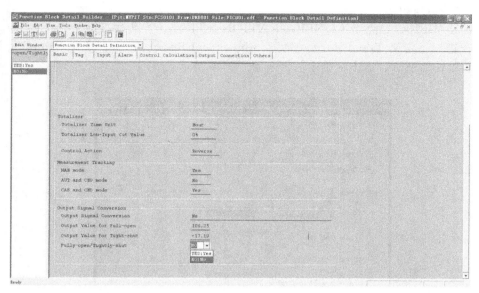

图 4-80　Function Block Detail Builder 窗口

④ 在 Control Drawing Builder 窗口上，点击 Function Block→Link Block→PIO→OK，把 PIO 放到控制图上，定义为％Z011101，依次定义第二个为％Z011102，第三个为％Z011103。

⑤ 点击 Wiring，点击功能块一个×号，再双击另一个功能块的×号进行连接，如图 4-81 所示。

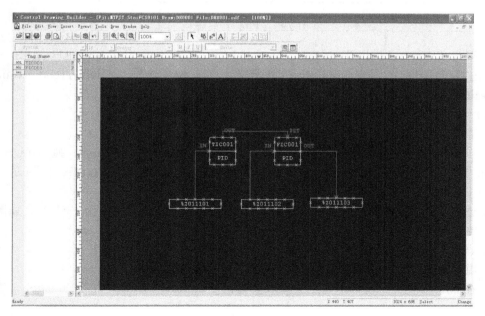

图 4-81　功能块的连接

注意：将 TIC001 的 OUT 和 FIC001 的 SET 连接时，SET 设定的方法是双击 IN，弹出下拉菜单，点击 Terminal Name→I01→SET。

⑥ 点击 Save→File→Exit control drawing builder。

（3）趋势窗口组态

① 双击 HIS1064，点击 CONFIGURATION→TR0001→鼠标右键→Properties，弹出 Properties 窗口。定义 Trend Format 为 Continues and Rotary Type，定义 Sampling Period 为 1s，如图 4-82 所示，点击〔确定〕。

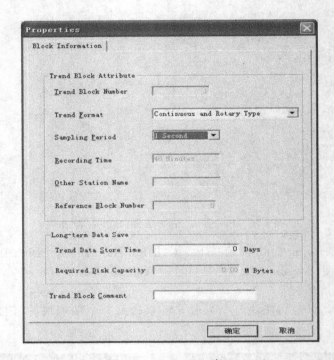

图 4-82　Properties 窗口

② 双击 TR0001，弹出 Trend Acquisition Pen Assignment Builder 窗口，如图 4-83 所示。点击 Group01，在 Acquisition Data 处定义，点击 Save→File→Exit Trend Acquisition Pen Assignment Builder。

（4）分组窗口组态

① 点击 Window，双击 CG0001。

② 点击鼠标左键选择第一块仪表面板，点击鼠标右键→Properties，弹出 Instrument Diagram 窗口。将 Instrument Diagram 中的工位号定义为 TIC001，如图 4-84 所示，点击 Apply→OK。

③ 选择第二块仪表面板，将 Instrument Diagram 中的工位号定义为 FIC001，如图 4-85 所示，点击 Apply→OK。

④ 点击 File→Save→File→Exit Graphic Builder。

3. 虚拟测试

① 在 System View 窗口中，点击生成项目的 FCS0101→FCS→Test Function，进入测试状态。

② 在 Test Function 窗口中，点击 Tool→Wiring Editor。

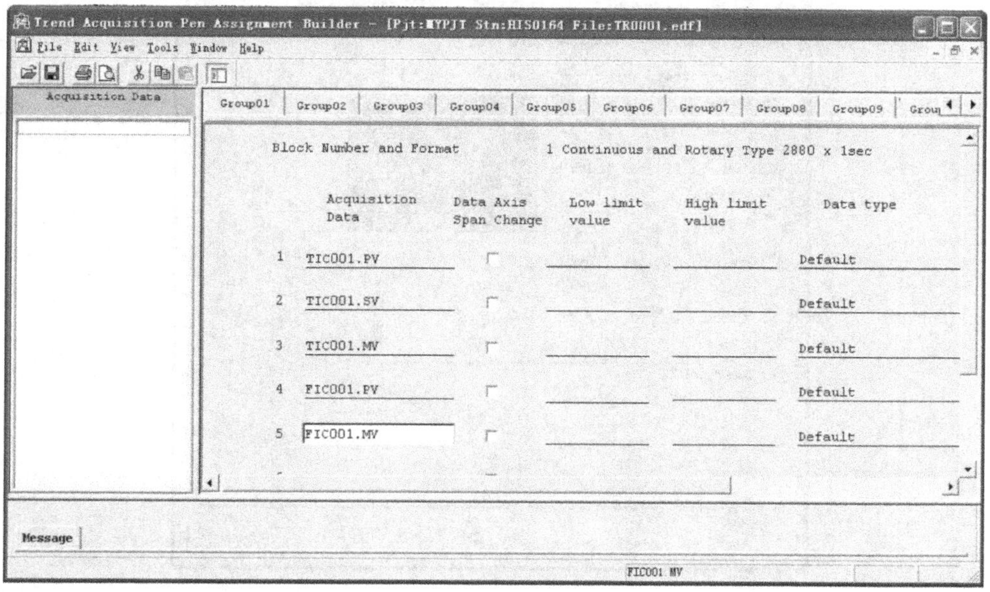

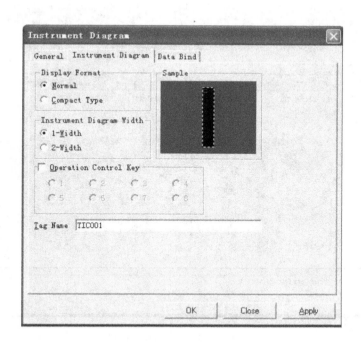

图 4-83 Trend Acquisition Pen Assignment Builder 窗口

图 4-84 Instrument Diagram 窗口（一）

③ 点击 File→Open→/DR0001.wrs。

④ 在 Lag 中，两个回路都输入 10，如图 4-86 所示。

⑤ 点击 File→Download→OK，并将窗口最小化。

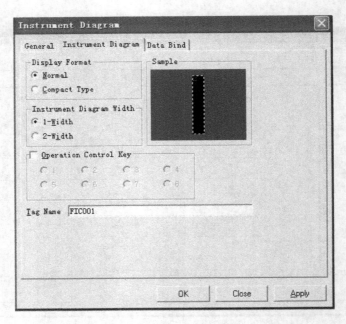

图 4-85 Instrument Diagram 窗口（二）

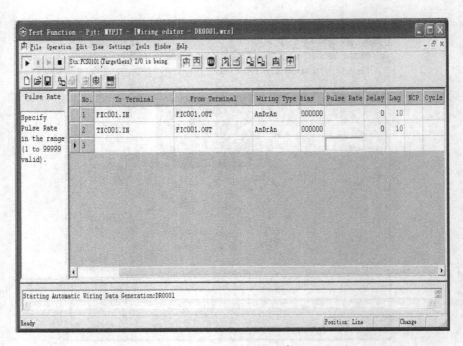

图 4-86 Test Function 窗口

⑥ 点击系统信息区的 NAME，输入"CG0001"。点击 OK，弹出 CG0001 窗口，分别点击 TIC001 和 FIC001 面板，点击 Toolbox→Tuning Panel，调出调整画面如图 4-87 所示。

⑦ 在 FIC001 的调整画面中，点击仪表图，设定 P＝150，I＝20，然后关闭窗口；对 TIC001 做相同的操作。

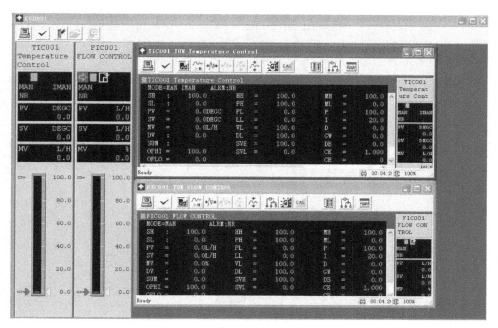

图 4-87　调整画面

⑧ FIC001 的运行方式设定为 CAS（点击 CG0001 中的 FIC001 仪表图的 MAN，选择即可）。TIC001 的运行方式设定为 AUT，令 SV＝50。

⑨ 在 NAME 中输入 TG0101，点击 OK，弹出趋势窗口 TG0101，观察趋势的变化，如图 4-88 所示。

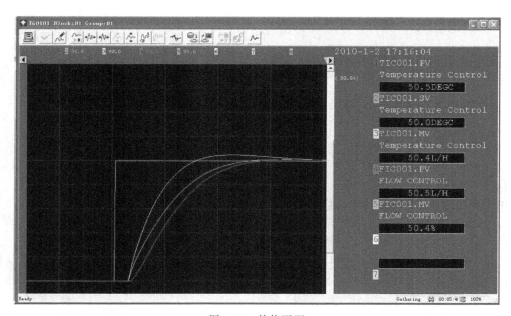

图 4-88　趋势画面

（四）顺序控制功能的组态技术

造气炉自动开车的顺序控制系统如图 4-89 所示，其顺序控制功能的生成过程如下。

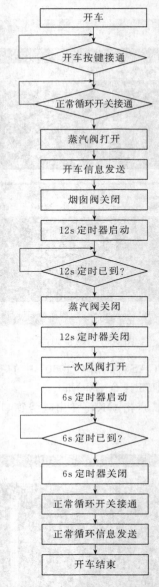

图 4-89　造气炉自动开车的顺序控制系统流程图

1. 生成新项目

由于和反馈控制功能的生成过程相同，不再赘述。

2. 组态新项目

（1）公共开关组态

点击 FCS0101→SWITCH→SwitchDef，弹出 Common Switch Builder 窗口，各开关组态如图 4-90 所示。

	%SW0499			ON,,OFF,ON	Direct	Red
	%SW0500	START	START BUTTON	ON,,OFF,ON	Direct	Red
▶	%SW0501	TURN	TURN TO SEQUENCE	ON,,OFF,ON	Direct	Red
	%SW0502			ON,,OFF,ON	Direct	Red

图 4-90　各开关状态

206

点击 File→Save，退出 Common Switch Builder 窗口。注意：公共开关 1～200 为系统所使用，不可组态。

（2）顺控表模块组态

在 FCS0101 文件夹下，点击 Function Block，然后在窗口右侧双击 DR0001，弹出 Control Drawing Builder 窗口。点击 Function Block 按钮，弹出 Select Function Block 窗口，点击 Sequence Tables，选择 ST16，点击〔OK〕，如图 4-91 所示。在 Control Drawing Builder 窗口中适当位置点击一下，生成一个功能块，定义名称为 SEQ-CTL。

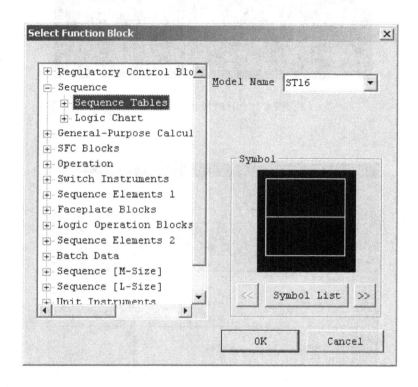

图 4-91　Select Function Block 窗口

（3）计时器和开关仪表组态

点击 Function Block，弹出 Select Function Block 窗口，点击 Sequence Element 1，选择 TM，点击〔OK〕。在 Control Drawing Builder 窗口中某处点击一下，生成一个功能块，定义名称为 TM001，作为 12s 计时器。用相同的方法生成 TM002，作为 6s 计时器。在计时器生成之后，继续定义开关仪表来控制阀门的开闭。开关仪表可在 Switch Instrument 中找到，选用 SIO-11，生成 3 个开关仪表，分别定义为：DRAIN，DOMINAL，WIND，如图 4-92 所示。

（4）顺控表组态

点击 SEQ-CTL，右击该模块，选择 Edit Detail，弹出顺控表窗口，然后填写顺序控制的条件信号和操作信号、条件规则和操作规则，如图 4-93 所示。点击 File/Update 更新功能块的信息，点击 File/Save。

（5）操作指导信息组态

在 FCS0101 文件夹下，点开 Message 文件夹，双击窗口右侧的"OG0001"生成一个操

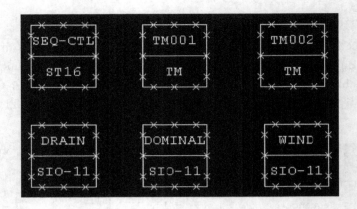

图 4-92　计时器和开关仪表

File　Edit　View　Tools　Window　Help

Edit Window　　Edit Sequence Tables.

Processing Timing	TC	.	Scan Period	Bas	1 . . . . 5 . . .
					0 0 0 . . . . . .
No.	Tag name.Data item		Data	(	1 2 3 . . . . . .

No.	Tag name.Data item	Data		
C01	START.PV	ON		Y . . . .
C02	TURN.PV	ON		Y . . . .
C03	TM001.BSTS	CTUP		. Y . . . .
C04	TM002.BSTS	CTUP		. . Y . . . . . .
A01	START.PV	H		N . . . .
A02	DRAIN.MODE	AUT	.	Y . . . .
A03	DRAIN.CSV	0		. Y . . . .
A04	DRAIN.CSV	2		Y . . . .
A05	%OG0001.PV	NON		Y . . . .
A06	DOMINAL.MODE	AUT		Y . . . .
A07	DOMINAL.CSV	0		Y . . . .
A08	DOMINAL.CSV	2		Y . . . .
A09	TM001.OP	START		Y . . . .
A10	WIND.MODE	AUT		Y . . . .
A11	WIND.CSV	0		. . . .
A12	WIND.CSV	2		. Y . . . .
A13	TM002.OP	START		. Y . . . .
A14	TURN.PV	H		. . Y . . . . . .
A15				

NEXT

0 0 0 . . . . . .
2 3 1 . . . . . .
. . . .

Ready

图 4-93　顺序表

208

作指导信息，如图 4-94 所示进行定义。点击 File→Save，退出 Operator Guide Builder。

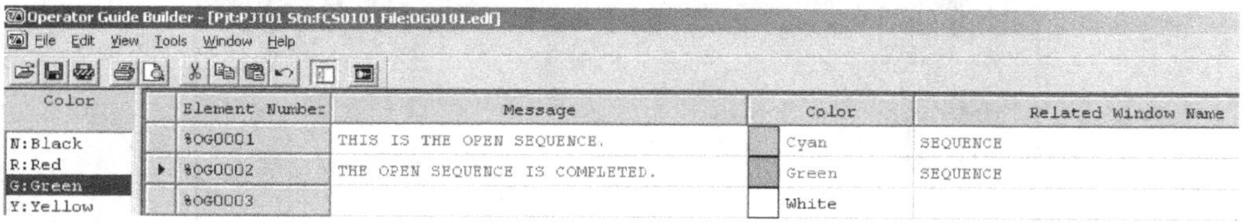

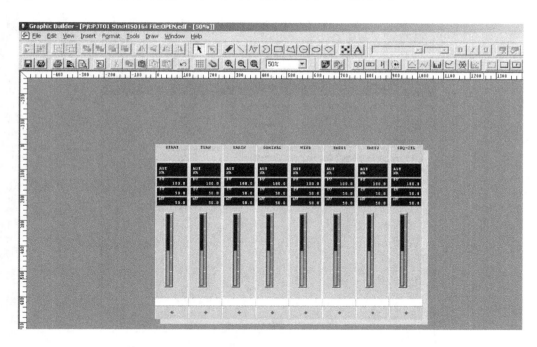

图 4-94 操作指导信息

（6）分组窗口组态

点击 HIS0164 文件夹中的 Window，点击右键，选择 Create New Windows，弹出 Create New Windows 窗口。在 Window Type 中选择 Control（8-loops），在 Window Name 中填写 OPEN，点击 [确定]。双击在窗口右侧出现的 OPEN，弹出 Graphic Builder 窗口。双击仪表面板图，弹出 Instrument Diagram 窗口，分别定义各 Tag Name 为：START、TURN、DRAIN、DOMINAL、WIND、TM001、TM002、SEQ-CTL。然后点击 Apply→[确定]，如图 4-95 所示。点击 File→Save，退出 Graphic Builder。

图 4-95 Graphic Builder 窗口

（7）综观窗口组态

① 在 HIS0164 下，选择 Window 并点击右键，在 Create New Window 组态窗口中将 Window Type 设定为 Overview，Window Name 设定为 SEQ-OV，Window Comment 设定为 SEQUENCE CONTROL，点击 Apply，如图 4-96 所示。

② 双击 SEQ-OV 显示其组态画面。选择对话框的左上角，按鼠标右键，并选择 Properties 显示 Overview 窗口。设定项目 Type 为 Comment；Comment 为 SEQUENCE CONTROL，如图 4-97 所示。在 Overview 窗口的顶部选择 Function 选项卡，在 Window Name

209

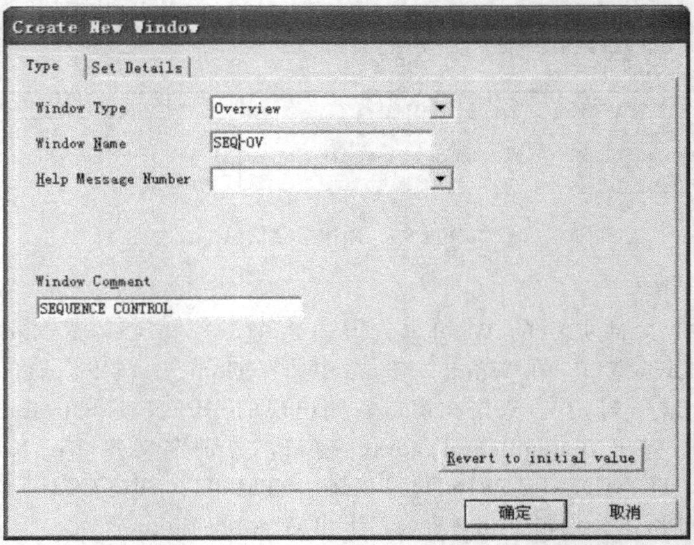

图 4-96　Create New Window 窗口

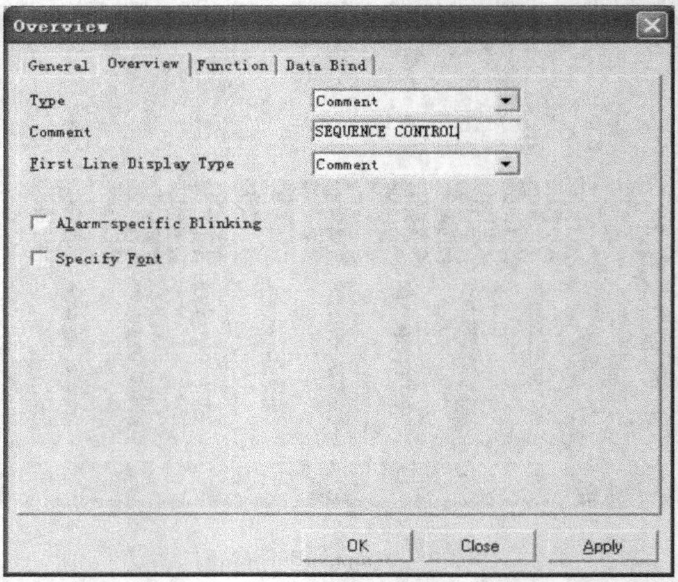

图 4-97　Overview 窗口（一）

下拉列表框中选择 Graphic，Parameter 设定为 SEQ-OV，点击 Apply。如图 4-98 所示。

③ 选择第二个方框设定项目 Type 为 Window Name，Window Name 定义为 OPEN，First Line Display Type 定义为 Window Name，如图 4-99 所示。在 Overview 窗口的顶部选择 Function 选项卡，Window Name 定义为 Graphic，Parameter 定义为 OPEN，如图 4-100 所示，然后在该窗口顶部选择 Overview，点击 Apply。

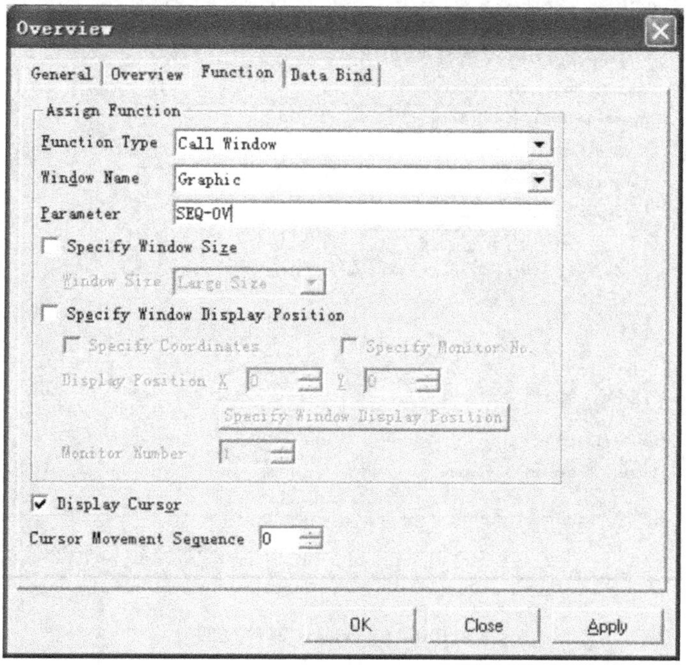

图 4-98　Overview 窗口（二）

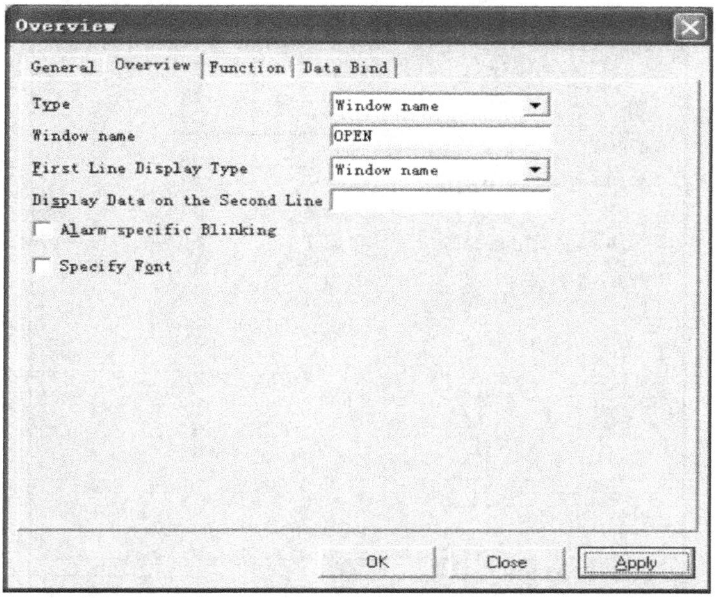

图 4-99　Overview 窗口（三）

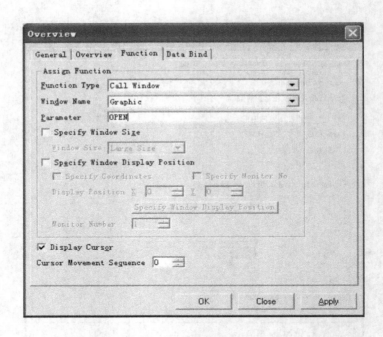

图 4-100　Overview 窗口（四）

④ 选择第三个方框设定项目 Type 为 Tag Name，Tag Name 定义为 START，First Line Display Type 定义为 Tag Name，如图 4-101 所示。在 Overview 窗口的顶部选择 Function 选项卡，Window Name 定义为 HIS Setting，如图 4-102 所示，点击 Apply。

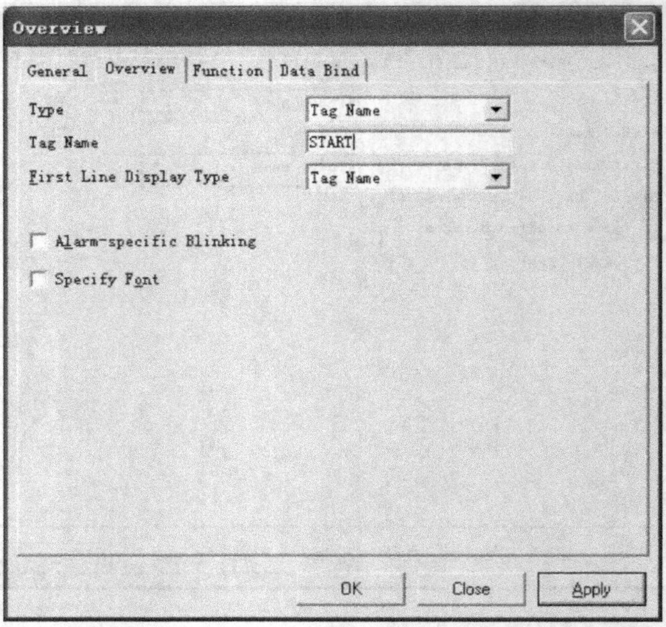

图 4-101　Overview 窗口（五）

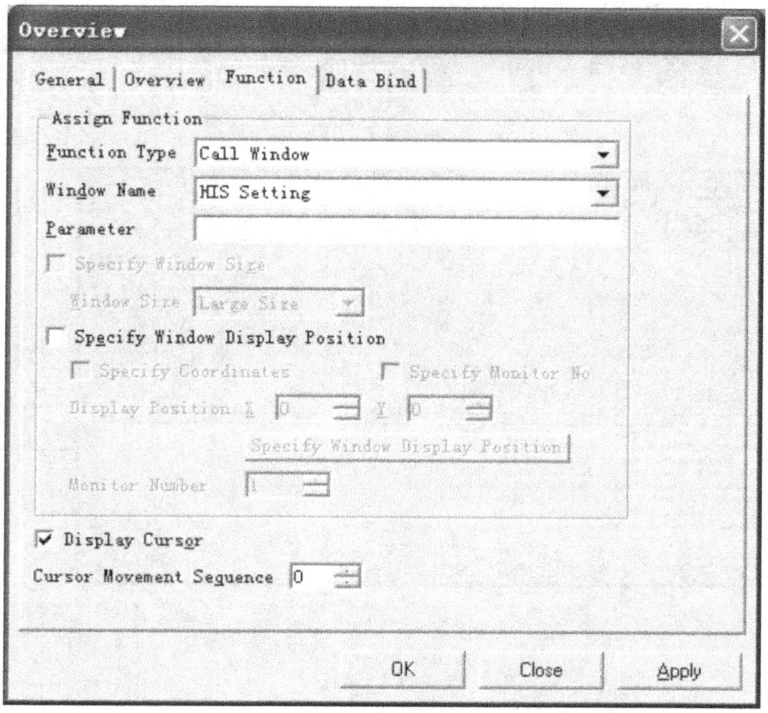

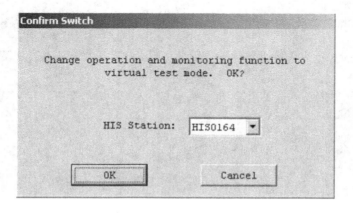

图 4-102　Overview 窗口（六）

以同样的方法设置下面的几个方框，Tag Name 分别为 TURN，DRAIN，DOMINAL，WIND，TM001，TM002。至此，综观窗口组态结束。

3. 虚拟测试

① 点击新生成的 FCS0101，点击菜单栏的 FCS→Test Function，确认弹出的提示信息，进入测试状态，如图 4-103 和图 4-104 所示。

图 4-103　Confirm Switch 窗口

② 在系统信息区，点击 NAME，弹出 Input Window Name 窗口，输入 SEQ-OV，点击 OK，弹出 SEQ-OV 综观窗口，如图 4-105 所示。

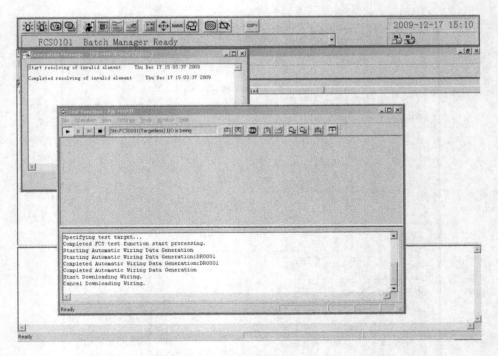

图 4-104　测试

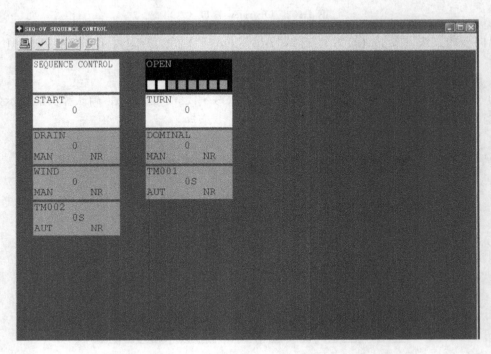

图 4-105　SEQ-OV 窗口

双击 OPEN，显示 OPEN 分组窗口，如图 4-106 所示。

③ 将 SEQ-CTL 投至自动，并确定其步号为 01，如图 4-107 所示。

图 4-106　OPEN 窗口（一）

图 4-107　SEQ-CTL 窗口

选中 TM001 面板，点击仪表面板下方的红色菱形，弹出 TIMER 窗口，点击 ITEM，选择 PH［图 4-108(a)］，在 DATA 处输入 12［图 4-108(b)］，回车，使 TM001 的 PH＝12。同理设置 TM002 的 PH＝6，然后关闭计时器。

DOMINAL 保持在打开状态。将 TURN 和 START 开关相继打开，便可以看到开车顺控的整个过程，观察窗口中各仪表开关的开闭状态，以保证符合要求，注意计时器、顺控表的状态。

可以看到，开车顺序控制的初始状态处于第一步，开车按键和正常循环开关处于关闭状态，计时器初始化完成，DOMINAL 处于打开状态。如图 4-109 所示。相应的综观画面如图 4-110 所示。

接着，将 TURN 和 START 开关相继打开，可以看到蒸汽阀打开，开车按键和烟囱阀关闭，同时 12s 计时器开始计时，此时开车顺序控制处于第二步，如图 4-111 和图 4-112 所示。

当 12s 计时器计时完毕，蒸汽阀关闭，一次风阀打开，同时 6s 计时器启动，开车顺序控制进入第三步，如图 4-113 和图 4-114 所示。

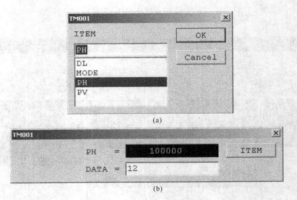

图 4-108 TM001 窗口

图 4-109 OPEN 窗口 (二)

当 6s 计时器计时完毕，打开正常循环开关，到此开车结束。此时可以重复之前操作，开始下一轮循环。

（五）下装调试

经过组态和虚拟测试之后，就可以把用户自定义项目改成目前项目，然后依次下装 COMMON、FCS、IOM、HIS，下装完毕，激活系统，点击 [开始]→YOKOGWA CEN-TUM→HIS Utility，选择 HIS ACTIVITY。然后点击 Window2000 的 [开始]→"所有程序"→"启动"→HIS Utility，调出系统信息窗口。点击 FCS TEST，可进行在线测试。

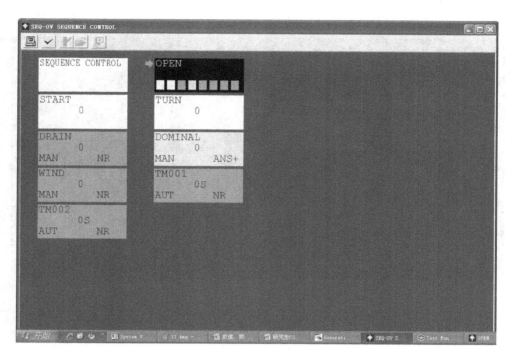

图 4-110　综观画面（一）

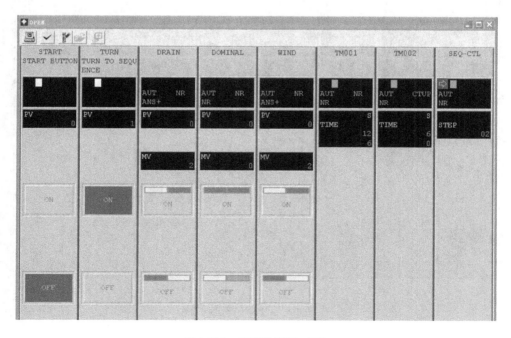

图 4-111　OPEN 窗口（三）

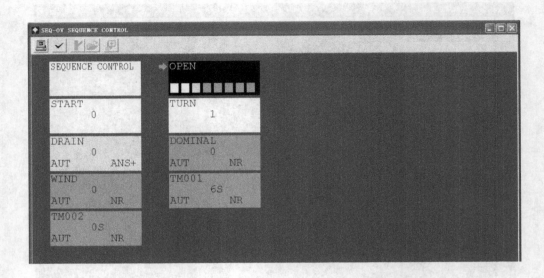

图 4-112　综观画面（二）

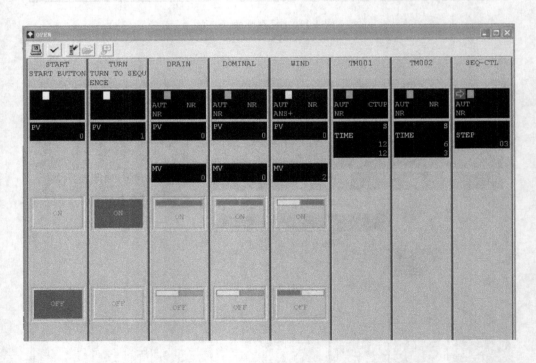

图 4-113　OPEN 窗口（四）

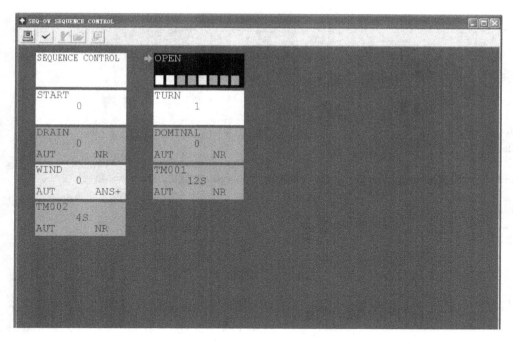

图 4-114　综观画面（三）

第二节　ECS700 集散控制系统的技术与应用

一、构成与特点

（一）构成

ECS700 集散控制系统的构成如图 4-115 所示，主要包括三部分。

（1）操作节点

操作节点是由操作员站、工程师站、组态服务器、数据服务器和历史数据服务器构成的。

（2）控制站

控制站是由机柜、机架、电源插件、工业交换机、控制器单元、I/O 插件单元等构成的。

（3）网络系统

网络系统是由过程控制网、I/O 总线、扩展 I/O 总线构成的。

（二）特点

（1）控制功能强大

ECS700 集散控制系统具有分域控制和实时数据跨域通信功能，可以对生产过程进行分段控制和集中管理。在过程控制网络实现了域间数据共享，而不是利用服务器进行域间访问，因此域内、域间都具有相同的控制效果。

（2）监控体系完善

ECS700 集散控制系统具有强大的报警功能和故障诊断功能，可以实时监控超量程、强

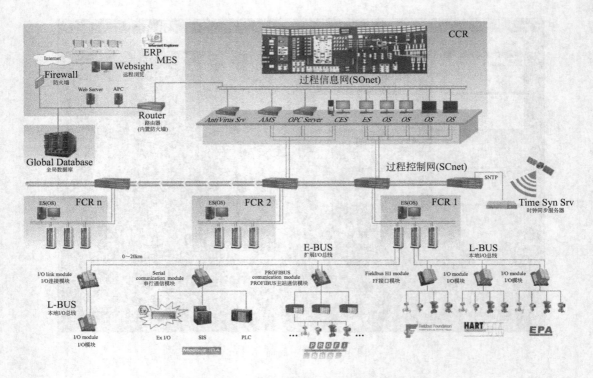

图 4-115　ECS700 集散控制系统的构成

制、禁止、开关量抖动、故障等各种系统状态信息。这些信息都记录在历史数据库中，采用多种方式进行查询。

（3）组态效率极高

ECS700 集散控制系统具备了多人协同工作的能力。分布式组态平台允许多人在各自权限范围内同时管理一个项目，提高工作效率，缩短工程周期，保证设计的一致性和安全性。

（4）实时性好

ECS700 集散控制系统具有快速逻辑控制功能，支持 20ms 的高速扫描周期。系统具有顺序事件记录功能，精度达到 1ms。

（5）开放性高

ECS700 集散控制系统具有 MODBUS、HART、FF 和 PROFIBUS 等标准协议的开放接口，兼容了数字信号和模拟信号，为系统的开放性奠定了软、硬件基础。

（6）安全性高

ECS700 集散控制系统的安全性和抗干扰性符合工业环境下的国际标准。全系统包括电源插件、控制器、I/O 插件和通信总线等，均实现冗余。I/O 插件具有通道级的故障诊断，具有完备安全功能。系统的组态单点在线下载和在线更改功能，确保了现场安全连续运行。

二、控制站

控制站包括机柜、机架、电源插件、工业交换机、控制器单元、I/O 插件单元、交换机、交流温控器，如图 4-116 所示。

控制站部件构成如表 4-31 所示。

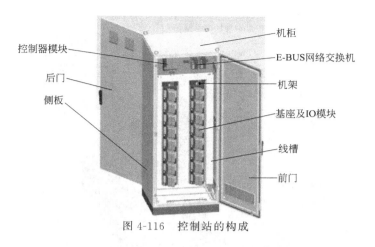

机柜

E-BUS网络交换机

机架

基座及IO模块

线槽

前门

控制器模块

后门

侧板

图 4-116　控制站的构成

表 4-31　控制站部件构成一览表

部件名称	部件型号	备注
机柜	CN011-S	不带侧板,高×宽×深(不带侧板):2100mm×800mm×800mm
机架	CN721、CN722	CN721 最多安装 16 个 I/O 模块,含导轨、母板、匹配电阻等; CN722 最多安装 8 个 I/O 模块,含导轨、母板、匹配电阻等
电源模块	6EP1333-2BA01、6EP1334-2BA01 等	
工业交换机	EDS-308 等	用于 E-BUS 网络,8 个 10/100M 以太网端口
控制器单元	FCU711-S、MB712-S	FCU711 为控制器,MB712 为冗余型控制器基座
I/O 模块单元	AI711-S、MB731 等	AI711 为 AI 模块;MB731 为 I/O 模块基座
交换机	SUP-2118M 等	用于 SCnet 网络,带 16 个 10/100M 自适应 RJ45 接口,带 2 个 100M SC 结构的多/单模端口,可根据需要配套(1~2)个多模光纤模块(型号:F-02)或单模光纤模块(型号:F-20)
交流温控器	CN032-S30	实现机柜内温度高限报警触点输出、交流风扇故障检测触点输出、风扇启停控制及机柜交流风扇的供电功能,防腐

（一）控制器单元

控制器单元由一对冗余控制器插件和一个基座构成，如图 4-117 所示。

控制器插件型号为 FCU711-S，基座型号为 MB712-S。控制器具有掉电保护电池，面板上设有状态指示灯。基座作为控制器与其他部件的连接接口，具备供电、连接 I/O 总线、连接过程控制网、连接时钟同步秒脉冲信号等功能，还可以设置控制器过程控制网网络地址。基座上具有 8 个状态指示灯，可以显示过程控制网、扩展 I/O 总线的连接状态。

（二）I/O 插件单元

（1）八通道的多量程电压/电流信号输入插件 AI711-S

AI711-S 可以测量 0～5V 的电压信号和 0～20mA 的电流信号，并具备自由量程功能，可根据量程设置自动调整测量范围，实现高精度测量。插件可按 1∶1 冗余配置使用。AI711-S 每个通道使用 4 个端子实现电流/电压、配电/不配电的选择，无需跳线选择。通过判断组态信息，可实现电流/电压接口的自动切换。AI711-S 还提供可选择的配电功能。

（2）八通道隔离型电流信号输入 HART 插件 AI711-H

AI711-H 可连接 8 台 HART 智能仪表。插件可按 1∶1 冗余配置使用。HART 仪表的信号进入插件后分为两路：一路是 HART 信号，一路是电流信号。HART 信号经插件处理后，通过控制器和 SAMS 通信服务器传送给 SAMS 数据服务器。电流信号经插件处理后转换为数字信号送给控制器参与控制。AI711-H 与 SAMS 软件结合构成设备管理系统，对与

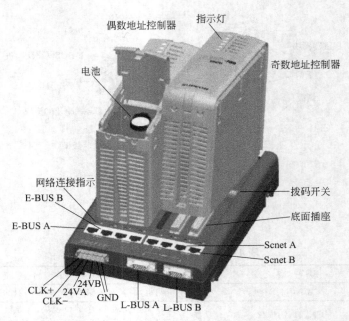

图 4-117　控制器单元的构成

符合 HART 协议的现场总线的智能仪表进行数据采集、组态、网络设备管理，允许 Rosemount的 275 型手持操作器作为第二主设备接入 HART 网络。

（3）八通道隔离型的多量程电流信号输入插件 AI712-S

AI712-S 可以测量 0～20mA 的电流信号，具有自由量程功能。每路使用独立的 A/D 转换器并实现 500V AC 的通道隔离能力。8 路 A/D 采用并行采样方式，A/D 转换技术利用了过采样和数字滤波技术，实现高速及高精度采样，对信号噪声和供电噪声有很好的抑制能力。插件使用 CPLD 协同 CPU 实现对 8 个 A/D 芯片的控制。插件可按 1∶1 冗余配置使用。AI712-S 每个通道使用 4 个端子实现配电/不配电的选择，无需跳线选择。

（4）八通道热电偶信号输入插件 AI721-S

AI721-S 可以测量－20～80mV，－100～100mV 电压信号和 E、J、K、N、T、B、S、R 八种热电偶信号，具有自由量程功能，可根据量程设置自动调整测量范围，实现高精度测量。插件可按 1∶1 冗余配置使用。

为了获得更高的精度和快速的采样能力，AI721-S 的 AD 转换技术利用了过采样和数字滤波技术，对信号噪声和供电噪声有更高的抑制能力。AI721-S 在抗 50Hz/60Hz 工频干扰的配置情况下可以达到八通道 1s 的采样更新速率；而在快速采样的配置情况下（抗 50Hz 干扰）可以达到八通道 300ms 的采样更新速率。插件还提供了冷端温度补偿功能，可以通过冷端温度补偿的方法获得更高的精度。

（5）八通道热电阻信号输入插件 AI731-S

AI731-S 可以测量热电阻 Pt100、Cu50，常规电阻信号 1～400Ω、2～1000Ω，具有自由量程功能，可根据量程设置自动调整测量范围，实现高精度测量。插件可按 1∶1 冗余配置使用。

（6）位置调整插件 AM711-S

AM711-S 是智能型的四通道插件，每个通道包括 2 路 DI、2 路 DO 和 1 路 AI，插件具有自动控制功能，能根据操作员站下发的阀位值进行自动调整，使得阀位值在死区允许范围之内。插件对电动执行器的特性参数有自学习的功能，在手动操作以及在意外情况下具有紧急制动的功能。由于对硬件和软件采取了多重安全保护措施，提高了插件的可靠性和控制精度。

（7）八通道隔离型电流信号输出和 HART 通信插件 AO711-H

AO711-H 可以连接 8 台 HART 智能仪表，输出Ⅲ型电流信号和设备管理。插件可按 1：1 冗余配置使用。AO711-H 与 SAMS 软件结合构成设备管理系统，可对符合 HART 协议的现场总线的智能仪表进行数据采集、组态、网络设备管理，允许 Rosemount 的 275 型手持操作器作为第二主设备接入 HART 网络。

（8）八通道隔离型电流信号输出插件 AO711-S

AO711-S 可以输出Ⅱ型、Ⅲ型、0～20mA 三种量程的电流信号。插件可按 1：1 冗余配置使用。

用户可通过组态对插件通信故障安全模式进行设置。当插件与主控制器发生网络通信故障时，插件进入故障安全模式，其输出按组态输出保持或者按设定值输出。如果插件发生热复位，输出处于保持状态，维持正常工作。

同时 AO711-S 插件具有超量程输出功能、自由量程功能、自由设定故障安全模式等功能，可结合工程现场进行自由组态。

（9）24V 状态量信号输入插件 DI711-S

DI711-S 能够采集 16 路多种类型的状态量信号。插件可按 1：1 冗余配置使用。对于常规的状态量输入信号，可直接连接到插件基座的接线端子上。对于 220V 交流输入信号或者有隔离要求的状态量输入信号，则需要配合专用端子板使用。

（10）48V 状态量信号输入插件 DI712-S

DI712-S 能够采集 16 路多种类型的状态量信号。插件可按 1：1 冗余配置使用。

（11）24V 状态量信号输入（SOE）插件 DI713-S

DI713-S 能够采集 16 路 SOE 信号，插件不支持冗余配置。SOE（Sequence of Event 事件顺序）插件多在电厂使用，当发生事故跳闸，引起一系列开关动作时，将这些动作事件按发生的先后顺序记录下来，以利于事后的分析。DI713-S 可以记录产生间隔最小达 0.5ms 的开关事件，比如断路器的操作、开关的跳闸等。记录的内容包括事件发生的时间、状态、类型和位置等。它既可以将 SOE 信号上送给主控器，又可以将 16 通道 DI 信号实时上送给主控制器，而且前 8 通道具有低频累积功能。

（12）16 通道晶体管输出型状态量信号输出插件 DO711-S

DO711-S 可以直接或通过继电器端子板驱动电动控制装置。插件具有单触发脉宽输出功能，可以根据组态时设定的时间范围输出从 0.01～60s 的单脉冲。插件可按 1：1 冗余配置使用。

插件最大负载电流为 1.6A，每个通道 100mA，同时具有外配电检测和通道自检功能。

（13）六通道隔离型脉冲信号输入插件 PI711-S

PI711-S 可以测量六路脉冲信号。通过组态设置，插件能够测量 0～10000Hz 的脉冲信号，同时可以进行频率值和累积值的计算，通过总线送给控制器插件。

插件可根据现场信号类型，改变外部接线端子的接线方式，以实现对不同电平标准的脉冲信号的采集。插件提供 6 对接线端子，可实现对外进行 24V 配电输出，以方便现场接线。

插件不支持冗余配置，具有自由量程设置功能，可以根据工程现场的实际测量范围进行插件测量量程的设置，在一定程度上能够提高插件的分辨率。

（14）PROFIBUS 主站通信插件 COM721-S

COM721-S 作为一个 PROFIBUS-DP 主站接口，用于将标准 PROFIBUS-DP 从站设备连入 ECS700 集散控制系统，支持无法作从站的西门子某些 PLC 的接入，通过耦合器和链接器还可以接入 PROFIBUS-PA 设备。

COM721-S 一方面作为 PROFIBUS-DP 系统的主站，和标准 PROFIBUS-DP 从站通信，波特率 9.6Kbps～1.5Mbps 可选；另一方面又是 ECS700 集散控制系统扩展 I/O 总线节点之一，通过基于冗余工业以太网的扩展 I/O 总线与控制器通信，速率为 10/100Mbps。

（15）FF 接口插件 AM712-S

FF 接口插件 AM712-S 为符合基金会现场总线 FF 标准的现场仪表与 ECS700 集散控制系统提供通信接口。AM712-S 在网络中处于 I/O 插件层，通过 I/O 总线将 FF 仪表接入 ECS700 集散控制系统。AM712-S 支持两条相互隔离的 FF-H1（FF 低速现场总线）网段，每个网段可下挂 16 台 FF 设备。AM712-S 支持标准的 FF 现场总线功能块。FF 组态软件 VFFFBuilder 可通过 AM712-S 对现场设备功能块参数进行管理。

三、操作节点

当系统规模较小时，操作节点可以使用一台计算机同时具备多种站点功能，以便节省投资。

（1）计算机推荐的硬件环境

CPU 双核 1.8G 以上，内存≥1G，主机硬盘≥80G，光驱，显示适配器：显存≥32MB，图形模式：1280×1024 真彩色（75Hz）。

（2）软件环境

系统平台：中文版 Windows XP 专业版＋SP2 或中文版 Windows Server 2003 专业版＋SP1。

操作节点包括操作员站、工程师站、组态服务器、数据服务器和历史数据服务器。

（1）操作员站

操作员站安装 ECS700 系统的实时监控软件，支持高分辨率显示，支持一机多屏，提供控制分组、操作面板、诊断信息、趋势、报警信息、系统状态信息等的监控画面。操作员站直接从控制站获得实时数据，并向控制站发送操作命令，对现场设备进行实时控制。

（2）工程师站

工程师站安装 ECS700 系统的组态平台软件和系统维护工具软件。组态平台软件可以构建满足生产工艺要求的应用系统，系统维护工具软件可以实现过程控制网络调试、故障诊断、信号调校等。工程师站可创建、编辑和下载控制所需的各种软硬件组态信息。工程师站同时具备操作员站的监控功能。

（3）组态服务器

组态服务器可以存放全系统的组态，通过它可进行多人组态、组态发布、组态网络同步、组态备份和还原。组态服务器一般配置硬盘镜像以增强组态数据的安全。

（4）数据服务器

数据服务器可以提供报警历史记录、操作历史记录、操作域变量实时数据、SOE 服务，还可以向应用站提供实时和历史数据。数据服务器可以冗余配置，如果工作服务器发生故障或者检修时，它能自动切换以保证客户端的正常工作。

（5）历史数据服务器

历史数据服务器可以接收、处理和保存历史趋势数据，还可以向应用站提供历史数据。一般历史数据服务器和数据服务器合并使用。只有历史趋势数据容量较大时，才单独设置历史数据服务器。

习题与思考题

4-1　什么是集散控制系统？它通常由哪几部分组成？和模拟仪表相比较有哪些优点？

4-2　内部仪表 PID 调节器从 CAS 到 AUT/MAN、CAS/AUT 到 MAN 为什么是无平衡无扰动切换？

4-3 CS3000 集散控制系统中域的含义是什么？最小的域包括哪些成分？

4-4 反馈控制的概念是（　　　　），反馈控制功能依靠（　　　　）来实现，（　　　　）相当于线连接。

4-5 顺序控制的概念是（　　　　），顺序控制功能依靠（　　　　）来实现，（　　　　）相当于线连接。

4-6 顺序元素中的"接点输出"可以作为操作信号，其符号表示为（　　　　），作操作信号时有四种输出状态分别是（　　　　）。

4-7 在"回路连接"中有几种连接方式？它们的含义是什么？

4-8 当两条 Vnet 都出现故障时，通信中断，CS3000 中的现场控制站能否对现场工艺过程进行实时控制？为什么？

4-9 CS3000 的分组窗口在组态时有 8 个仪表面板图和 16 个仪表面板图两种规格，应该选择哪一种？为什么？

4-10 在 CS3000 的操作指导信息窗口的组态中，定义的"信息"是"时间到，阀门已经关闭"，"颜色"是"红色"，当顺控表运行到启动操作指导信息时，它显示什么样的信息内容？信息的文字是哪种颜色？

4-11 某冷却工序的顺序控制框图如图 4-118 所示，选择功能模块，填写顺序控制表。

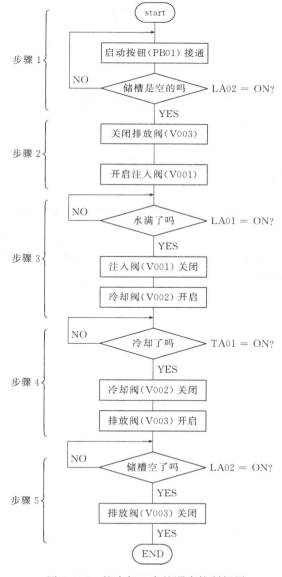

图 4-118　某冷却工序的顺序控制框图

4-12 在合成氨装置中，氨蒸发器的出口温度和出口液位串级控制系统的构成如图4-119所示。正常时，3回路切换开关（SW-33）10和11接通，系统按温度-液位串级控制系统运行，不正常时，液位已达上限，而温度又降不下来，则3回路切换开关（SW-33）10和12接通，按液位单回路控制系统运行。3回路切换开关（SW-33）的动作由CS3000顺序控制功能实现，温度-液位串级控制/液位单回路控制由CS3000反馈控制功能实现。

（1）作反馈控制的组态（包括功能模块的选择和I/O连接）。

（2）作顺序控制的组态（包括功能模块的选择和顺序表细目填写）。

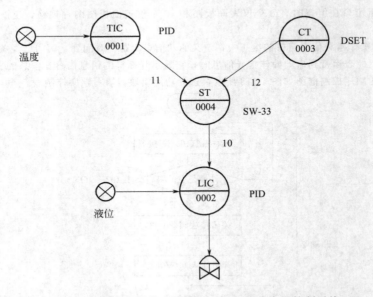

图4-119 氨蒸发器的出口温度和出口液位串级控制系统

4-13 CS3000集散控制系统在创建新项目时，在Outline窗口、FCS窗口和HIS窗口核心内容是确定什么？

4-14 ECS700集散控制系统模拟量输入输出模件都有哪些型号？分别有什么作用？

4-15 ECS700集散控制系统的PROFIBUS主站通信模件COM721-S如何连接PROFIBUS-AP设备？

第五章　现场总线

第一节　过程现场总线 PROFBUS 的技术与应用

PROFIBUS 是 IEC6115 国际标准定义的 8 种类型现场总线之一，是一种国际化、开放式、不依赖于设备生产厂商的工业现场总线标准。与其他总线相比，PROFIBUS 总线技术覆盖了传感器/执行器领域的通信要求，同时也具有车间领域的网络通信功能。PROFIBUS 现场总线是一种已经成熟的技术，广泛应用于制造业自动化、流程工业自动化和交通、楼宇、电力等其他领域自动化。其网络协议以标准 ISO7 层参考模型为基础，对其中第三至七层进行了简化，有很强的适应性。

一、概述

作为一个开放、全分布式控制的通信网络，PROFIBUS 支持主从方式、纯主方式、多主多从三种通信方式，可方便地构成集中式、集散式和分布式控制系统。总线作为智能设备的联系纽带，可以把挂接在总线上的站点作为网络节点连接成一个网络系统，并进一步构成自动化系统。在这些网络节点中，主站对总线具有控制权，主站间通过传递令牌来传递对总线的控制权，令牌传递程序保证每个主站在一个确切规定的时间内得到总线存取权。主站与从站之间采用主从方式，只能被动接收报文的从站，接收由当前处于总线控制状态的主站发送的信息。按照 PROFIBUS 总线通信标准，总线上最多可挂接 126 个站点。

根据 EN50170 标准，PROFIBUS 有以下几种类型，分别用于不同的领域。

PROFIBUS-DP 是一种高速低成本通信网络，用于设备级控制系统与分散式 I/O 的通信。使用 PROFIBUS-DP 可取代 24V DC 或 4～20mA 信号传输，并具有响应时间短和抗干扰性强的特点。PROFIBUS-DP 是在欧洲乃至全球应用最为广泛的现场总线系统，是一个主站/从站总线系统。主站功能由控制系统中的主控制器来完成。主站在完成自动化功能的同时，通过循环的和非循环的报文对现场仪表进行全面的访问，其实时性远高于其他局域网，因而特别适用于工业现场。在 DP 通信内部，又可分为循环通信 V0、非循环通信 V1 以及运动控制相关 V2 通信三个部分。

PROFIBUS-PA 专为过程自动化设计，通过 DP/PA 段耦合器或链接器接入 DP 网络。PROFIBUS-PA 是 PROFIBUS-DP 在保持其通信协议的基础上，增加了优化的传输技术与设备行规。也就是说，PROFIBUS-PA 定义了 PROFIBUS-DP 的一种演变，它使 PROFIBUS 也可用于本安领域，同时保证总线系统的通用性。

PROFIBUS-FMS 用于车间级监控网络，是一种令牌结构、实时多主网络。由于实时性较低，适用于楼宇自动化、电气传动、低压设备开关等一般自动化。

由于 PROFIBUS-DP 在 PROFIBUS 应用中的占有量约 90%，因此重点介绍 PROFIBUS-DP。

二、PROFIBUS-DP 的协议结构

PROFIBUS-DP 协议简化了 ISO 的 7 层模型，只用到了 1、2 和 7 层，而 3～6 层浓缩到了 PROFIBUS-DP 的数据链路层和应用层中。而其中 FMS、DP 和 PA 的数据链路层是完全相同的，也就是说它们的数据通信基本协议是相同的。

（一）物理层

1. RS-485 传输技术

这是一种简单的、低成本的传输技术，网络拓扑是总线结构，两端配有带电源的总线终端电阻。传输速率为 9.6Kbit/s～12Mbit/s。传输介质使用一对导体的屏蔽双绞电缆，根据环境条件也可取消屏蔽。PROFIBUS 总线上可连 126 个站，为实现这些站的连接，总线系统必须划分成若干独立的段，各段由中继器连接。每段最多可连 32 个站，中继器同样被认为是其中的一个站点。连接插头使用 9 针 D 型插头。RS-485 传输技术使用容易，无需特别的专门知识。

2. RS-485-IS

这是一种最新的支持本安使用的具有快速传输速率的 RS-485。

3. MBP

这是使用固定传输速率 31.5Kbit/s 和 Manchester 编码的同步传输技术，采用总线技术的本质安全和总线供电，因此该传输技术常用于过程控制领域。

4. 光纤传输技术

光纤传输技术适用于电磁干扰很强的场合，可以增加高速传输的距离。当距离＜50m 时，可使用塑料光纤；当距离＜1km 时，可使用玻璃光纤。厂商提供的专用总线插头可将光纤信号转换成 RS-485 信号或将 RS-485 信号转换成光纤信号。

（二）数据链路层

PROFIBUS 采用主从的数据交换方式，而数据交换要按一定的方式进行。PROFIBUS 数据链路层包含了对通信报文的一般结构描述、安全机制设置和可能提供的服务。

PROFIBUS 的传输服务包括如下内容。

SDA：该服务只在 FMS 中使用。数据传输给主站或从站，必须等待接收方发送一个确认信息作为回应。

SRD：用于 DP 和 FMS，在一个报文周期中完成一次数据的发送和接收，也即发送和请求数据需回答。

SDN：用于 DP 和 FMS，广播传送和多点传送。发出的报文无需等待响应。

一般链路层报文结构：

SD	LE	LEr	SDr	DA	SA	FC	DU	FCS	ED

其中，SD 为报头；LE 为报文长度；LEr 为报文重复长度；SDr 为重复 SD；DA 为目标地址；SA 为源地址；FC 为功能码；DU 为数据单元；FCS 为帧校验序列；ED 为报尾，固定为 0x16。

SD1＝0×10　用于请求 FDL 状态，寻找一个新的活动站点，报文长度固定，没有数据单元。格式如下：

SD	DA	SA	FC	FCS	ED
0×10	—	—	—	—	0×16

SD2＝0×68　用于 SRD 服务，报文中有不同的数据长度，格式如下：

SD	LE	LEr	SDr	DA	SA	FC	DU	FCS	ED
0×68	—	—	0×68	—	—	—	—	—	0×16

SD3＝0×A2　数据长度固定（在 DU 中的数据长度，通常是 8 字节）的报文。格式如下：

SD	DA	SA	FC	DU	FCS	ED
0×A2	—	—	—	—	—	0×16

SD4＝0×DC　token 报文，用于主站对总线是否拥有控制权的授权。报文如下：

SD	DA	SA
0×DC	—	—

（三）用户层

用户层在整个协议规范中的位置参见图 5-1 的用户/用户接口和 DDLM 等，它们在通信中实现各种应用功能（PROFIBUS-DP 协议中没有定义第 7 层，而是在用户接口中描述其应用）。DDLM 是预先定义的直接数据链路映射程序，将所有的在用户接口中传送的功能都映射到第 2 层 FDL 和 FMA1/2 服务，它向第 2 层发射功能调用中 SSAP、DSAP 和 Serv_class 等必需的参数，接收来自第 2 层的确认和指示，并把它们传送给用户接口/用户。

图 5-1 为 DP 系统的普遍通信模型（虚线所示为数据流）。从图中可以看出，在 1 类主站上除了 DDLM 外，还存在用户、用户接口、用户与用户接口之间的接口。用户与用户接口之间的接口被定义为数据接口与服务接口，在该接口上处理与 DP 从站之间的通信。在 DP 从站中，存在着用户与用户接口，而用户与用户接口之间的接口被创建为数据接口，利用预先定义的 DP 通信接口进行通信。

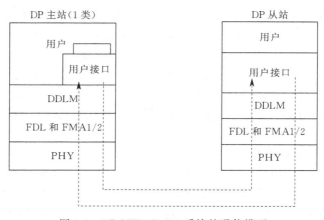

图 5-1　PROFIBUS-DP 系统的通信模型

三、PROFIBUS-DP 的通信机制

由于现场总线技术的飞速发展，越来越多的制造商从事 PROFIBUS-DP 产品的生产。为了保证现场的安全与效率，出于不同制造商的总线产品需要相互兼容并实现互操作，这就要求所有的总线产品接口都遵循同样的通信机制。

V0 状态机制如图 5-2 所示，是 PROFIBUS-DP 主站与从站间循环通信的依据，表明 DPV0 从站的工作过程。DP 从站任何情况下的行为都要与之保持一致，具体规范可参阅 ENSO170。由于制造商在使用的协议芯片中集成了大部分的 V0 状态机制，因此大大削减了开发的工作量。

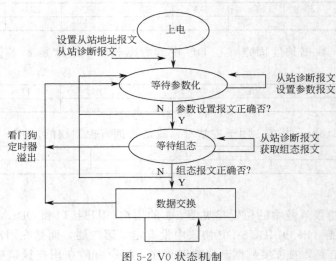

图 5-2 V0 状态机制

（1）POWER-ON 通电状态

从站进入通电状态，它要完成内部程序的初始化。在该状态下，从站接口内部已经完成了对 SPC3 协议芯片的配置，包括产品基本信息的存储、数据缓冲区的划分和缓冲区首地址指针的确定。在以上工作完成之后，SPC3 协议芯片将从站当前状态标示于等待参数化状态。仅在此从站通电状态时，支持站地址改变的从站可以接收主站发送的站地址改变的报文，并在存储器内部为其分配用于储存新地址的空间。

（2）WAIT-PRM 等待参数化状态

从站进入等待参数化状态，它要完成从服务存取点 SAP3D 接收来自主站的参数化报文，并暂时拒绝其他不相关报文。除去 SD2 类型报文的报文头与报文尾，从站需要判断从报文中获得的标准 7 字节参数化数据，从中获得要求的相关信息，如 ID 号、SYNC/FREEZE 功能、配主站地址等。某些从站在标准 7 字节参数化数据之外，还附加了用户定义的数据，这些数据同样也需要相应的处理，但无法由 SPC3 协议芯片自动完成。如果从站发现主站发送的参数化报文有误，V0 状态机制将停止在此状态并诊断数据中对相应标志位进行的设置，向用户指出错误的原因。

（3）WAIT-CFG 等待配置状态

从站进入等待配置状态，它要完成接收配置报文，主站告知从站输入输出字节的长度。配置报文由服务存点 SAP3E 接收，对配置数据中的信息进行分析后，从站放弃不合理的配置报文，对于符合要求的配置，从站按照配置要求对内部各个缓冲区进行分配，为数据交换做好准备。如果一个模块化从站希望有调整组态配置的功能，可以在接收到新的配置文后，

230

按照配置数据各个字节重新计算新的用户数据长度，并更新各个数据缓冲区的首地址指针。需要注意的是，由于所用芯片的内部 RAM 空间大小不同以及程序数据结构的差异，从站支持的最大输入输出长度是不同的。对于从站接口允许的不同最大输入输出长度，应为其配置不同的组态数。此外，可应用服务存取点 SAP3B 获取本从站的组态配置。但是该功能仅限于配置此从站的主站，同时也可以在从站任何状态下发送。

（4）DATA-EXCH 数据交换状态

从站进入数据交换状态，通过周期性的循环通信与主站交换用户数据。从站接收的报文有数据交换报文（由默认服务存取点发送接收）、输入/输出数据读取报文（服务存取点 SAP38，39）、诊断报文（服务存取点 SAP3C）、配置读取报文（服务存取点 SAP3B）。其中诊断报文可以向主站报告从站当前的状态，在 6 个字节的标准诊断信息之外，用户还可以加上与过程应用相关的信息，比如用户诊断信息"短路"。在进入数据交换状态后，从站一直保持与主站的通信。从站退出数据交换状况的情况有两种：一种是 WD 看门狗（定时器）到时，另一种是数据交换过程中接收到错误或者不合理的报文。

四、PROFIBUS-DP 从站接口设计实例

（一）硬件设计

PROFIBUS-DP 从站接口是由输入电路、输出电路、80C51 单片机、SPC3 协议芯片、48M 晶振、RS-485 驱动等组成，如图 5-3 所示。

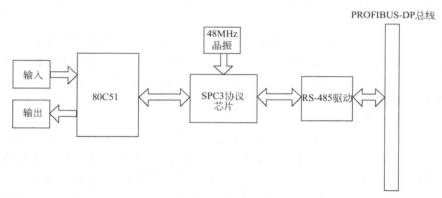

图 5-3　PROFIBUS-DP 从站接口的方框图

1. 80C51 单片机

可以自由选择与 SPC3 协议芯片配合开发 DP 从站的单片机，但是 80C51 单片机为常用系列，它和 SPC3 协议芯片完全兼容，这在 SPC3 协议芯片的用户手册中有明确说明，并提供了标准的连接电路。由于 SPC3 协议芯片自带的可编程存储器基本满足内部软件的需求，在与本身集成了 V0 状态机制的智能协议片相连的时候，可以满足较低的 V1 通信要求。在内部软件运行的过程中，需要用变量标志芯片的状态、总线运行的状态和其他相关信息，因此 SPC3 协议芯片自带的 1.5KB 内部 RAM 在满足总线通信数据缓冲区的空间要求之外还有剩余时，80C51 单片机可以将 SPC3 芯片数据存储区的一部分当做自身外部 RAM 读写使用。

2. SPC3 协议芯片

SPC3 是一款常用的 DP 开发协议芯片，是西门子公司为智能 PROFIBUS-DP 从站的优化开发提供的集成芯片，用于实现循环和非循环性的数据交换（PROFIBUS DP-V0/V1）。由于在硬件中集成了全部的 DP 协议，SPC3 芯片并不需要再挂接一个微处理器，与它的连

接就同连接存储芯片一样的简单。

主要性能：

- 44 针脚芯片，封装在 PQFP 外壳中；
- 在 PROFIBUS 上自动检测波特率，从 9.6Kbit/s 到 12000Kbit/s；
- 芯片上集成有 1.5KB 字节 RAM 用于数据交换；
- 完整的 PROFIBUS-DP 协议（例如 SYNC/FREEZE）集成到硬件中，因此可减轻大部分连接的微处理器的负载；
- 用于用户的简单 RAM 接口；
- 时间解耦的通信和应用循环。

SPC3 协议芯片包括以下几个部分。

① 总线接口即为带有已连接的微控制器的接口，它由适用于各种 Intel 和 Motorola 微处理器和控制器的同步/异步 8 位接口组成。通过 11 位地址总线和 8 位数据总线，用户可以直接与内部 RAM 和参数 latches 进行通信。

② 微控制器：作为 SPC3 芯片的核心，微顺序控制器（MS）控制了所有的操作并实现了 DP 的协议。

③ 芯片内部寄存器（0x000~0x00F）：包括模式寄存器、中断寄存器、状态寄存器在内的数个寄存器，由芯片自己控制。

④ 信息寄存器（0x016~0x03F）：包含用于缓冲区寻址的指针、缓冲区长度信息与从站基本信息。

⑤ 缓冲区（0x040~0x5FF）：数据缓冲区，用于接收总线上传输的数据。

如果想利用 SPC3 芯片完成从站开发，用户可以使用西门子公司提供的 FW 源码。通过利用源于 ANSI C 源码的一个简单宏接口，用户可以在数小时内完成数据的交换，并不需要关注对寄存器的操作。

3. MRS-485 驱动电路

PROFIBUS-DP 总线的物理层应用了 RS-485 通信标准，所有符合 RS-485 规范的总线驱动都可以应用。在电路设计中唯一需要注意的是保证使用的驱动芯片与光电隔离电路不会影响总线 12Mbit/s 的波特率。在 RS-485 总线驱动电路的 PRFIBUS 总线端连接一个 9 针 D 型插头，其中 A 线、B 线、VP 与 GND 是电路中必选连接的部分。出于测试需要，电路也将 RTS 信号引出，用于区分主站与从站的信号。

4. 外围电路

图 5-3 中已经给出了 DP 从站接口的原理电路结构，实现了 DP 通信接口，但是并不是一个完整的从站设备。一个具有实际意义的从站设备应该符合制造商的要求，DP 通信接口之外的外围电路，可根据产品功能以及具体应用进行设计。

（二）软件设计

选用 80C51 单片机和 SPC3 协议芯片实施硬件设计时，DP-V0 状态机制已经集成在 SPC3 协议芯片内部，需要由微处理器完成的任务是 SPC3 协议芯片的初始化、数据缓冲区的读写与交换、中断程序。由于 SPC3 协议芯片本身的局限性，没有给用户提供现有的 V1 状态机制，因此内部程序需要完成的功能是 V0 的配置和 V1 的状态机制。

一个程序通常包括数据结构与操作步骤两大基本部分，必须考虑合理地设计数据结构与程序流程，需要在结构框架上掌握整个程序的流程，指定正确的数据类型及数据组织形式。由于内部程序必须定义所用协议芯片的数据结构，并需要对通信中涉及的各种数据进行存储与相关处理，符合 DP 通信协议的众多数据结构，都已经在头文件部分进行了准确的定义，

232

其中对 SPC3 芯片寄存器结构的定义则是重中之重。作为控制 V0 状态机制提供 V1 通信通道的核心部分，任何对芯片数据结构的错误定义，都会导致重大的失误。本实例以线性表的方式，为 SPC3 协议芯片设置了可以同时符合 V0/V1 通信要求的数据结构，根据电路将物理地址固定于 0x1000。

所有的相关数据定义都在头文件中完成，并根据不同的类型与在程序中起到的作用进行分类处理，这样使得程序本身获得了较多的灵活性与可修改性。

程序的流程是要注意的重点，因为不合理的程序结构会导致运行时间过长，从而与 PROFIBUS 总线时间要求不符，而导致从站无法正常工作。由于实现 DP-V0/V1 状态机制，通过软件程序掌控通信过程是最终目的，因此程序的流程不仅仅需要完成对硬件进行相关设置，还应该根据通信协议对主站发送的报文进行分析处理，传输循环或非循环数据，遵守状态机制，对从站状态做出改变。由于需要处理的各项任务数量众多，程序中已经把相关的各部分进行模块化处理，置于各个操作步骤流程之中，对程序结构也进行了相应的优化。程序流程图如图 5-4 所示。

1. V0 部分程序

由于 SPC3 协议芯片内部已经集成了完整的 DP-V0 状态机制，V0 部分程序的实现比较简单，需要注意的重点是对 SPC3 协议芯片的配置、各种寄存器的定义、数据的转移和存储。

（1）SPC3 协议芯片初始化

SPC3 协议芯片的初始化，就是使芯片内部的配置符合用户组态与数据传输的要求，能够对各种本产品支持的通信服务有正确的响应。实际就是对 SPC3 协议芯片中各个寄存器进行设置，对数据缓冲器首地址指针进行计算。

（2）DP 通信外部中断

在 DP 通信设置之后，SPC3 协议芯片已经完成从站所需的功能配置，在数据区内搭建起了完整的 SAP 结构。从站接口已经有了和主站进行正常通信的能力。作为从站协议芯片，在 SPC3 中集成了 V0 通信所有的状态机制，而实现这种机制

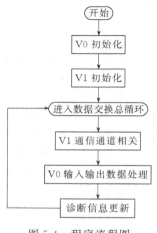

图 5-4　程序流程图

的手段则是外部中断。理论上 SPC3 协议芯片可以支持 16 种外部中断，确定外部中断的方式并通过中断屏蔽寄存器的设置实现。而外部中断的触发则由位于 02，03H 的中断寄存器 IR 决定。IR 寄存器中各个位的含义与表中 IMR 的含义相同，逻辑 1 有效。当中断处理程序由 lR 寄存器中读取到中断条件后，会做出相应的数据处理以及状态改变。

（3）DP 通信数据交换

与主站通信时，经过参数化、组态配置和诊断之后，从站会依据状态机制进入数据交换状态。使用 SPC3 协议芯片的从站接口支持两种数据交换方式：查询和中断。不管使用哪种方式进行数据交换，从站的数据交换都是由输入输出数据在 D、N、U3 个缓冲区之间的转换实现的。在输入输出缓冲区中，D 缓冲区用于存储主站报文中的输出数据和从站报文中的输入数据，D 缓冲区与 N 缓冲区之间的数据转换由 SPC3 协议芯片自动完成，从站接口单片机需要处理的只是将数据存储至当前 U 缓冲区中。在每一个数据交换周期，处理新的输入输出数据时，根据 SPC3 协议芯片内部工作单元中 next_dout/din_buf_cmd 提供的信息，确定当前 U 缓冲区的首地址指针。一般在接口中将 U 指针指向的缓冲区中的输出数据取出，或者将输入数据转入此缓冲区，剩余的工作由 SPC3 协议芯片自动完成。但是由于所使用 SPC3 协议芯片没有在硬件基础上支持 V1 状态机制，虽然在各个寄存器内部为 V1 通信保留

233

了数位用于定义，但是通信状态机制的转换需要用内部软件程序自行完成。

2. V1 相关数据结构

和 V0 通信状态机制相比较，V1 服务存取点的结构与应用灵活性更大，但是需要自行由内部程序实现。V1 除了应用的服务存取点和 V0 不同外，在非循环通信中传送的报文在数据部分也和循环通信报文略有不同。为了更好地存储转移数据，必须准确地分析报文中每个字节的具体含义是否符合非循环通信要求。另外 V1 相关数据结构的正确使用程度与内部程序是否成功也有很大的关系。

（1）V1 部分初始化

V1 部分的初始化应在 SPC3 协议芯片的 offline 状态下完成，通常将 V1 部分的初始化放于 V0 初始化之后完成。SPC3 协议芯片本身并未集成完整的 V1 状态机制，仅在数个寄存器内为其保留了可定义位，因此，V1 通信相关 SAP 的框架结构应该在初始化过程中搭建完成。如果说应用了 SPC3 协议芯片的 V0 部分初始化的主要工作是对芯片内部缓冲区进行设置，V1 部分的初始化的重点则是由单片机完成非循环服务存取点列表并对各个服务存取点进行具体定义。

（2）V1 部分中断

比起 V0 通信程序中的数个中断，非循环通信中仅有两个中断需要处理。它们在非循环状态机制的转移中起着重要的作用。

在中断控制寄存器中，SPC3 协议芯片已经为 V1 的通信准备了保留位，用于定义新的外部中断。本设计将 SPC3 协议芯片的 01H 寄存器的最高两位定为 V1 相关中断定义位，分别是 FDLInd 中断、PollEndhid 中断。同时为了保证循环通信状态机制与非循环通信状态机制的互操作性，对参数化中断也有相应的改动。

（3）V1 通信数据传输

非循环数据和非循环通信状态机制的处理是放在数据交换总循环之内，以确保每个通信周期都会对是否开启 C1/C2 通信功能进行判断。然而不是任何情况下都会进行非循环通信的处理。由于非循环通信程序比较复杂且占用大量运算时间，出于效率的考虑，在从站未开启 V1 通信时，并不进行与主站非循环通信的处理。只有在参数化中断过程中，从站判断接收到标准 V1 相关状态三字节参数化数据之后，才会将从站相关状态标志为"V1 运行模式"，并在完成循环通信数据交换后进行非循环的处理。

```
For（;;)
{
/＊V0 部分程序代码略＊/
DPSE＿PROCESS＿Cl（）；/＊处理 C1 与一类主站通信＊/
DPSE＿PROCESS＿C2（）；/＊处理 C2 与二类主站通信＊/
/＊后略 V0 部分输入输出程序代码＊/
}
```

第二节　装置总线 DeviceNet 的技术与应用

一、标准概述

DeviceNet 是一种低成本的通信总线。它把工业装置（如限位开关，光电传感器，阀门，马达启动器，过程传感器，条形码读取器，变频驱动器，面板显示器和操作员接口）连接到网络，消除了昂贵的硬连接成本，改善了互连装置间的通信，提供了重要的设备级诊断功能，这是通过 I/O 接口硬连接很难实现的。DeviceNet 是一种简单的网络解决方案，它在提供多供货商同类部件间的可互换性的同时，减少了配线和安装工业自动化装置的成本和时间。

DeviceNet 是一个开放的网络标准，规范和协议都是开放的，供货商将装置连接到系统时，无需为硬件、软件或授权付费。任何对 DeviceNet 技术感兴趣的组织或个人都可以从开放式 DeciceNet 供货商协会（ODVA）获得 DeviceNet 规范，可以加入该协会，参与对 DeviceNet 规范进行增补的技术工作。

二、对象模型

DeviceNet 节点采用对象化模型进行描述。每一个 DeviceNet 节点都可以看做对象的集合。一个对象代表设备内一个部件的描述。每个对象由它本身的数据或属性、功能或服务以及它所定义的行为决定。

对象类定义了所有属性、服务和同一类对象行为的描述。如果设备中存在一个对象，可以把它看做一个类实例或对象实例。所建立的一个分类的实例数目取决于设备的容量。当对象的类被定义时，对象的功能和行为也随之定义。一个类的所有实例都支持相同的服务、相同的行为并具有相同的属性。对于每个独立的属性来说，每个实例都有自身的状态和值。一个对象的数据和服务通过一个分层的寻址概念进行寻址，它包括设备地址（MAC ID）、类 ID、实例 ID、属性 ID 和服务代码。

这些对象分为两类：通信对象和应用对象。通信对象指与本节点通信相关的对象，而应用对象是指与本节点具体应用相关的对象。对象模型如图 5-5 所示。

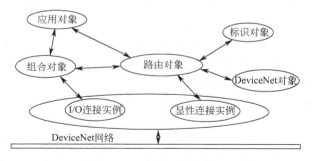

图 5-5　DeviceNet 对象模型

通信对象包括标识对象、DeviceNet 对象、路由器对象和连接对象。这几个对象是每一个节点都必须有的对象，其中连接对象中包括了位选通连接对象、COS 连接对象、Poll 连接对象、循环连接对象和显性信息连接对象。而 UCMM 对象，应答处理对象和组合对象是可选（根据厂家的产品功能来决定是否选用这两个对象）。应用对象可以根据协议中定义自行选择，也可以自己定义。鉴于设计中用到了模拟量、数字量和串口，所以在应用程序的通用对象，除了加入协议中定义的可选的组合对象、数字量输入对象，数字量输出对象、模拟量输入对象，还自定义了一个 RS-232 对象和一个 MODBUS 对象。

（一）标识对象

标识对象的标识符：01H。

标识对象提供设备的标识和一般信息，所有的 DeviceNet 产品中都必须有标识对象。一般来说一个装置是一个厂家生产的，就只有一个标识对象类实例。如果设备是由多个组件构成（如不同厂家的产品组合成一个具有公共 DeviceNet 接口的设备），则标识对象类有多个实例，而在每个实例中都有供应商 ID、设备类型、产品代码、版本、序列号和产品名称等基本属性，用于在设备连接中标识设备。

图 5-6 是状态转换图，它给出了标识对象的行为和设备状态改变条件等。设备的状态可通过对象类中状态属性值和节点工作状态 LED 识别。

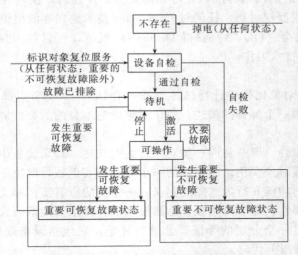

图 5-6　标识对象状态转换图

设备可能存在 6 种状态：不存在、设备自检、待机、可操作、重要可恢复故障状态和重要不可恢复故障状态，对应的属性值为 0～5。当节点通电时，节点立即从不存在状态转变到装置自检状态，如果装置自检通过，进入待机状态；如果自检失败，则转到重要不可恢复故障状态。对标识对象的复位操作会使设备转到设备自检状态。在待机状态下如果发生重要的可恢复故障，即转入重要可恢复故障状态；若激活节点就会转入可操作状态；在可操作状态下能发生各种故障，转入相应的故障状态。

（二）路由器对象

路由器对象的标识符：02H。

路由器对象提供一个节点内信息的传输。它接收显性信息请求并执行下列功能：解析报文中指定的类和实例等，如果路由器对象无法解析，则报告 Object ＿ Not ＿ Found（详细的错误代码可参考 DeviceNet 规范）错误，同时将服务请求发送到指定的对象，并向其解释服务请求。当指定对象返回响应时，将响应发送到请求这个服务的显性信息连接。

（三）DeviceNet 对象

DeviceNet 对象的标识符：03H。

DeviceNet 对象提供了节点物理连接的配置及状态。一个 DeviceNet 产品至少要支持一个物理网络接口，一个物理网络接口对应唯一的 DeviceNet 对象。如果一个产品有两个或两个以上的物理网络接口，则有相应个数的 DeviceNet 对象。DeviceNet 对象管理着从站 MAC ID、比特率、脱离总线状态、分配选择字节和主站的 MAC ID 等基本属性。DeviceNet 对象的行为主要是由 4BH 和 4C 服务引起，这两个服务用来分配和释放预定义主/从连接组，即以此来建立和切断数据交换所需要的链路。

（四）连接对象

连接对象的标识符：05H。

连接对象用于分配和管理与 I/O 及显性信息连接有关的内部资源。有连接类生成的特

236

定实例称为连接实例或连接对象实例。每一个连接对象实例对数据的接收和发送都与连接生产者和连接消费者（连接生产者/消费者对象负责底层的信息发送/接收）有关，每个连接对象的实例管理着 15 个属性：State（本连接实例的状态），Instance _ Type（区别本连接实例的类型：I/O 连接或显性信息连接），TransportClass _ Trigger（用于定义本连接实例的行为），Produced _ Connection _ ID（生产数据的 CAN 标识符），Consumed _ Connection _ ID（接收数据的 CAN 标识符），Initial _ Comm _ Characteristics，Produced _ Connection _ Size（生产数据的长度），Consumed _ Connection _ Size（消费数据的长度），Expected _ Packet _ Rate（看门狗超时基数值），Watchdog _ Timeout _ Action（看门狗超时采取的动作），Produced _ Connection _ Path _ Length（连接对象要生产的数据的来源对象的地址长度），Consumed _ Connection _ Path _ Length（要消费连接对象的数据的对象的地址长度），Produced _ Connection _ Path（连接对象要生产的数据的来源对象的地址），Consumed _ Connection _ Path（要消费连接对象的数据的对象的地址）Produced _ Inhibit _ Time（两次数据生产之间的最小延迟时间）。

下面分别介绍两种连接实例的状态转换机制：I/O 连接实例和显性连接实例。

对于 DeviceNet 连接来说，首先要建立的是显性连接实例，随后在显性连接实例的基础上再建立 I/O 连接实例。显性连接实例和 I/O 连接实例状态转换图如图 5-7 所示。

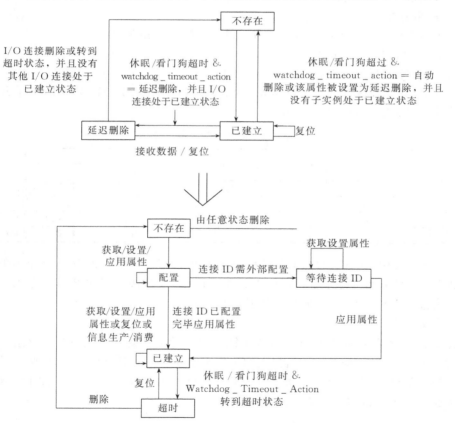

图 5-7 显性连接实例和 I/O 连接实例状态转换图

对于显性连接实例来而言，它仅有 3 种状态：不存在、已建立和延迟删除。连接对象类如果通过 UCMM 接收到一个打开显性信息连接要求，且支持建立一个新的显性连接，则显性连接实例从不存在状态转到了已建立状态。在已建立状态下，节点可以通过该连接进行各种显性信息交换。如果有通过该显性连接建立的其他连接实例（也称子连接实例），休眠看门狗超时且 Watchdog _ Timeout _ Action 的值指定为延迟删除，则该实例转为延迟删除，一直等到没有 I/O 连接实例处于已建立状态才删除，即转入到不存在状态。

对于 I/O 连接实例来而言，它存在 5 种状态：不存在、配置、等待连接 ID、已建立和超时。连接对象类如果收到一个建立 I/O 连接实例的请求，I/O 实例从最初的不存在状态转到配置状态。配置状态一般是指节点内部应用程序对连接实例属性进行初始化配置的状态，也允许由其他节点（工具）完成对本连接实例的配置。在完成并应用这些配置后，连接 ID 属性仍然需要外部配置则转入等待连接 ID 状态，在生产或连接 ID 属性有效配置完成后，进入已建立状态。在已建立状态下，如果休眠/看门狗定时器超时且 Watchdog _ Timeout _ Action 的值指定为 0，则进入超时状态。

（五）组合对象

组合对象的标识符：04H。

组合对象的作用是为了对 I/O 数据进行组合打包以便于传输，同时也对数据结构进行定义，也就是说定义/IO 数据的每个字节数据表示的意思。但有些从站的 I/O 数据结构是固定的，即数据结构在协议的对象字典中已经定义好了，用户无须进行自行定义，例如一些传感器对象，则这种情况下就不需要支持组合对象。

（六）应用对象

就是实际的应用者，比如模拟量、数字量、变频器等相对应。

三、DeviceNet 报文和连接

（一）CAN 标识符的使用

DeviceNet 建立在标准的 CAN2.0 的协议之上，并使用 11 位的标准报文标识符。可分成 4 个单独的报文组，如表 5-1 所示。

表 5-1　标识符及其用途表

标识符											标识用途
10	9	8	7	6	5	4	3	2	1	0	
0	组 1 ID				源 MAC ID						报文组 1（信息组 1）
1	0	目/源 MAC ID					组 2 ID				报文组 2（信息组 2）
1	1	组 3 ID			源 MAC ID						报文组 3（信息组 3）
1	1	1	1	1	组 4 ID						报文组 4（信息组 4）

在 DeviceNet 中，CAN 的标识符被称为连接 ID，它包含报文组 ID、该组中的报文 ID、设备 MAC ID。源和目标地址都可以作为 MAC ID。定义取决于报文组和报文 ID。系统中报文的含义由报文 ID 确定。4 个报文组分别有如下用途。

（1）报文组 1

分配 1024 个 CAN 标识符（000H-3FFH），占所有可用标识符的一半。该组中每个设备最多可拥有 16 个不同的报文。该组报文的优先级主要由报文 ID 决定，如果两个设备同时发送报文，报文 ID 较小的总是先发送。以这种方式可以相对容易建立一个 16 优先级的系统。报文组 1 通常用于 I/O 报文交换应用数据。

（2）报文组 2

分配 512 个标识符（400H-5FFH）。该组大部分报文 ID 可选择定义为"预定义主从连接"。其中 1 个报文 ID 定义为网络管理。优先级主要由设备地址决定，其次由报文 ID 决定。

（3）报文组 3

分配 448 个标识符（600H-7BFH），具有与报文组 1 相似的结构。与报文组 1 不同的是，它主要交换底优先级的过程数据。此外，该组主要用途是建立动态显性连接。每个设备可有 7 个不同报文，其中 2 个报文保留用作未连接报文管理接口（UCMM）。

（4）报文组 4

分配 48 个 CAN 标识符（7C0H-7EFH），不包含任何设备地址，只有报文 ID。该组的报文只用于报文管理。通常分配 4 个报文 ID 用于离线连接组。

（二）DeviceNet 连接的建立

DeviceNet 是一个基于连接的网络系统，它基于 CAN 总线技术。DeviceNet 总线只支持 CAN2.0A 协议，可灵活选用各种 CAN 控制器，一个 DeviceNet 的连接提供了多个应用之间的路径。当建立连接时，与连接相关的传送被分配一个连接 ID，如果连接包含了双向交换，那么应该分配两个连接 ID 值。

只有当一个对象之间已建立一个连接时，才能通过网络进行数据交换。DeviceNet 规定了两种连接类型。一种是 I/O 连接，在一个生产应用及一个或多个消费应用之间提供专用的、具有特殊用途的通信路径。特定的应用和过程数据通过这些路径传输。另一种是显性连接，在两个设备之间提供一个通用的、多用途的通信路径。显性信息连接提供典型的面向请求/响应的网络通信方式。

DeviceNet 中的报文总是以基于连接的方式进行数据交换，因此，在数据交换之前，首先必须建立连接对象。DeviceNet 节点在开机后能够立即寻址的唯一端口是"非连接信息管理端口"（UCMM 端口）和预定义主从连接组的"组 2 非连接显示请求端口"。当通过 UCMM 端口或者组 2 非连接显示请求端口建立一个显性报文连接后，这个连接可用于从一个节点向其他节点发送信息，或建立 I/O 信息交换。一旦建立了 I/O 信息连接，就可以在网络设备之间传送 I/O 数据。

通过 UCMM 端口可以动态建立显性信息连接。一个支持预定义主从连接组，并且具有 UCMM 功能的设备称为组 2 服务器。一个组 2 服务器可以被一个或多个客户机通过一个或多个连接进行寻址。

通过预定义主从连接组，可以简单而快速地建立一个连接。当使用预定义的主从连接组时，客户机（主站）和服务器（从站）之间只允许存在一个显性连接。由于预定义主从连接组定义内已省略了创建和配置应用到应用之间连接的许多步骤，可以使用较少的网络和设备资源实现 DeviceNet 通信。

不具有 UCMM 功能，只支持预定义主从连接组的从设备，被称为 DeviceNet 中仅限组 2 服务器。只有分配它的主站才可以寻址仅限组 2 的服务器。仅限组 2 服务器的设备能够接收所有报文都在报文组 2 中被定义，支持预定义主从连接组对设备制造商来说代表容易实现的方案。

四、DeviceNet 节点设计实例

（一）硬件设计

DeviceNet 节点是由模拟量输入、数字量输入、数字量输出、AT91SAM7X256 处理器、24V 电源、JTAG 接口电路、6 位地址拨码开关、2 位波特率设置拨码开关、光电耦合隔离器、模型/状态 LED 指示器和 CAN 收发器组成，如图 5-8 所示。

1. AT91SAM7X256 处理器

AT91SAM7X256 处理器是 Atmel 32 位 ARM 的 RISC 结构处理器。具有 256KB 的高速 Flash 和 32KB 的 SRAM，其外设资源是 1 个 USB 2.0 接口、2 个串口、1 个 CAN 接口和 1 个以太网接口，虽然外部器件数目较少，但是系统功能的集成比较完整。

除了多种接口外，AT91SAM7X256 处理器集成了 256KB 的 Flash 存储器、复位控制器

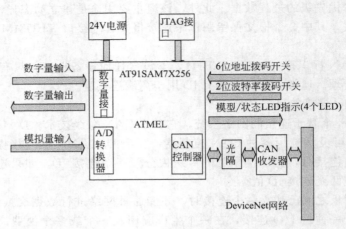

图 5-8 DeviceNet 节点硬件方框图

以及看门狗。Flash 存储器可以通过 JTAG-ICE 进行编程，或者是在贴装之前利用编程器的并行接口进行编程。锁定位可以防止固件不小心被改写，而安全锁定位则可以保护固件的安全。复位控制器可以管理芯片的上电顺序以及整个系统，看门狗可以监控器件的工作是否正常。

2. CAN 收发器

CAN 收发器是 CAN 控制器和物理传输线路之间的接口，数据在总线电缆上的传输速率可高达 1Mbit/s，也可以选择低速待机模式，由于性能需要，尽可能选用高速传输。高速传输时，CAN 收发器的速度选择端子需要外接电源。除此之外，还具有在特定环境下抗瞬间干扰、降低射频干扰、过热保护、对电源或地短路保护、某一节点掉电不影响总线工作、同时连接 110 个接点等特点。

3. 模型/状态 LED 指示器

在 DeviceNet 硬件设计中，为了易于辨识故障时的状态，加入了模块状态显示 LED 和网络状态显示 LED。模块状态显示 LED 可以诊断硬件运行的正常与否、设备自检的正常与否等，能够将故障界定为可恢复故障和不可恢复故障。网络状态显示 LED 可以诊断 MAC 地址重复接点存在与否、连接建立与否、离线与否和网络访问错误与否，也能够将故障界定为可恢复故障和不可恢复故障，便于现场人员在故障排查过程中采取相应的措施。

4. 有关保护技术设计

（1）错接线电源保护技术

为了避免 18V 电压接错线造成永久性损害，电路应该提供外部保护回路，例如加入电压隔离器件和降压器件。

（2）光电耦合技术

为了避免外接设备没有安全栅造成从站的损坏，DeviceNet 硬件都必须配备安全栅。特别是在 CAN 收发器和控制器之间应该加入光电隔离器件，防止信号窜入芯片。

（3）在线热拔插技术

为了满足设备热插拔的要求，在 DeviceNet 硬件设计时考虑安全性，除了具备人工设置波特率之外，还必须具备自动检测波特率的功能。

（4）印刷电路设计技术

为了安全起见，印刷电路板设计时要将电源线和地线各自敷设，分别放在不同的层板。

240

（二）软件设计

DeviceNet 的软件设计整体流程如图 5-9 所示。其中包括 DeviceNet 建立连接之前各种器件的初始化、重复节点检测函数实现、建立显性连接函数的实现、IO 连接函数的实现。

1. DeviceNet 各种状态和模型对象属性的定义

由于 DeviceNet 中涉及到各种类、实例、状态、错误码、附加错误码、服务码以及要用到的 8 个对象各自属性集合的结构体，它们必须在头文件中用宏或结构体加以定义。比如 8 个对象的结构体定义为：struct identity、struct DeviceNet、struct router、struct assembly、struct AIP、struct DIP、struct DOP 和 struct conxn。

2. 处理器和 CAN 控制器的初始化

（1）处理器的初始化

处理器的初始化主要包括定时器、A/D 转换器和看门狗定时器的初始化。特别是定时器的初始

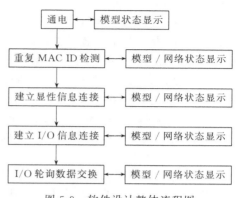

图 5-9　软件设计整体流程图

化，它直接关系到了显性连接超时与否、I/O 连接超时与否以及数据更新速率快慢与否。

而对于 A/D 转换器初始化，它是对现场采集来的模拟量进行转换的关键一步，它将现场采集来的 1～5V 信号转换为数字信号。由于主函数采用事件触发机制，为了防止主函数处于某种故障情况而使程序出现跑飞的状况，所以须对看门狗进行初始化。

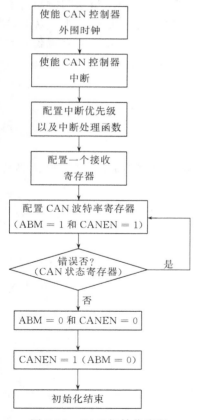

图 5-10　CAN 初始化流程

（2）CAN 总线的初始化

由于 CAN 总线在 7 层协议中只定义了物理层和数据链路层，而 DeviceNet 是在 CAN 总线的基础上定义了应用层。为了使 CAN 接口能够以和网络相同的波特率正常地接收网络中的报文，同时使 CAN 的数据校验发挥作用，须对 CAN 接口进行相应的初始化。CAN 的初始化流程如图 5-10 所示。

3. MAC ID 重复检测函数实现

在 DeviceNet 状态机制中，主要是执行节点地址（MAC ID）重复检测算法。每个 DeviceNet 最多可支持 64 个从站，出现节点地址重复是不可避免的，为此 DeviceNet 为节点地址重复检测特别分配了一个标识符，即组 2 消息的 ID7。

只要 DeviceNet 一通电，马上自动发送重复节点地址报文的请求，启动定时器，如果没收到重复节点地址报文响应，定时器超时，就再发送一次，如果超时还收不到响应，则转为在线状态。如果两次发送中接收到响应，马上转到故障状态。如果是在线状态收到响应则视 BOI 的状态来决定是自动复位还是保持复位，如果收到请求则马上回复响应，告诉其他接点已经占有这个 MAC 地址。如果故障状态，它则可以采用两种措施恢复从站，要么手动干预，即重新启动设备，同时修改 MAC 地址的 6 位地址拨码开关，要么发送修改更改

MAC ID 的错误检测信息。节点地址重复检测报文的发送可以通过 ide_send_dup_mac（）函数实现，然后通过 ide_update_device（）进行发送次数的判断以及错误和正常状态的显示，以及通过 consume_dup_mac（）函数来对收到的重复检测报文进行回复。

4. 功能函数的实现

（1）建立连接函数的实现

DeviceNet 是一种面向连接的网络，因此网络在通信以前必须建立连接。建立连接有三种方式：预定义主从连接。通过 UMM 进行连接；平等点对点的连接（两个从站之间）。本设计采用的是预定义主从连接。首先通过 dev_handle_unconnected_port（）函数进行非连接显示信息连接，再在此基础之上建立显示信息连接，然后通过 explicit_link_consumer（）和 explicit_link_producer（），利用显性信息对产品模型中的各个类和实例进行配置，最后建立 I/O 连接，从此可以通过 I/O 连接进行报文数据的交换。

（2）其他函数实现

除建立连接所需要的函数以外，还需编写时钟超时处理函数 handle_timeout（）、数据更新函数 new_data（）以及路由对象中的相应的函数。其中时钟超时处理函数分别用于处理非连接超时、显性连接超时、IO 连接超时等主要事件。数据更新函数用于缓存中数据的更新，而路由对象中的相应的函数用于寻址。

5. 整体函数的整合以及主函数的实现

主函数采用事件触发机制，主函数始终处于死循环中，当某一事件触发时马上进入中断，由此开始对事件进行处理，再返回循环。其中主循环中的事件包括显性信息请求事件、非连接请求事件、I/O 信息请求事件、显性信息请求超时事件、I/O 信息请求超时事件、重复 MAC ID 检测事件、回复等待超时事件、出错重启事件、数据定时更新事件。以 I/O 请求事件为例，主程序在死循环，当收到报文后，马上进入 CAN 中断，I/O 请求置位，再回死循环中进行相应事件的触发。

习题与思考题

5-1 过程现场总线有哪些类型？分别适用于哪些领域？

5-2 过程现场总线的物理层都包含哪些技术？各自具有什么特点？

5-3 过程现场总线中的循环数据和非循环数据有何不同？在过程控制中哪些数据属于非循环数据的范畴？

5-4 装置总线具有哪些特点？

5-5 装置总线中的通信对象包括哪些对象？各有什么用途？

第六章　气动调节阀

第一节　气动调节阀的用途与构成

一、用途

气动调节阀的用途是接收调节器的输出信号，改变被调介质的流量，使被调参数维持在所要求的范围内，从而达到生产过程自动化的目的。正确地选择气动调节阀的流量特性，还可以对自动控制系统的动态特性进行补偿，因此被广泛地应用在石油、化工、冶金、电站、轻工等工业部门。

二、构成

气动调节阀由气动执行机构和阀体部件两大部分组成，其外形如图 6-1 所示。

气动执行机构将气压信号（$0.2 \sim 1.0 \times 10^2$ kPa）转换为位移或转角，阀体部件将位移或转角转换为介质流量的变化。

气动调节阀有时还必须配备一定的辅助装置，常用的有阀门定位器和手轮机构，如图 6-2所示。

阀门定位器利用反馈原理来改善气动调节阀的性能，使它能按控制器的输出信号实现准确的定位。手轮机构可以直接操纵阀体部件，当控制系统因停电、停气、控制器无输出或气动执行机构损坏而失灵时，利用它可以保证生产正常进行。

（一）气动执行机构

气动执行机构的分类如图 6-3 所示。

1. 气动薄膜执行机构

气动薄膜（有弹簧）执行机构的结构如图 6-4 所示。它的结构简单，动作可靠，维修方便，价格低廉，最为常用。

气动薄膜执行机构分正作用和反作用两种型式，气压信号增加时推杆向下移动的叫正作用执行机构，气压信号增大时推杆向上移动的叫反作用执行机构。正、反作用执行机构基本相同，均由上膜盖、下膜盖、波纹薄膜、支架、推杆、压缩弹簧、弹簧座、调节件、标尺等组成。在正作用执行机构上加一个装"O"形密封圈的垫块，再更换个别零件，就变成反作用执行机构了。

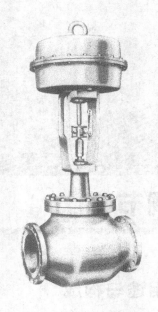

图 6-1　气动调节阀的构成

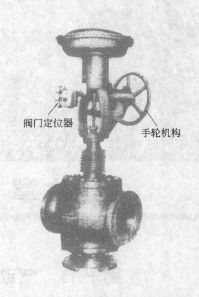

图 6-2　带有手轮机构和阀门定位器的气动调节阀

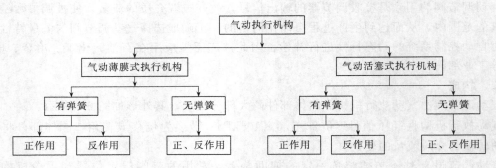

图 6-3　气动执行机构的分类

　　这种执行机构的输出位移和输入的气压信号成比例关系。输入的气压信号进入薄膜气室后，在薄膜上产生一个推力，使推杆移动并压缩弹簧，当弹簧的反作用力和输入的气压信号在薄膜上产生的推力相等时，推杆稳定在一个新的位置上。输入的气压信号越大，在薄膜上产生的推力就越大，与其平衡的弹簧反作用力也就越大，推杆的位移量也就越大。推杆的位移就是执行机构的直线输出位移，也称行程。

　　气动薄膜（有弹簧）执行机构的行程有多种尺寸，薄膜的有效面积有不同的规格。有效面积越大，执行机构的位移和推力也就越大。

2. 气动活塞式执行机构

　　气动活塞式（无弹簧）执行机构的结构如图 6-5 所示。它的结构简单、动作可靠，是一种较为常用的气动执行机构。

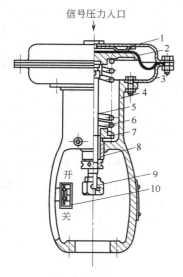

(a) 正作用式(ZMA型)

1—上膜盖；2—波纹薄膜；3—下膜盖；4—支架；

5—推杆；6—压缩弹簧；7—弹簧座；8—调节件；

9—螺母；10—行程标尺

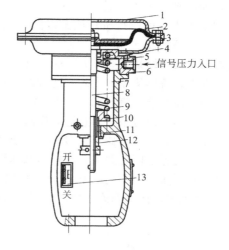

(b) 反作用式(ZMB型)

1—上膜盖；2—波纹薄膜；3—下膜盖；4—密封膜片；

5—密封环；6—垫块；7—支架；8—推杆；9—压缩弹簧；

10—弹簧座；11—衬套；12—调节件；13—行程标尺

图 6-4　气动薄膜执行机构

气动活塞式执行机构是由活塞、气缸、标尺等组成。其活塞随着气缸两侧输入的气压信号之差而移动。气缸两侧输入的气压信号或者都是变化量，或者是一个变化量、一个常量。由于气缸允许输入的气压信号可达 $5.0 \times 10^2 \, \text{kPa}$，又没有弹簧抵消推力，因此产生的推力很大，特别适合高静压、高差压的工艺场合。

这种执行机构的输出特性有两种。一种是比例式的，其推杆的位移和输入的气压信号成比例关系，但这时它必须带有阀门定位器。另一种是双位式的，活塞两侧输入的气压信号之差把活塞从高压侧推向低压侧，使推杆由一个极端推向另一个极端。

气动活塞式执行机构的行程一般为 $25 \sim 100 \, \text{mm}$。

（二）阀体部件

阀体部件是一个局部阻力可以改变的节流元件，由于阀芯在阀体内移动，改变了阀芯和阀座之间的流通面积，也就是改变了阀体部件的阻力系数，所以被调介质的流量也就相应地发生变化。

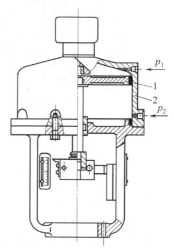

图 6-5　气动活塞式执行机构

1—活塞；2—气缸

下面介绍几种常见的阀体部件。

（1）直通单座阀

直通单座阀的结构如图 6-6 所示。由图可见阀体内只有一个阀芯和一个阀座，这种阀的优点是可调范围大，泄漏量小，易于严密关闭，其至完全切断。因此结构上可分为调节型和切断型两种，其区别是阀芯的形状不同，前者为柱塞型，后者为平板型。阀有正装和反装两种形式，当阀芯向下移动时，阀芯与阀座间的流通面积减小，称为正装；反之，称为反装。图 6-6 所示的结构是双导向正装调节阀，若把阀杆与阀芯的下端连接，则正装改成了反装。

245

公称直径小于 25mm 的阀芯为单导向，只能正装，不能反装。这种阀的缺点是介质对阀芯推力大，即不平衡力大，特别是在高压差、大口径时更为严重，因此只适合于低压差场合，否则应选用推力大的执行机构或配以阀门定位器。

（2）直通双座阀

直通双座阀的结构如图 6-7 所示。由图可见阀体内有两个阀芯和两个阀座，这种阀的优点是可调范围大。流体从左侧进入，通过阀芯和阀座，从右侧流出。它比同口径的直通单座阀能通过更多的流体介质，流通能力约大 20%～50%。流体作用在上、下阀芯上的不平衡力可以相互抵消，所以不平衡力小。将直通双座阀由正装改成反装极其方便，只要把阀芯倒装，阀杆与阀芯的下端连接，上、下阀座互换位置并反装之后即可。这种阀的缺点是泄漏流量大，因为上、下阀芯不能保证同时关闭。特别是阀体流路较复杂，在高压差流体中使用时，对阀体的冲刷和气蚀比较严重，也不适合在高黏度介质和含有纤维介质的场合中使用。多用于集中供热（冷）的水系统中，使管网流量按需分配，解决冷热不均的问题，可节能节电 15%～20%。

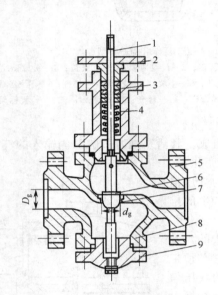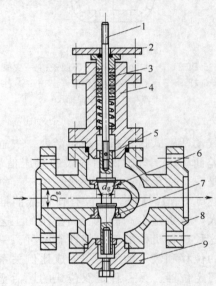

图 6-6　直通单座阀

1—阀杆；2—压板；3—填料；4—上阀盖；5—阀体；
6—阀芯；7—阀座；8—衬套；9—下阀盖

图 6-7　直通双座阀

1—阀杆；2—压板；3—填料；4—上阀盖；5—衬套；
6—阀芯；7—阀座；8—阀体；9—下阀盖

（3）角形阀

角形阀的结构如图 6-8 所示，由图可见阀体为直角形。它流路简单阻力小，适于高差压、高黏度、含有悬浮物和颗粒状介质的调节，可以避免结焦、堵塞，也便于自洁和清洗。角形阀一般用于底进侧出。因为稳定性好，在高压差场合，为了延长阀芯的使用寿命，也可采用侧进底出，但侧进底出在小开度时容易发生振荡。

（4）蝶阀

蝶阀的结构如图 6-9 所示，由阀体、挡板、挡板轴、密封等组成。蝶阀的优点是流通能力大、压力恢复系数高、价格便宜，特别适合低压差、大口径、大流量、带有悬浮物的流体调节。一般泄漏量较大，但也有泄漏量极小、性能极好的蝶阀结构。某些蝶阀转动角度限制在 60° 以内，60° 以后转矩大，工作不稳定，特性也不好。

（5）套筒阀

套筒阀的结构如图 6-10 所示。阀体和直通单座阀相似，套筒内有一个圆柱形套筒，根据流通能力的大小，套筒的窗口可分为1个、2个或4个。利用套筒的导向，阀芯可在套筒中上下移动，由于这种移动改变了套筒的节流孔面积，形成了各种特性，实现流量调节。由于套筒采用平衡型的阀芯结构，阀芯和套筒侧面导向，因此不平衡力小，稳定性好，不易振荡，从而改善了原有阀芯易于损坏的状况。这种阀允许压差大，噪声小。当改变套筒节流形状时，就可得到所需的流量特性，如图6-11所示。这种阀的阀座不用螺纹连接，加工容易，维修方便。

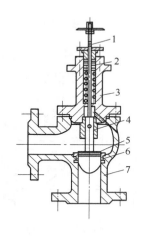

图 6-8　角形阀

1—阀杆；2—填料；3—阀盖；
4—衬套；5—阀芯；6—阀座；7—阀体

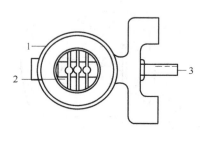

图 6-9　蝶阀

1—阀体；2—阀板；3—阀轴

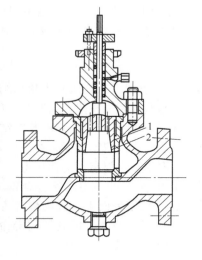

图 6-10　套筒阀

1—套筒；2—阀芯

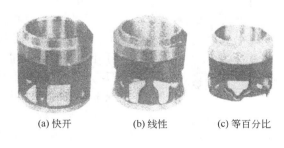

(a) 快开　　　(b) 线性　　　(c) 等百分比

图 6-11　不同形状的套筒

（6）偏心旋转阀

偏心旋转阀的结构如图6-12所示。球面阀芯连在柔臂上与轮壳相接，轮壳与转轴用键滑配，球面阀芯的中心线与转轴中心偏离，转轴带动阀芯偏心旋转，由于这种偏心旋转，使阀芯向前下方进入阀座。工作时，转轴的运动是由气动执行机构来驱动，推杆的运动通过曲柄传给转轴。偏心旋转阀的特点是：阀芯和阀座闭合时依靠柔臂的弹性变形，自动对中，密封性好，泄漏量小；流路简单，流阻小，比同样口径的其他阀流通能力大；流体不平衡力小，允许压差大；可耐较高温度。此外它结构简单、体积小、重量轻、价格低。在啤酒大罐发酵的工艺中，多用于冷却管道的流量调节。

（7）隔膜阀

隔膜阀的结构如图 6-13 所示，隔膜阀的阀体采用铸铁或不锈钢，并衬以各种耐腐蚀或耐磨材料。隔膜的材料有橡胶和聚四氟乙烯。隔膜阀耐腐蚀性能强，适用于强酸、强碱等腐

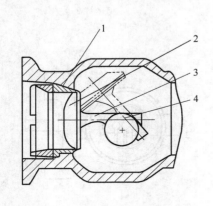

图 6-12　偏心旋转阀
1—阀座；2—阀芯；3—柔臂；4—轮壳

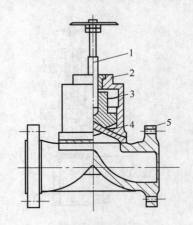

图 6-13　隔膜阀
1—阀杆；2—阀盖；3—阀芯；4—隔膜；5—阀体

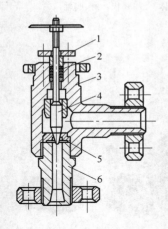

图 6-14　高压阀
1—压板；2—填料；3—上阀体；
4—阀芯；5—阀座；6—下阀体

蚀性介质。它的结构简单，流阻小，流通能力较同口径的其他阀大；无泄漏量，能用于高黏度及有悬浮物的流体调节；隔膜把流体和外界隔离，不须填料流体也不会外漏。但是由于隔膜和衬里的限制，耐压性、耐温性较差，一般只用于压力 1MPa、温度 150℃ 以下的场合。

（8）高压阀

高压阀的结构如图 6-14 所示，由图可见高压阀为角形结构。上、下阀体为锻造结构，填料箱与阀体做成整体，阀座与下阀体分开。这种结构加工简单，阀座易于配换。阀芯为单导向结构，只有正装。因为不平衡力大，一般要配阀门定位器。在高压差情况下，流体对材料的冲刷和气蚀严重，为提高阀的使用寿命，可从材料和结构两个方面考虑，阀心头部可采用硬质合金钢或渗铬，整个阀芯用整体钨铬钴合金或采用表面堆焊或喷焊等方法。阀座可渗铬，亦可用特殊合金。由于单级阀芯的高压阀寿命短，根据流体多级降压的原理，已采用多级阀芯的高压阀。

第二节　阀体部件的特性分析

一、阀体部件的流量方程及流量系数

阀体部件是一个局部阻力可以改变的节流元件。当流体流过阀体部件时，由于阀芯、阀座所造成的流通面积的局部缩小，形成局部阻力，并使流体在该处产生能量损失，通常用阀

体部件前后的压差来表示能量损失的大小。

因为阀体部件前后的管道直径一致，流速相同，根据流体的能量守恒原理，可得到流体经过阀体部件的能量损失等于阀体部件前后流体的压头之差：

$$H = (p_1 - p_2)/\rho g$$

式中　H——单位质量流量流经阀体部件的能量损失，cm；

p_1——阀体部件前的压力，0.1Pa；

p_2——阀体部件后的压力，0.1Pa；

ρ——流体密度，g/cm^3（$10^{-5} N \cdot s^2/cm^4$）；

g——重力加速度，cm/s^2。

如果阀体部件的开度不变，流经阀体部件的流体是不可压缩的，即流体的密度不变，那么单位质量流体的能量损失与流体的功能成正比，则

$$H = \zeta u^2/2g$$

式中　ζ——阀体部件的阻力系数，与阀门结构形式、流体的性质和开度有关；

u——流体的平均流速，cm/s。

又因为流体在阀体部件中的平均流速为

$$u = q_v/A$$

式中　q_v——流体的体积流量，cm^3/s；

A——阀体部件连接管截面积，cm^2。

综合上述三式，可得阀体部件的流量方程为

$$q_v = (A/\sqrt{\zeta})\sqrt{2\Delta p/\rho} \tag{6-1}$$

如果截面积 A 和密度 ρ 仍采用原来的单位，而体积流量 q_v 采用 m^3/h 调节阀前后压差 Δp 采用 $1.0 \times 10^2 kPa$（$10N/cm^2$），那么式（6-1）可改写成：

$$q_v = (5.09A/\sqrt{\zeta})\sqrt{\Delta p/\rho} \tag{6-2}$$

式（6-2）是阀体部件实际应用的流量方程。可见当阀体部件的口径一定，即阀体部件的连接管截面积 A 一定，并且阀体部件两端的压差 Δp 不变时，阻力系数 ζ 减小，流量 q_v 增大；反之 ζ 增大，q_v 减小。所以阀体部件的工作原理就是通过改变阀芯的位移来改变流通截面积，从而改变阻力系数达到流量调节的目的。

再把式（6-2）改写成

$$q_v = C\sqrt{\Delta p/\rho} \tag{6-3}$$

则　　　　　　　　　　$$C = 5.09A/\sqrt{\xi}$$

C 称为流量系数，它与阀芯和阀座的结构、阀前后的压差、流体性质等因素有关。因此它表示阀体部件的流通能力，但必须规定一定的条件。

我国的流量系数 C 的定义为：在阀体部件全开，阀两端压差为 $1.0 \times 10^2 kPa$，介质密度为 $1g/cm^3$ 时，流经阀体部件的 m^3/h 的流量数。

根据这个定义，如有 C 值为 32 的阀体部件，则表示当阀全开，阀两端压差为 1.0×10^2 kPa 时，每小时能通过的水量为 $32m^3$。

国外采用 C_v 表示流量系数。C_v 的定义为：用 $60°F$ 的清水，保持阀两端的压差为 $1lb/in^2$，阀全开状态下每分钟流过的水的美加仑数。

C 和 C_v 经单位换有如下关系：

$$C_v = 1.167C$$

必须注意，在式（6-3）中 Δp 的单位采用 $10^2\,kPa$（$10^5\,Pa$），如果把单位改成 kPa（$10^3\,Pa$），则式（6-3）可改为

$$q_v = 0.1C\sqrt{\Delta p/\rho}$$

式中的系数 0.1 是单位换算过程中产生的。

如果把上式中 Δp 的单位由 kPa 改成 Pa，则式（6-3）可改为

$$q_v = (C/316)/\sqrt{\Delta p/\rho}$$

式中的系数 1/316 是单位换算过程中产生的，读者感兴趣可自行推导。

二、阀体部件的可调比

阀体部件的可调比就是阀体部件所能控制的最大流量和最小流量之比。可调比用 R 来表示

$$R = q_{vmax}/q_{vmin}$$

要注意，最小流量 q_{vmin} 和泄漏量不同。最小流量是指可调流量的下限值，它一般为最大流量的 2%～4%；而泄漏量是阀全关时泄漏的量，它仅为最大流量的 0.1%～0.01%。

（一）理想可调比

当阀体部件上的压差一定时，可调比称为理想可调比：

$$R = q_{vmax}/q_{vmin} = (C_{max}\sqrt{\Delta p/\rho})/(C_{min}\sqrt{\Delta p/\rho})$$

理想可调比等于最大流量系数和最小流量系数之比，它反映了阀体部件调节能力的大小，是由结构设计决定的。一般希望可调比大一些，但由于阀芯结构设计和加工的限制，C_{min} 不能太小，因此一般理想可调比 <50。我国统一设计时，$R = 30$。

（二）实际可调比

在实际工作中阀体部件总是与管道系统串联或者是并联，随着管道系统的阻力变化或旁路阀开启程度的不同，阀体部件的可调比也相应地发生变化，这时的可调比就称为实际可调比。

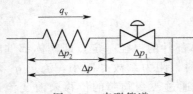

图 6-15　串联管道

1. 和管道串联时的可调比

如图 6-15 所示的串联管道，由于流量的增加，管道的阻力损失也增加。若系统的总压降 Δp 不变，分配到阀体部件上的压差相应减小，这就使阀体部件所能通过的最大流量减小，所以串联管道时阀体部件实际可调比就会下降。若用 $R_{实际}$ 表示阀体部件的实际可调比，则

$$R_{实际} = q_{vmax}/q_{vmin} = (C_{max}\sqrt{\Delta p_{min}/\rho})/(C_{min}\sqrt{\Delta p_{max}/\rho}) = R\sqrt{\Delta p_{min}/\Delta p_{max}}$$

$$\approx R\sqrt{\Delta p_{min}/\Delta p}$$

令

$$S = \Delta p_{min}/\Delta p$$

则

$$R_{实际} \approx R\sqrt{S} \tag{6-4}$$

式中　Δp_{max}——阀体部件全关时阀前后的压差（近似等于系统总压差）；

　　　Δp_{min}——阀体部件全开时阀前后的压差；

　　　S——阀体部件全开时阀前后的压差和系统总压差之比。称为阀阻比。

由式（6-4）可知，当 S 值越小，即串联管道的阻力损失越大时，实际可调比越小。其变化情况如图 6-16 所示。

2. 和管道并联时的可调比

如图 6-17 所示的并联管道，当打开与阀体部件并联的旁路时，实际可调比为

$$R_{\text{实际}}=q_{v\max}/(q_{v\min}+q_{v2})$$

式中　$q_{v\max}$——总管最大流量；

　　　$q_{v\min}$——阀体部件最小流量；

　　　q_{v2}——旁路流量。

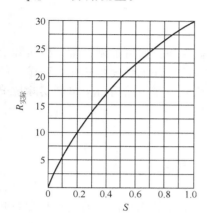

图 6-16　串联管道的可调比

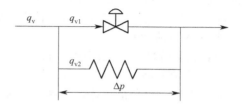

图 6-17　并联管道

若令　　　　　　　　　　　　　　$X=q_{v1\max}/q_{v\max}$

式中　$q_{v1\max}$——阀体部件全开时的流量。

则　　　$R_{\text{实际}}=q_{v\max}/[Xq_{v\max}/R+(1-X)q_{v\max}]=R/[R-(R-1)X]$　　　　(6-5)

从上式可知，当 X 值越小，即旁路流量越大时，实际可调比就越小。它的变化如图 6-18所示，从图中可看出旁路阀的开度对实际可调比影响甚大。

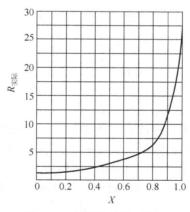

图 6-18　并联管道的可调比

由式(6-5)可得

$$R_{\text{实际}}=1/[1-X(R-1)/R]$$

因为，$R\gg1$，所以

$$R_{\text{实际}}\approx1/(1-X)=q_{v\max}/q_{v2}　　　　(6-6)$$

式(6-6)表明管道并联实际可调比与阀体部件本身的可调比无关。阀体部件的最小流量一般比旁路流量小得多，因此可调比实际上就是总管最大流量与旁路流量的比值。综上所述，串联或并联管道都将使实际可调比下降，所以在选择阀体部件及组成控制系统时不能使 S 值太小，应尽量避免打开并联旁路阀，以保证阀体部件有足够的可调比。

三、阀体部件的流量特性

阀体部件的流量特性是指介质流过阀体部件的相对流量和相对位移（相对开度）之间的函数关系：

$$q_v/q_{vmax}=f(l/L)$$

式中　q_v/q_{vmax}——相对流量；

　　　　l/L——相对位移。

一般来说，改变阀体部件阀芯和阀座之间的流通截面积，便可控制流量。但实际上由于多种因素的影响，比如在节流面积变化的同时，阀前后的压差也会发生变化，而压差的变化又将引起流量的变化。为了便于分析，先假设阀前后压差不变，然后再引申到实际情况进行研究，前者称为固有流量特性，后者称为安装流量特性。

固有流量特性是阀前后压差保持不变的特性。

（一）固有流量特性

固有流量特性主要有四种：直线、对数、抛物线、快开。

1. 直线流量特性

直线流量特性是指阀体部件单位相对位移的变化所引起的相对流量的变化是常数。其数学表达式为

$$\mathrm{d}(q_v/q_{vmax})/\mathrm{d}(l/L)=K \tag{6-7}$$

式中　K——阀体部件的放大系数。

将式（6-7）积分，得

$$q_v/q_{vmax}=Kl/L+C \tag{6-8}$$

将边界条件

$$l=0 \qquad q_v=q_{vmin}$$
$$l=L \qquad q_v=q_{vmax}$$

代入式（6-8），则

$$C=q_{vmin}/q_{vmax}=l/R$$
$$K=1-l/R$$

所以

$$q_v/q_{vmax}=l/R+(1-l/R)l/L \tag{6-9}$$

将 q_v/q_{vmax} 和 l/L 之间的关系描述在直角坐标系上，就是图 6-19 中的曲线 2。从图中可以看出，曲线的斜率为常数，即直线流量特性的放大系数为常数。需注意的是，当可调比不同时，特性曲线的纵坐标上的起点是不同的。比如 $R=30$，$l/L=0$ 时，$q_v/q_{vmax}=0.33$。为了便于分析和计算，假设 $R=\infty$，即特性曲线的起点为坐标原点，这时相对位移变化10%所引起的相对流量的变化也是10%。但是相对流量的变化率则不同了。相对流量的变化率定义为：特性曲线上某一点的相对流量的变化量和该点的相对流量之比。下面以相对位移在10%、50%、80%三点为例，假设相对位移的变化量都是10%，来计算其相对流量的变化率：

$l/L=10\%$ 处，相对流量的变化率$=(20-10)/10\times100\%=100\%$

$l/L=50\%$ 处，相对流量的变化率$=(60-50)/50\times100\%=20\%$

$l/L=80\%$ 处，相对流量的变化率$=(90-80)/80\times100\%=12.5\%$

可见直线流量特性在小开度时，相对流量的变化率大，灵敏度高，不易控制，甚至会产生振荡；在大开度时，相对流量的变化率小，灵敏度低，调节缓慢，不够及时。

直线流量特性的阀芯形状如图 6-20 中的 2 所示。

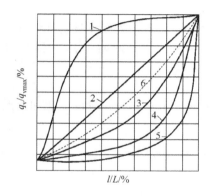

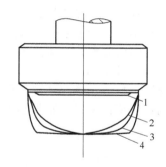

图 6-19　固有流量特性

1—快开；2—直线；3—抛物线；

4—对数；5—双曲线；6—修正抛物线

图 6-20　不同流量特性的阀芯形状

1—快开；2—直线；3—抛物线；4—对数

2. 对数流量特性

对数流量特性是指阀体部件单位相对位移的变化所引起的相对流量的变化和此点的相对流量成正比关系。其数学表达式为

$$d(q_v/q_{vmax})/d(l/L)=Kq_v/q_{vmax} \tag{6-10}$$

将式(6-10) 积分，得

$$\ln(q_v/q_{vmax})=Kl/L+C \tag{6-11}$$

将边界条件

$$l=0 \qquad q_v=q_{vmin}$$
$$l=L \qquad q_v=q_{vmax}$$

代入式(6-11)，则

$$C=\ln(q_{vmin}/q_{vmax})=-\ln R$$
$$K=\ln R$$

所以

$$q_v/q_{vmax}=R^{(l/L-1)} \tag{6-12}$$

将 q_v/q_{vmax} 和 l/L 之间的关系描述在直角坐标系上就是图 6-19 中的曲线 4。从图中可以看出，假设 $R=\infty$，即特性曲线的起点为坐标原点，当相对位移在 10%、50%、80% 三点时，若相对位移变化 10% 所引起的相对流量的变化分别是 1.19%、7.3% 和 20.4%，则相对流量的变化率都是 40%。

可见对数流量特性在小开度时，阀体部件的放大系数小，调节平稳缓和；在大开度时，阀体部件的放大系数大，调节灵敏有效。无论是小开度还是大开度，相对流量的变化率都是相等的，表明流量变化的百分比是相同的。

对数流量特性的阀芯形状如图 6-20 中的 4 所示。

3. 抛物线流量特性

抛物线流量特性是指阀体部件单位相对位移的变化所引起的相对流量的变化和此点的相对流量的平方根成正比的关系。其数学表达式为

$$d(q_v/q_{vmax})/d(l/L)=K(q_v/q_{vmax})^{1/2} \tag{6-13}$$

将式(6-13) 积分，代入边界条件，整理可得

$$q_v/q_{vmax}=[1+(R^{1/2}-1)l/L]^2/R \tag{6-14}$$

将 q_v/q_{vmax} 和 l/L 之间的关系描述在直角坐标系上就是图 6-19 中的曲线 3。从图中可以看出，它介于直线流量特性和对数流量特性之间。

抛物线流量特性的阀芯形状如图 6-20 中的 3 所示。

为了弥补直线流量特性在小开度时调节性能差的缺点，在抛物线流量特性的基础上派生出一种修正抛物线流量特性，如图 6-19 中的曲线 6 所示。它在相对位移 30％及相对流量 20％这段区间内为抛物线流量特性，而在此以外的范围是直线流量特性。

4. 快开流量特性

快开流量特性是指阀体部件单位相对位移的变化所引起的相对流量的变化和此点的相对流量的倒数成正比关系。其数学表达式为

$$d(q_v/q_{vmax})/d(l/L)=K/(q_v/q_{vmax}) \tag{6-15}$$

将式 (6-15) 积分，代入边界条件，整理可得

$$q_v/q_{vmax}=[1+(R^2-1)l/L]^{1/2}/R \tag{6-16}$$

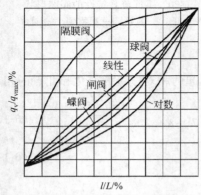

图 6-21 几种阀体部件的流量特性

将 q_v/q_{vmax} 和 l/L 之间的关系描述在直角坐标系上就是图 6-19 中的曲线 1。从图中可以看出，这种流量特性在小开度时就有较大的流量，随着开度的增加，流量很快达到最大，以后再增加开度，流量几乎没有变化。这种流量特性适用于迅速开关的切断阀或双位控制系统。

快开流量特性的阀芯形状如图 6-20 中的 1 所示。

各种阀门部件都有其特定的流量特性，如图 6-21 所示。其中隔膜阀的特性已经接近快开流量特性，所以它的工作段应在相对位移 60％以下。而蝶阀的特性接近于对数流量特性。对于隔膜阀和蝶阀，不可能通过改变阀芯的形状来改变其流量特性，只有通过改变阀门定位器反馈凸轮的形状来实现。

（二）安装流量特性

在实际过程中，阀体部件的前后压差总是变化的，这时的流量特性称为安装流量特性。

1. 和管道串联时的安装流量特性

以图 6-15 所示的串联系统为例来讨论。从图中可知，系统的总压差 Δp 等于阀体部件的压差 Δp_1 和管道系统的压差 Δp_2 之和：

$$\Delta p =\Delta p_1+\Delta p_2 \tag{6-17}$$

假设理想状态下阀体部件两端的压差不变，即 Δp_1 不变，则

$$q_v/q_{vmax}=C/C_{max}$$

根据阀体部件流量特性的定义，有

$$q_v/q_{vmax}=f(l/L)$$

因此

$$C/C_{max}=f(l/L)$$
$$C=C_{max}f(l/L)$$

流经阀体部件的流量

$$q_v=C\sqrt{\Delta p_1/\rho}=C_{max}f(l/L)\sqrt{\Delta p_1/\rho}$$

流经管道系统的流量

$$q_v'=C_G\sqrt{\Delta p_2/\rho}$$

式中　C_G——管道系统的流量系数。

254

根据流体的连续性和能量守恒定律可知

$$q_v = q_v'$$

$$C_{\max} f(l/L) \sqrt{\Delta p/\rho} = C_G \sqrt{\Delta p_2/\rho}$$

将式(6-17)代入上式

$$\Delta p_1 = C_G^2 \Delta p /[C_{\max}^2 f^2(l/L) + C_G^2]$$

当阀体部件全开时，$f^2(l/L) = 1$，则

$$\Delta p_1 = C_G^2 \Delta p /(C_{\max}^2 + C_G^2)$$

因此

$$\Delta p_1/\Delta p = C_G^2 /[C_{\max}^2 + C_G^2] = S$$

当阀体部件不全开时，$f^2(l/L) \neq 1$，则

$$\Delta p_1 = C_G^2 \Delta p /[C_{\max}^2 f^2(l/L) + C_G^2]$$
$$= \Delta p /[(1/S - 1)f^2(l/L) + 1] \tag{6-18}$$

式(6-18)表示阀体部件压差的变化规律，利用它可推出阀体部件的安装流量特性。

以 $q_{v\max}$ 表示无管道阻力存在时阀体部件全开流量，以 q_{v100} 表示有管道阻力存在时阀体部件全开流量，则有以下方程：

$$q_v/q_{v\max} = f(l/L) \sqrt{1/[(1/S - 1)]f^2(l/L) + 1} \tag{6-19}$$

$$q_v/q_{v100} = f(l/L) \sqrt{1/[(1 - S)f^2(l/L) + S]} \tag{6-20}$$

式(6-19)和式(6-20)分别为串联管道时以 $q_{v\max}$ 和 q_{v100} 作参比值的安装流量特性。这时，对于固有流量特性为直线和对数的阀体部件，在不同的 S 值下，安装流量特性畸变情况如图6-22和图6-23所示。

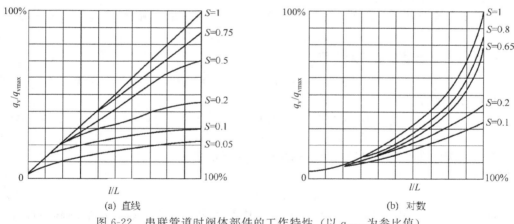

(a) 直线　　　　　　　　　　　　　(b) 对数

图6-22　串联管道时阀体部件的工作特性（以 $q_{v\max}$ 为参比值）

对以上各图的分析可知，在 $S = 1$ 时，管道阻力损失为零，系统的总压差全部降落在阀体部件上，安装流量特性和固有流量特性是一致的。随着 S 的减小，管道阻力损失增加，不仅阀体部件全开时的流量减小，而且流量特性曲线也发生很大的畸变，成为一系列向上拱的曲线。直线流量特性趋近于快开特性，对数特性趋近于直线特性。此时一方面可调比缩小，一方面由于流量特性畸变的结果，使小开度时放大系数变大，阀体部件过于灵敏，调节不稳定。大开度时放大系数小，调节迟钝，影响调节质量。因此实际使用中希望阀阻比 $S >$ 0.3～0.5。

在现场使用中，如果阀体部件选得过大或生产处于低负荷状态时，阀体部件必然工作在小开度下，为了提高工作点位置，使阀体部件具有一定的开度，往往把工艺阀门关小一些，

以便增加管道阻力，这样虽然保证阀体部件具有一定的开度，但是造成 S 值的下降，使流量特性发生严重畸变，反倒恶化了调节质量。

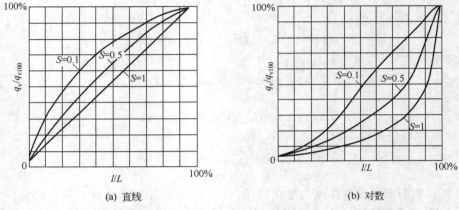

(a) 直线　　　　　　　　　　　　　(b) 对数

图 6-23　串联管道时阀体部件的工作特性（以 q_{v100} 为参比值）

2. 和管道并联时的安装流量特性

有的阀体部件装有旁路，当生产能力提高或由于其他原因使阀体部件满足不了工艺生产的要求时，也可以把旁路开大一些，如图 6-17 所示。这时阀体部件的固有流量特性就变成了安装流量特性，显然管道的总流量等于阀体部件流量和旁路流量之和：

$$q_v = q_{v1} + q_{v2} = C_{max} f(l/L) \sqrt{\Delta p/\rho} + C_B \sqrt{\Delta p/\rho}$$

式中　C_B——旁路的流量系数。

若阀体部件全开时，$f(l/L) = 1$，那么通过阀体部件的最大流量为

$$q_{v1max} = C_{max} \sqrt{\Delta p/\rho}$$

此时管道的总流量也达到最大值，即

$$q_{vmax} = (C_{max} + C_B) \sqrt{\Delta p/\rho}$$

管道的相对流量为

$$q_v/q_{vmax} = [C_{max} f(l/L) + C_B]/(C_{max} + C_B) \tag{6-21}$$
$$X = q_{v1max}/q_{vmax} = C_{max}/(C_{max} + C_B)$$

式中　X——阀体部件全开时最大流量和总管最大流量之比。

把 X 代入式(6-21)，得

$$q_v/q_{vmax} = Xf(l/L) + (1-X) \tag{6-22}$$

式(6-22) 表示并联管道的工作流量特性。固有流量特性为直线、对数的阀体部件，在不同的 X 值时，安装流量特性如图 6-24 所示。

由图可以看出，打开旁路的调节方法是不好的，虽然阀体部件本身的流量特性变化不大，但是可调比却下降了。同时系统总有串联管道阻力的影响，阀体部件上的压差会随着流量的增加而降低，这就使系统的可调比下降得更多，导致阀体部件在整个位移中变化时所能控制的流量变化很小，甚至不起调节作用。

根据现场经验，一般认为旁路流量只能为总流量的百分之十几，即 X 值不能低于 0.8。

四、闪蒸、空化及其对策

（一）闪蒸和空化

在阀体部件内流动的液体，常常出现闪蒸和空化两种现象。

阀体部件是如何发生这种现象的呢？下面通过讨论孔板的工作情况来说明这一问

256

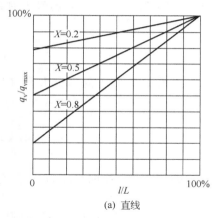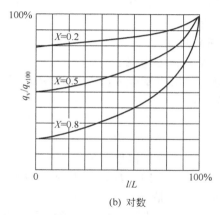

(a) 直线 (b) 对数

图 6-24 并联管道时阀体部件的安装流量特性

题，因为这种情况和阀体部件在某一固定开度下的工作情况是一样的。如图 6-25 所示，当压力为 p_1 的液体流经节流孔时，流速突然急剧增加，而静压力骤然下降，当孔后压力 p_2 达到或者低于该液体所在情况下的饱和蒸汽压时，部分液体产生汽化，形成气液两相共存的现象，这种现象称为闪蒸。产生闪蒸之后，p_2 并不保持在饱和蒸汽压以下，而是离开节流孔之后又急剧上升，这时气泡破裂转化为液态，这种现象称为空化。所以第一阶段液体内部形成空腔或气泡，即闪蒸阶段；第二阶段气泡发生破裂即空化阶段。

（二）损害

（1）材质的损坏

由于气泡破裂会产生极大的冲击力，每平方厘米高达几千牛顿，因此严重地冲击、损坏阀芯、阀座、阀体，造成汽蚀作用。汽蚀作用可以理解为空化对阀体部件的破坏现象。尤其在高压差情况下，连极硬的阀芯、阀座也只能使用很短的时间。许多资料表明阀芯、阀座的破坏往往产生在表面，尤其是在密封处。图 6-26 表示被汽蚀破坏的阀芯。

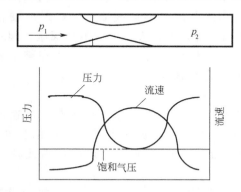

图 6-25　节流孔压力和流速的变化图

图 6-26　被汽蚀破坏的阀芯

（2）震动

闪蒸和空化还带来阀芯的振动。阀芯的振动包括垂直振动和水平振动，垂直振动和水平振动分别来自流体对阀芯的垂直撞击和水平撞击。由于振动可造成机械磨损和破坏。

（3）噪声

噪声一般来自 3 个方面：阀芯振动造成的噪声；空化造成的噪声；高速气体造成的气体

动力噪声。一般认为 8h 之内连续大于 90dB 或 15min 之内连续大于 115dB 的噪声对人的健康是有害的。

（三）对策

1. 从压差上考虑

避免空化的根本方法是不让阀体部件的使用压差＞最大允许压差。最大允许压差用 Δp_T 表示：

$$\Delta p_T = K_c(p_1 - p_v)$$

式中　p_1——阀前压力，kPa；

$\quad\quad p_v$——阀前温度下的饱和蒸汽压，kPa；

$\quad\quad K_c$——汽蚀系数，它因介质种类、阀芯形状、阀体结构和流向而不同，口径越大，K_c 越小，一般情况下，$K_c = 0.25 \sim 0.65$。

为了不使阀体部件在空化条件下工作，必须使 $\Delta p < \Delta p_T$。如果因工艺条件的限制必须使 $\Delta p > \Delta p_T$，可以串联两个以上的阀体部件，使压差分配在两个阀体部件上，使每个阀体部件的压差 Δp 都小于 Δp_T，这样就可以避免空化，即避免汽蚀。

必须指出，当 $\Delta p < 2.5\text{MPa}$ 时，即使产生汽蚀现象，对材质的破坏也不严重，因此不需要采用什么特殊措施。如果压差较高，就要设法避免和解决汽蚀问题。如对角形阀采用侧进流体时，阀芯寿命就比底进流体时长，因为避免了密封面的直接破坏。另外，在阀前或阀后安装限流孔板也可以吸收一些压降。

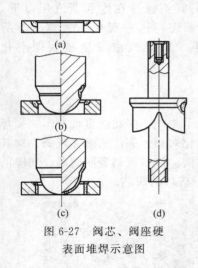

图 6-27　阀芯、阀座硬表面堆焊示意图

2. 从材料上考虑

一般情况，材料越硬，抗蚀能力越强，但至今仍没找到长时间抵抗严重空化作用而不受损害的材料，因此在有空化作用的情况下，应该考虑到阀芯、阀座易于更换。目前制造阀芯、阀座的材料从抗空化的角度出发，国内外使用最广泛的是司立钛合金、硬化工具钢、钨碳钢。后者虽硬度高、抗蚀能力强，但极易脆裂。当用司立钛合金时，可在某些不锈钢基体上进行堆焊或喷焊，以形成硬化表面。按不同的使用条件，硬化表面可局限于阀座、阀芯和阀座的密封线处［图 6-27(a)、（b)］；也可在整个表面［图 6-27(c)］或阀芯导柱处［图 6-27(d)］。

3. 从结构上考虑

可设计特殊结构的阀芯、阀座，以避免汽蚀的破坏作用。其基本原理是使高速流体通过阀芯、阀座时每一点都高于在该温度下的饱和蒸汽压，或者使液体本身相互冲撞，在通道内导致高速紊流，使阀体部件中液体的动能由于摩擦而变为热能，因此减少气泡的形成区。

① 采用逐级降压原理，把阀体部件总的压差分成几个小压差，逐级降压，每一级都不超过临界压差，如图 6-28 所示。

② 利用液流的多孔节流原理减少汽蚀的发生。这类阀体部件的结构特点是，在阀体部件的套筒壁上或阀芯上开有许多特殊形状的孔［图 6-29 是带有锥孔的阀芯，图6-30(a)是带有阶梯孔的套筒］。当液体从各个小孔喷射进去后，液体在套筒中心相互碰撞，一方面由于碰撞消耗了能量，起到缓冲作用；另一方面因气泡的破裂发生在套筒中心，这样就避免了对阀芯和套筒的直接破坏。图 6-30(b) 为多孔式阀芯的阀体部件。

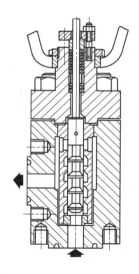

图 6-28　多级阀芯的阀体部件

图 6-29　锥孔阀芯

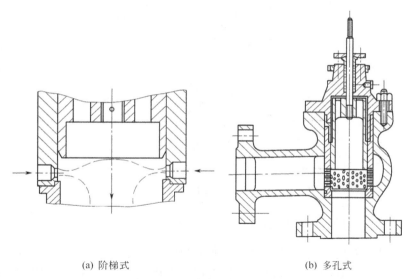

(a) 阶梯式　　　　　　　　　　　(b) 多孔式

图 6-30　阶梯孔和多孔式阀芯

五、压力恢复能力和压力恢复系数

以前在建立 C 值的计算公式时，假设流体为理想流体，不考虑阀体部件的结构对流动的影响，只考虑阀体部件前后的压差，认为压差直接从 p_1 降到 p_2。实际上当流体通过阀体部件时，其压力的变化情况如图 6-25 所示。根据流体的能量守恒定律可知，当阀芯、阀座处于节流作用而在附近的下游处产生一个缩流，其流速最大，静压最小。在远离缩流处，随着阀内流通截面积的增大，流体的流速减小，由于相互摩擦，部分能量转换成内能，大部分静压被恢复，但不可能恢复到原来的 p_1 值，因此形成压差 Δp。

当介质为气体时，由于它具有压缩性，当阀体部件上的压差达到某一临界值时，其流量也达到极限。这时即使再增加压差，流量也不会增大。当介质为液体时，一旦压差增加到足以引起液体气化，即产生闪蒸和空化时，出现的极限流量被称为阻塞流。由图 6-31 可知阻塞流产生于缩流处及其下游，产生阻塞流时的压差 $\Delta p_{vc} \neq \Delta p$。为了说明这一特性，引入压

力恢复系数 F_L：

$$F_L = \sqrt{(p_1 - p_2)/(p_1 - p_{vc})}$$

式中　$p_1 - p_2 = \Delta p_T$——产生阻塞流时阀体部件两端的压差；

$\quad\quad\quad p_{vc}$——产生阻塞流时在缩流处的压力。

F_L 值是阀体部件内部几何形状的函数，表示阀体部件内流体流经缩流处之后动能变为静压的恢复能力。一般 $F_L = 0.5 \sim 0.98$。F_L 越小，Δp 比 $p_1 - p_{vc}$ 小得越多，即压力恢复越大。

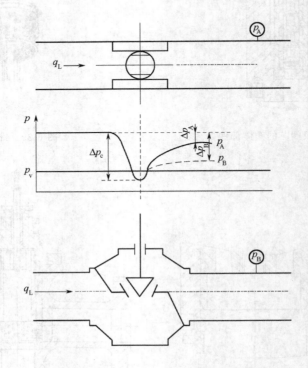

图 6-31　直通单座阀和球阀的压力恢复比较

各种阀体部件的结构不同，其压力恢复能力和压力恢复系数也不相同。有的阀体部件流路好，流动阻力小，具有较高的压力恢复能力，这类阀体部件称为高压力恢复阀。如球阀、蝶阀等。有的阀体部件流路复杂，流动阻力大，摩擦损失大，压力恢复能力差，这类阀体部件称为低压力恢复阀。如直通单座阀、直通双座阀等。

F_L 的大小取决于阀体部件的结构形式，通过实验就可以测定各类阀体部件的 F_L 值。计算时可以参照表 6-1 选用。表中的 X_T 是临界压差比，其定义及作用在第四节中叙述。

表 6-1　压力恢复系数 F_L 和临界压差比 X_T

阀的类型	阀芯型式	流动方向	F_L	X_T
单座阀	柱塞形	流开	0.90	0.72
	柱塞形	流闭	0.80	0.55
	窗口形	任意	0.90	0.75
	套筒形	流开	0.90	0.75
	套筒形	流闭	0.80	0.70
双座阀	柱塞形	任意	0.85	0.70
	窗口形	任意	0.90	0.75

阀的类型	阀芯型式	流动方向	F_L	X_T
角形阀	柱塞形	流开	0.90	0.72
	柱塞形	流闭	0.80	0.65
	套筒形	流开	0.85	0.65
	套筒形	流闭	0.80	0.60
球阀	O形球阀(孔径为$0.8d$)	任意	0.55	0.15
	V形球阀	任意	0.57	0.25
偏旋阀	柱塞形	任意	0.85	0.61
蝶阀	60°全开	任意	0.68	0.38
	90°全开	任意	0.55	0.20

第三节　执行机构的特性分析

一、不平衡力和不平衡力矩

流体通过阀体部件时，阀芯受到静压和动压所产生的作用力。由于各个方向受力不等，因而产生使阀芯上下移动的轴向力和使阀芯左右旋转的切向力。对于直线位移的阀体部件来说，轴向力影响阀芯位移和执行机构输入气压信号之间的关系，因此阀芯受到的轴向合力称为不平衡力。对于角位移的阀体部件来说，影响阀芯角位移的是阀板轴受到的切向合力矩，称为不平衡力矩。

影响不平衡力和不平衡力矩的因素很多，比如阀体部件的结构类型、口径、流体的物理状态等。如果工艺介质及阀体部件结构都已确定，不平衡力（力矩）主要与阀前压力、阀前后压力差、流体与阀芯的相对流向有关。

流体流向不同时，阀芯所受的不平衡力并不一样。图6-32表示大口径的直通单座阀正装阀芯在两种不同流向下，压差不变时不平衡力与位移间的关系曲线。图中假设使阀杆受压的不平衡力为"＋"，使阀杆受拉的不平衡力为"－"。图的上部表示流体流动使阀芯打开，称流开状态；图的下部表示流体流动使 阀芯关闭，称为流闭状态。

图6-32所示曲线表明：不平衡力在阀芯全关时最大，随着阀芯开启而逐渐变小，由于中间位置受动压的影响很难用公式表示，因此在计算执行机构的作用力时，主要根据全关时来确定。

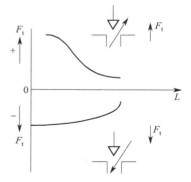

图6-32　直通单座阀不平衡力与位移的关系

参见图6-33(a) 所示的流开状态，阀杆在流体流出端的不平衡力为

$$F_t = p_1\pi d_g^2/4 - p_2\pi(d_g^2 - d_s^2)/4$$
$$= \pi(d_g^2\Delta p + d_s^2 p_2)/4 \qquad (6-23)$$

式中　d_g、d_s——阀芯、阀杆的直径，m；

　　　　p_1、p_2——阀前、阀后的压力，Pa；

　　　　　　Δp——压差，Pa。

从式(6-23)可知，F_t 始终为正值，表明阀杆处于受压状态。d_g、Δp、p_2 越大，则不平衡力 F_t 越大。所以对于高压差、高静压、大口径的直通单座阀，不平衡力是较大的。

参见图 6-33(b) 所示的流闭状态，阀杆在流体流入端的不平衡力为

$$F_t = p_2 \pi d_g^2/4 - p_1 \pi (d_g^2 - d_s^2)/4$$
$$= -\pi (d_g^2 \Delta p - d_s^2 p_1)/4 \qquad (6-24)$$

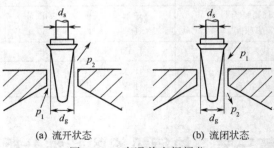

(a) 流开状态　　　　　(b) 流闭状态

图 6-33　直通单座阀阀芯

从式(6-24)可知，若 $d_s \geqslant d_g$（比如小口径高压阀），则 F_t 为正值，阀杆受压。若 $d_s \ll d_g$（比如 $D_g 25$ 以上的直通单座阀），则 F_t 为负值，阀杆受拉。若 $d_s < d_g$，则 F_t 可能为正值，也可能为负值。这表明同一阀体部件在全行程之内，由于 p_1 和 p_2 的变化，阀杆受到的不平衡力有时可能发生方向的变化。

直通双座阀、三通阀、隔膜阀等都可以采用以上方法计算不平衡力。蝶阀、偏心旋转阀的不平衡力的计算公式，则参见表 6-2。

表 6-2　各种阀体部件的不平衡力和允许压差的计算公式

调节阀型式	工作状态	不平衡力（力矩）计算公式	允许压差计算式
直通单座、角形	p_2 ↓ p_1	$F_t = \pi(d_g^2 \Delta p + d_s^2 p_2)/4$	$p_1 - p_2 = (F - F_0 - \pi d_s^2 p_2/4)/\pi d_g^2/4$
	p_2 p_1	$F_t = -\pi(d_g^2 \Delta p - d_s^2 p_1)/4$	$p_1 - p_2 = (F - F_0 + \pi d_s^2 p_2/4)/\pi d_g^2/4$
直通双座	$p_1 \to$ p_2	$F_t = \pi[(d_{g1}^2 - d_{g2}^2)\Delta p + d_s^2 p_2]/4$	$p_1 - p_2 = (F - F_0 - \pi d_s^2 p_2/4)/\pi(d_{g1}^2 - d_{g2}^2)/4$
	$p_1 \to$ p_2	$F_t = -\pi[(d_{g1}^2 - d_{g2}^2)\Delta p - d_s^2 p_2]/4$	$p_1 - p_2 = (F - F_0 + \pi d_s^2 p_2/4)/\pi(d_{g1}^2 - d_{g2}^2)/4$

调节阀型式	工作状态	不平衡力（力矩）计算公式	允许压差计算式
三通 （合流）		$F_t = \pi[d_g^2(p_1-p_1')+d_s^2 p_1']/4$	$p_1-p_1'=[\pm(F-F_0)-\pi d_s^2 p_1'/4]/\pi d_g^2/4$
三通 （分流）		$F_t = \pi[d_g^2(p_2-p_2')+d_s^2 p_2']/4$	$p_2-p_2'=[\pm(F-F_0)-\pi d_s^2 p_2'/4]/\pi d_g^2/4$
隔膜		$F_t = \pi d_g^2(p_1+p_2)/8$	$p_1+p_2=(F-F_0)/\pi d_g^2/8$
蝶阀		$M=\xi DN^3 \Delta p$	$p_1-p_2=M'/DN^2(\xi DN+Jfd/2)$

注：d_g—阀芯直径，m；d_s—阀杆直径，m；d_{g1}—双座阀的上阀芯直径，m；d_{g2}—双座阀的下阀芯直径，m；F—执行机构的输出力，N；F_0—全关时阀座的压紧力，N；M—蝶阀的不平衡力矩，N·m；M'—蝶阀的输出力矩，N·m；ξ—蝶阀的转矩系数；J—推力系数；f—阀板轴与轴承的摩擦系数；DN—蝶阀口径，m。

二、执行机构的输出力

（一）气动薄膜式执行机构的输出力

执行机构的输出力是用于克服负荷的有效力，负荷是不平衡力或不平衡力矩。根据阀体部件不平衡力的方向性，执行机构的输出力相应地也有两种方向：$+F$ 表示执行机构向下的输出力，$-F$ 表示执行机构向上的输出力，如图 6-34 所示。

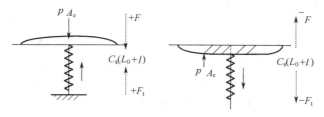

图 6-34　薄膜式执行机构的输出力

虽然气动薄膜式执行机构有正作用和反作用，但是它们的正反向输出力却可以表示成

$$\pm F = pA_e - C_s(L_0+l) \tag{6-25}$$

式中　p——执行机构的输入气压信号，kPa；

A_e——薄膜的有效面积，m²；

C_s——弹簧刚度，N/m：

$$C_s = A_e p_r / L \tag{6-26}$$

p_r——弹簧范围，相当于使弹簧产生全行程变形所需加在薄膜上的变化压力范围，Pa；

263

L_0——弹簧预紧量，m；

$$L_0 = p_i A_e / C_s \tag{6-27}$$

p_i——弹簧起动压力，相当于使弹簧产生预紧量 L_0 所需加在薄膜上的压力，弹簧自由状态时，$p_i = 0$，p_i 可根据需要在一定范围内调节；

l——推杆的位移量，m。

将式(6-26) 和式(6-27) 代入式(6-25)，得

$$\pm F = A_e(p - p_i - p_r l/L) = A_e p_F \tag{6-28}$$

上式中的 p_F 为有效输出力，用于克服负荷的有效压力。增加 p_F 或 A_e 都可以提高气动薄膜式执行机构的输出力。

对于气动薄膜式执行机构，弹簧范围通常为 $0.2 \sim 1.0 \times 10^2 \text{kPa}$，即起动压力 $p_i = 0.2 \times 10^2 \text{kPa}$，终止压力 $p = 1.0 \times 10^2 \text{kPa}$，弹簧范围 $p_r = 0.8 \times 10^2 \text{kPa}$。全行程时 $l = L$，此时

$$\pm F = A_e(1.0 \times 10^2 - 0.2 \times 10^2 - 0.8 \times 10^2 l/L) = 0$$

可见，气动薄膜式执行机构在全行程时，薄膜上的作用力完全被弹簧反作用力抵消，因此没有输出力。要使它有输出力，可采用两种方法。

(1) 调整弹簧的起动压力 p_i 的大小

例如把 $0.2 \sim 1.0 \times 10^2 \text{kPa}$ 的弹簧范围调整为 $0 \sim 0.8 \times 10^2 \text{kPa}$，此时 $p_i = 0$，$p_r = 0.8 \times 10^2 \text{kPa}$，在全行程处的输出力等于 $(0.2 \times 10^2 A_e) \text{kPa}$。

目前气动调节阀使用的弹簧范围还有：$0.4 \sim 2.0 \times 10^2 \text{kPa}$、$0.2 \sim 0.6 \times 10^2 \text{kPa}$、$0.6 \sim 1.0 \times 10^2 \text{kPa}$ 和 $0.6 \sim 1.8 \times 10^2 \text{kPa}$。分别调节各种弹簧范围的起动压力，就使执行机构具有不同的输出力。但必须注意，实际使用时调节弹簧的起动压力是很不方便的。

(2) 带阀门定位器

当气动薄膜式执行机构带上一个阀门定位器之后，可使薄膜室压力达到阀门定位器的气源压力，一般最高为 $2.5 \times 10^2 \text{kPa}$，这时能得到较大的输出力。

由上可知，对一般的气动调节阀制造厂，根据其使用情况，配备一定尺寸的薄膜，已有足够的输出力去克服不平衡力，但在高压差、高静压或大口径的情况下，考虑到不平衡力较大，常把薄膜的尺寸上升1至2号，而最方便的方法还是配用阀门定位器。

(二) 气动活塞式执行机构的输出力

常见的气动活塞式执行机构有单向和双向两种作用方式。双向活塞式执行机构在结构上是没有弹簧的，由于没有弹簧反作用力，因此它的输出力比气动薄膜式执行机构大，常用来作为大口径、高压差阀体部件的执行机构。

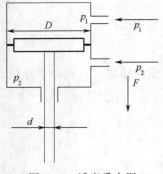

双向活塞式执行机构的受力情况如图 6-35 所示，当活塞向下移动时，其输出力为

$$F = [\pi D^2 p_1/4 - (\pi D^2 p_2/4 - \pi d^2 p_2/4)]\eta$$

$$= \pi \eta (D^2 \Delta p + d^2 p_2)/4$$

式中 F——气动活塞式执行机构的输出力，N；

D——活塞直径，m；

d——活塞杆直径，m；

p_1、p_2——上、下缸工作压力，Pa；

Δp——压差，Pa；

η——气缸效率（考虑到摩擦消耗，常取 0.9）。

图 6-35 活塞受力图

当活塞杆处于极端位置时，$p_2=0$，$p_1=p_0$。p_0为最大工作压力，即阀门定位器的气源压力。因此

$$+F=\pi\eta D^2 p_0/4$$

当活塞向上移动时，其输出力为

$$-F=(\pi D^2 p_2/4-\pi D^2 p_2/4-\pi d^2 p_1/4)\eta$$
$$=\pi\eta(D^2\Delta p-d^2 p_2)/4$$

当活塞杆处于极端位置时，$p_1=0$，$p_2=p_0$。因此

$$-F=\pi\eta p_0(D^2-d^2)/4$$

因为 $D\gg d$，所以

$$-F\approx\pi\eta D^2 p_0/4$$

综上所述，活塞式执行机构的输出力可以表示为：

$$\pm F=\pi\eta D^2 p_0/4 \qquad\qquad (6\text{-}29)$$

式(6-29)说明气动活塞式执行机构的输出力与活塞直径、最大工作压力、气缸效率有关。一般情况下最大工作压力和气缸效率都是常量，所以输出力大小主要取决于活塞直径的大小。

三、允许压差的计算

从阀体部件的不平衡力计算公式可以看出，当压差 Δp 增大时，其不平衡力或不平衡力矩也随之增大。当执行机构的输出力小于不平衡力时，它就不能在全行程范围内保证输入信号和阀芯位移的准确关系。因为确定的执行机构的输出力是固定的，所以阀体部件应限制在一定的压差范围内工作。这个压差范围就称为允许压差，用 Δp 表示。

阀体部件一般使用在流开状态，所以允许压差也是指处于流开状态时的允许压差。制造厂所列的允许压差一般为 $p_2=0$ 的数据，选用时应注意。

执行机构的输出力一般要克服以下几个分力：

$$F=F_t+F_0+F_f+F_w$$

式中　F_0——阀体部件全关时阀芯对阀座的压紧力；

　　　F_f——阀杆所受的摩擦力；

　　　F_w——阀芯等各种部件的重量。

在正常润滑情况下，摩擦力 F_f 很小，各种部件的重量 F_w 也不大，可以忽略不计，所以

$$F=F_t+F_0 \qquad\qquad (6\text{-}30)$$

阀座压紧力 F_0 的大小，取决于阀芯和阀座是硬密封接触还是软密封接触。对硬密封接触的阀体部件，F_0 相当于 $p_0=0.5\times10^2\text{kPa}$ 乘以薄膜有效面积的力。对于图 6-33（a）所示的直通单座阀，其不平衡力为

$$F_t=\pi(d_g^2\Delta p+d_s^2 p_2)/4$$

将上式代入式(6-30)，由于 $p_2=0$，$\Delta p=p_1$，所以

$$F-F_0=F_t=d_g^2 p_1/4$$

$$\Delta p=p_1=4(F-F_0)/\pi d_g^2 \qquad\qquad (6\text{-}31)$$

当执行机构和阀体部件的大小选定后，就可求出执行机构的输出力和阀体部件的压紧力，再代入式(6-31)，便可求出阀体部件两端的允许压差 Δp。

各种阀体部件的允许压差计算公式参见表 6-2。

四、静态特性和动态特性

(一)静态特性

静态特性表示静态平衡时输入压力信号和阀杆位移之间的关系。对于确定的气动调节阀，它是一个固定的特性。设 Δp 为执行机构输入气压信号的变化量，ΔL 为执行机构的位移变化量。对于任何执行机构，Δp 和 ΔL 的关系是不变的，基本上是由薄膜的大小及弹簧的刚度所决定的一个静态常数。

由于弹簧刚度的变化、薄膜有效面积的变化以及阀杆和填料之间的摩擦力，使执行机构产生非线性偏差和正反行程变差，这可以用执行机构的静态特性曲线来表示，如图 6-36 所示。图中的 X 和 Y 分别表示正行程和反行程的非线性偏差，Z 表示正反行程变差。通常一个执行机构的非线性偏差 $<\pm 4\%$，正反行程变差 $<\pm 2.5\%$，如配上阀门定位器都可以 $<1\%$。所以说阀门定位器可以改善静态特性。

(二)动态特性

动态特性表示动态平衡时输入压力信号和阀杆位移之间的关系。从控制器到执行机构膜头之间的引压管线，可以看成膜头的一部分，引压管线可以近似地认为是单容环节，膜头空间也是一个气容，将两者合并考虑，用图 6-37 表示。根据流量平衡关系可列出方程式

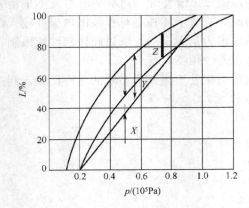

图 6-36　执行机构的静态特性

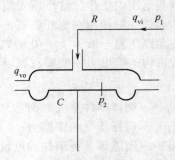

图 6-37　膜头阻容环节

$$q_{vi} - q_{vo} = C\mathrm{d}p_2/\mathrm{d}t \tag{6-32}$$

式中　C——包括膜头及引压管在内的容量系数；

　　　q_{vi}——气体的输入流量；

　　　q_{vo}——气体的输出流量。

q_{vi} 与压力的关系可近似为

$$q_{vi} = (p_1 - p_2)/R$$

式中　p_1——来自调节器的气压信号；

　　　p_2——膜头内的气体压力；

　　　R——从调节器到执行机构之间导管的阻力。

由于膜头是封闭的，所以 $q_{vo} = 0$。

将 q_{vi} 代入式(6-32)并写成如下增量方程：

$$T\mathrm{d}\Delta p_2/\mathrm{d}t + \Delta p_2 = \Delta p_1 \tag{6-33}$$

式中　$T = RC$——时间常数。

266

假设惯性力及摩擦力都可以忽略，那么作用在薄膜上的力和弹簧反作用力在平衡状态时为

$$\Delta p_2 A_e = C_s \Delta L$$

$$\Delta p_2 = C_s \Delta L / A_e \tag{6-34}$$

式中　A_e——薄膜有效面积；

　　　C_s——弹簧的刚度；

　　　ΔL——弹簧的位移（即阀杆位移）。

将式（6-34）代入式（6-33），整理可得

$$T \mathrm{d} \Delta L / \mathrm{d}t + \Delta L = A_e \Delta p_1 / C_s \tag{6-35}$$

式（6-35）就是输入气压信号与阀杆位移的微分方程式。其传递函数为

$$W(s) = A_e / (1 + Ts) C_s$$

由此可知，气动执行机构的动态特性为一阶滞后环节。时间常数 T 因膜头大小及引管长短粗细而异，从数秒到数十秒。当执行机构接收调节器来的阶跃信号后，膜头充气或推杆动作的过渡过程如图 6-38 所示。

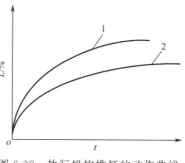

图 6-38　执行机构推杆的动作曲线
1—小膜头；2—大膜头

第四节　气动调节阀的选择与计算

气动调节阀的选择与计算，主要考虑：根据工艺条件选择合适的结构类型；根据工艺对象的特点选择合适的流量特性；根据介质和工艺参数，计算流量系数和口径；根据阀杆受力情况，选择执行机构；根据工艺要求，选择合适的附件。

下面主要分析前 3 个问题，尤其是流量系数的计算问题

一、气动调节阀选择

在生产过程中被调介质的特性是千差万别的，流体的流动状态也是各不相同的。因此必须选择适当的气动调节阀的结构去满足不同的要求。

（一）执行机构和阀体部件的选择

首先根据被调介质的工艺条件和流量特性，然后考虑各种阀体部件的结构特点，来确定阀体部件的结构形式。当阀体部件的结构形式确定之后，就可以选择执行机构的结构形式。气动薄膜式执行机构的输出力，通常可以满足阀体部件的要求，所以大多数情况都选它。当阀体部件的口径较大或压差较高时，要求执行机构有较大的输出力，此时可以考虑选择气动活塞式执行机构。当然也可以选择薄膜式执行机构，再配上阀门定位器。

（二）气开气关的选择

执行机构有正反作用，而阀体部件有正装和反装。组合在一起形成的气动调节阀就有气开和气关两种形式，选择气动调节阀时，必须确定它的组合方式是气开还是气关。气开、气关的选择原则是，当输入压力信号中断时，应保证设备和操作人员的安全。比如加热炉，控制燃料油用的气动调节阀应选气开式，当气动调节阀的输入压力信号中断时，阀门关闭，切断燃料油，以免炉温过高造成事故。又比如控制进入储罐介质流量的气动调节阀，若介质为易燃气体，应选气开式，以防爆炸；若介质为易结晶物料，应选气关式，以防堵塞。

气动调节阀的气开、气关有四种组合方式，如图 6-39 和表 6-3 所示。

表 6-3　气动调节阀的组合方式

序号	执行机构	阀体部件	气动调节阀
(a)	正	正	气关
(b)	正	反	气开
(c)	反	正	气开
(d)	反	反	气关

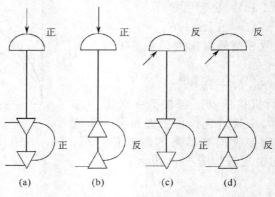

图 6-39　组合方式

对于直通双座阀和 D_g25 以上的直通单座阀推荐用图 6-39(a)、(b) 两种形式，即执行机构采用正作用，而阀体部件改变正反装来实现气开和气关。对于角型阀、高压阀（单导向阀芯）、D_g25 以下的直通单座阀、隔膜阀和三通阀等，由于只能正装，因此只有通过改变执行机构的正反作用来实现气开或气关，即采用图 6-39(a)、(c) 两种组合方式。

（三）流量特性的选择

阀体部件流量特性的选择主要是指如何选择直线和对数流量特性，因为在自动控制系统中常用的流量特性是直线、对数和快开三种，抛物线的流量特性介于直线和对数之间，一般可用对数特性代替，而快开特性主要用于位式调节及程序控制中。

阀体部件流量特性的选择多采用经验准则，大体可从三个方面考虑。

1. 从控制系统的调节质量考虑

图 6-40 表示热交换器的自动控制系统，它由对象、变送器、调节器、气动调节阀等环节组成。系统总的放大系数 $K=K_1K_2K_3K_4K_5$。在负荷变动的情况下，为了控制系统能够保持预定的调节质量，希望 K 在整个操作范围内保持不变。通常变送器、调节器和执行机构的放大系数是个常量，但对象的放大系数却总是随着操作条件、负荷变化而变化，所以对象的特性往往是非线性的，因此适当地选择阀体部件的流量特性，用它的放大系数的变化来补偿对象的放大系数的变化，使系统总的放大系数保持不变或近似不变，从而提高调节系统的质量。因此阀体部件流量特性的选择原则应符合 K_4K_5＝常数。

对于放大系数随负荷加大而变小的对象，假如选用放大系数随负荷加大而变大的对数特性阀体部件，便能使两者相互抵消，合成的结果使总的放大系数保持不变，近似于线性。当对象的放大系数为线性时，则应采用直线流量特性的阀体部件，使总的放大系数保持不变。

2. 从工艺配管情况考虑

气动调节阀总是和管道、设备等连在一起使用，由于工艺配管情况不同，配管阻力的存在引起阀体部件上压差的变化，导致阀体部件的安装流量特性和固有流量特性也有差异，必

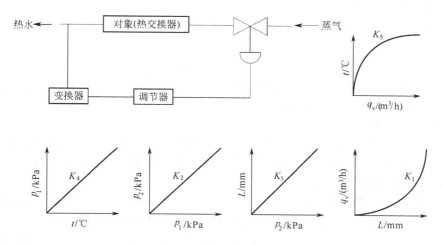

图 6-40　热交换器的控制系统

须根据系统的特点选择所需的安装流量特性，然后再考虑工艺配管情况去选择相应的固有流量特性。选择时可参照表6-4进行。

表6-4　考虑工艺配管的状况表

配管状况	$S=1\sim0.6$		$S=0.6\sim0.3$		$S<0.3$
阀体部件的安装流量特性	直线	对数	直线	对数	不宜控制
阀体部件的固有流量特性	直线	对数	对数	对数	不宜控制

从表6-4可以看出，当$S=1\sim0.6$时，安装流量特性和固有流量特性是一致的。当$S=0.6\sim0.3$时，若要求安装流量特性是直线的，那么固有流量特性就应选择对数的。因为固有流量特性为对数特性的阀体部件，在$S=0.6\sim0.3$时经过畸变的安装流量特性已经接近于直线流量特性了。若要求安装流量特性为对数特性时，那么其固有流量特性应比它更凹一些，这时可以通过阀门定位器凸轮外廓曲线进行补偿。当$S<0.3$时，不宜控制，因为此时直线流量特性已经畸变为快开流量特性，对数流量特性也畸变成直线流量特性，虽然可以调节，但是调节范围极小，因此一般不希望$S<0.3$。

确定阀阻比S的大小应从两个方面考虑，首先考虑调节性能，S越大，安装流量特性畸变越小对调节越有利，但是S越大表明阀体部件上的压差损失就越大，造成不必要的动力损耗。一般计算时取$S=0.5\sim0.3$，对于高压系统，考虑到节约动力允许$S=0.15$。对于气体介质，因阻力损失小，一般$S>0.5$。

3. 从负荷变化情况考虑

直线流量特性的阀体部件小开度时，灵敏度高，容易振荡。阀芯、阀座易于破坏。在S值小、负荷变化幅度大的场合，不宜采用。对数流量特性的阀体部件无论开度大小，灵敏度全都一样，因此它对负荷的波动有较强的适应性，无论是全负荷还是半负荷生产，它都能很好地调节，所以在过程自动化应用极其广泛。

二、气动调节阀计算

（一）流量系数的计算

当我们选定了气动调节阀的类型和特性之后，就可以根据生产工艺提供的流体的流量q_V、阀前后压差Δp以及流体的有关参数来计算阀体部件的流量系数C。除了使用计算公式之外，也可以使用气动调节阀计算尺或计算图表（见附录四）或软件编程。

1. 一般液体的 C 值计算

被调介质为一般液体时，阀体部件的流量系数按下式计算：

$$C=10q_v\frac{\sqrt{\rho}}{\sqrt{\Delta p}}\tag{6-36}$$

式中　q_v——流经阀体部件的体积流量，m^3/h；

　　Δp——阀体部件前后压差，kPa；

　　ρ——液体密度，g/cm^3。

液体的密度可查有关资料。由于液体密度一般相差不太多，而且在公式中以根号出现，因此对 C 值的影响不大。如果无法确切知道实际密度，只要合理假设就可以了。

2. 高黏度液体的 C 值计算

一般所说的高黏度液体，是指黏度 $>2\times10^{-4}\,m^2/s$（20cSt）。从流体力学可以知道，当其他条件不变，液体的黏度过高将使表征流体状态的雷诺数 Re 下降。当 $Re<2300$ 时，流体将处于低速层流状态，流量 q_v 与差压 Δp 之间不再保持平方关系，而是趋于直线关系。此时如按一般液体的公式计算 C 值，就会导致较大误差。因此，必须对计算出的高黏度液体的 C 值进行修正。

对高黏度液体，阀体部件的流量系数按下式计算

$$C=\psi10q_v\frac{\sqrt{\rho}}{\sqrt{\Delta p}}\tag{6-37}$$

式中　ψ——黏度修正系数。

黏度修正系数 ψ 与雷诺数 Re 有关，可由图 6-41 查得。雷诺数与阀体部件的结构有关。

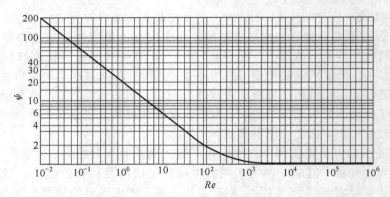

图 6-41　液体的黏度修正系数

当采用直通双座阀、蝶阀、偏心旋转阀等具有两个平行流路的阀体部件时，雷诺数为

$$Re=49600q_v/\nu\sqrt{C'}\tag{6-38}$$

当采用直通单座阀、套筒阀、球阀、角形阀、隔膜阀等只有一个流路的阀体部件时，雷诺数为

$$Re=70700q_v/\nu\sqrt{C'}\tag{6-39}$$

式中　ν——液体在流动温度下的运动黏度，m^2/s；

　　C'——不考虑黏度校正时求出的流量系数。

高黏度的 C 值计算步骤为：按式（6-36）求出不考虑黏度校正时的流量系数 C'；按式（6-38）或式（6-39）求雷诺数 Re；根据雷诺数 Re，从图 6-41 中查黏度修正系数 ψ；按式

(6-37)求高黏度时的流量系数。

[例] 当 $q_v=20\ m^3/h$，$\rho=1.8g/cm^3$，$p_1=4\times10^2kPa$，$p_2=3.5\times10^2kPa$，$\nu=440m^2/s$ 时，直通单座阀的 C 值是多少？

$$C'=10q_v\sqrt{\frac{\rho}{\Delta p}}=10\times20\sqrt{\frac{1.8}{400-350}}=37.9$$

对直通阀单座阀

$$Re=70700q_v/\nu\sqrt{C'}=70700\times20/\sqrt{37.9}\times440=522$$

按 $Re=522$ 查图 6-41 的曲线，得黏度修正系数 $\psi=1.3$。

$$C=\psi C'=1.3\times37.9=49.3$$

3. 闪蒸和空化时液体的 C 值的计算

在一般流动状态下，液体的计算公式是比较简单的。如果出现闪蒸和空化情况，计算就变得复杂起来。过去在考虑这种情况时采用的方法有四种：①按没有闪蒸的情况下计算，再据 C 值大小选用大一挡的阀体部件；②根据液体闪蒸的百分比，分别计算气体和液体两相的 C 值，然后再相加；③选用与工艺管道直径相同的阀体部件；④用临界压差和闪蒸密度法。

以前采用的各种方法都从理论上考虑到闪蒸后由于液体汽化而产生的体积膨胀现象，却忽视了阀体部件结构中由于压力恢复所引起的阻塞问题，这样计算出来的 C 值偏差较大，影响控制系统的质量，新的理论认为：流经阀体部件的流量和压差之间的关系如图 6-42 所示。

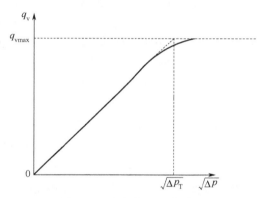

图 6-42　流量与差压的关系

当压差较小，没出现液体气化时，流量和压差的平方根成正比。当缩流处的压力降低到液体饱和蒸汽压时，产生蒸汽气泡，流量和压差的平方根关系被破坏。压差越小，汽化越严重，最终导致了阻塞流。从图中看出，其关系曲线分成两部分：在开始段 q_v 正比于 $(\Delta p)^{1/2}$，是正常流动，超过临界 Δp 值后，就出现阻塞流。这就是说，当 $p_{vc}=p_v$ 时，阀内开始出现阻塞流，当 p_{vc} 比 p_v 低到一定程度时才形成阻塞流，其关系为

$$F_L=\sqrt{[\Delta p_T/(p_1-F_Fp_v)]}\qquad(6-40)$$

式中　F_L——压力恢复系数；

Δp_T——产生阻塞流时阀上的压差，kPa；

p_v——液体的饱和蒸气压力，kPa；

F_F——临界压力比。

产生阻塞流时，介质不同，则偏离 p_v 的程度不同，根据实验，F_F 值与饱和蒸气压力 p_v 和临界阻力 p_c 的比值有关，其关系曲线如图 6-43 所示。

F_F 值可以根据各种介质的临界压力查取，也可以按下面公式计算：

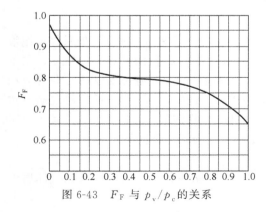

图 6-43　F_F 与 p_v/p_c 的关系

$$F_F = 0.96 - 0.28\sqrt{p_v/p_c} \tag{6-41}$$

临界压力 p_c 可以由有关表格查取（见表 6-5）。由式（6-40）和式（6-41）可知：

$$\Delta p_T = F_L^2(p_1 - F_F p_v) = F_L^2\{p_1 - [0.96 - 0.28(p_v/p_c)^{1/2}]p_v\}$$

利用上式可以判断阀内是否产生阻塞流，是否出现闪蒸和空化现象。如果 $\Delta p > \Delta p_T$，则产生阻塞流，当 $p_2 < p_v$ 时就有闪蒸，当压力恢复到 $p_2 > p_v$ 时，出现空化作用。

表 6-5　部分物料的临界压力 p_c 和临界温度 T_c

名　称	分子式	$p_c/(10^2\,kPa)$	T_c/K	名　称	分子式	$p_c/(10^2\,kPa)$	T_c/K
氩	Ar	49.7	150.8	氢	H_2	13.9	33.2
氯	Cl_2	77.9	417	水	H_2O	221	647.3
氟	F_2	53.1	144.3	氨	NH_3	114	405.6
氯化氢	HCl	83.9	324.6	二氧化碳	CO_2	74.7	304.2

阀体部件一旦出现闪蒸或空化，必然处在阻塞流工作状态。因此要用产生阻塞流时阀上的压差 Δp_T 来计算 C 值，计算公式是

$$C = 10q_v\sqrt{\rho/[F_L^2(p_1 - F_F p_v)]} \tag{6-42}$$

式中的 q_v、ρ 分别为液体状态下的体积流量和密度。

结论是防止和避免空化的关键在于设法限制阀体部件两端的压差。

[**例**] 已知水流量 $q_v = 100\,m^3/h$，$\rho = 0.97g/cm^3$，$t_1 = 80°C$，$p_1 = 11.7 \times 10^2\,kPa$，$p_2 = 5 \times 10^2\,kPa$，试选择阀体部件并计算 C 值。

解：第一方案选用 V 形球阀，查表 6-1，$F_L = 0.57$。

$$F_F = 0.96 - 0.28\sqrt{p_v/p_c} = 0.96 - 0.28\sqrt{0.47 \times 100/221 \times 100} = 0.95$$

所以　　$\Delta p_T = F_L^2(p_1 - F_F p_v)$

$$= 0.57^2(11.7 \times 10^2 - 0.95 \times 0.47 \times 10^2) = 365.5\,(kPa)$$

因为 $\Delta p > \Delta p_T$，而且 $p_1 > p_v$，故有空化作用。流量系数应按式（6-42）计算：

$$C = 10q_v\sqrt{\rho/[F_L^2(p_1 - F_F p_v)]} = 1000\sqrt{0.97/365.5} = 51.5$$

第二方案，使用流开状态的直通双座阀，查表 6-1，$F_L = 0.90$。

$$\Delta p_T = F_L^2(p_1 - F_F p_v)$$

$$= 0.90^2(11.7 \times 10^2 - 0.95 \times 0.47 \times 10^2) = 9.11 \times 10^2\,(kPa)$$

因为 $\Delta p < \Delta p_T$，因此不会产生空化，也不会出现阻塞流。流量系数可以按一般液体公式计算：

$$C = 10q_v\sqrt{\rho/\Delta p} = 1000\sqrt{0.97/6.7 \times 100} = 38$$

4. 气体 C 值的计算

气体和液体不同，它具有可压缩性，通过阀后的气体密度小于阀前的密度。如果仍采用液体计算公式来计算，必将产生很大的误差。目前对气体流量系数 C 值的计算方法很多，主要有如下几种：阀前密度法、阀后密度法、平均密度法、压缩系数法、膨胀系数法等。各种方法都有其优缺点，有的方法简单，但计算结果不精确。有的方法比较精确，但计算方法复杂。过去多采用压缩系数法，接着又采用平均密度法，近年来相继出现许多新的计算公式。其中以国际电工委员会（IEC）推荐的膨胀系数法使用最为广泛，下面介绍三种主要方法。

（1）压缩系数法

考虑到气体的压缩性，对液体公式进行校正，就是在一般液体计算公式中乘以气体压缩系数 ε，即

$$q_v = (C\varepsilon/10)\sqrt{\Delta p/\rho} \tag{6-43}$$

272

$$q_m = (C\varepsilon/10)\sqrt{\Delta p \rho} \tag{6-44}$$

上式中的 ρ 为操作状态下的气体密度（kg/m^3），它换算成标准状态（$0^\circ C$，10^5 Pa 时）下的气体密度 $\rho_N[kg/(N \cdot m^3)]$ 为

$$\rho = \rho_N p_1 T_N/(p_N T)$$

式中　T_N——273K；

$\quad\quad p_N$——760mmHg，相当于 $760 \times 10^2/736$kPa；

$\quad\quad p_1$——阀前绝对压力，kPa；

$\quad\quad T$——操作温度，K。

故
$$\rho = 273\rho_N p_1/[(273+t)(760 \times 10^2/736)]$$

将上式带入计算式(6-44)，因为 $1t = 10^3$kg，$1kg/m^3 = 10^{-3} g/cm^3$，经单位换算后得

$$q_m = \frac{C\varepsilon}{10}\sqrt{\frac{\Delta p \rho_N p_1 \times 273 \times 10^{-3} \times 10^3}{(273+t)\frac{760}{736} \times 100}}$$

$$q_m = q_{vN}\rho_N$$

所以

$$q_{vN} = 5.14C\varepsilon\sqrt{\frac{\Delta p \times p_1}{\rho_N(273+t)}} \tag{6-45}$$

$$C = \frac{q_{vN}}{5.14\varepsilon}\sqrt{\frac{\rho_N(273+t)}{\Delta p p_1}} \tag{6-46}$$

式中　q_{vN}——气体标准状态下的体积流量，$N \cdot m^3/h$；

$\quad\quad t$——气体操作状态下的温度，$^\circ C$。

压缩校正系数 ε 可用实验确定。对空气实验的结果，得到 ε 和 $\Delta p/p_1$ 的近似关系如下：

$$\varepsilon = 1 - 0.46\Delta p/p_1 \tag{6-47}$$

从气体动力学中知道气体在临界压力比 $(p_2/p_1)_{临界}$ 的情况下，通过阀体部件的流量达到最大。这时进一步增加阀体部件上的压降，流量不再增加，对空气来说，阀体部件在不同的开度下临界压力比在 0.48 附近波动，即

$$(\Delta p/p_1)_{临界} \approx 0.52$$

故
$$\varepsilon = 1 - 0.46\Delta p/p_1 = 1 - 0.46 \times 0.52 = 0.76$$

这样，对于气体的流量系数 C 的计算公式可归纳如下：

当 $\Delta p/p_1 < 0.52$ 时，为亚临界状态，C 值按式(6-46)计算，其中压缩系数 ε 按式(6-47)计算；

当 $\Delta p/p_1 \geqslant 0.52$ 时，为超临界状态，则以 $\varepsilon = 0.76$，$\Delta p = 0.52p_1$ 代入式(6-46)，得

$$C = (q_{vN}/2.8p_1)\sqrt{\rho_N(273+t)}$$

需要说明的是，压缩系数不仅与阀体部件通道的几何形状有关，而且与介质的物理性质有关，对于各种不同的气体，ε 应该按下式求出：

$$\varepsilon = \eta(1 - 0.46\Delta p/p_1)$$

式中，η 是各种气体的校正系数，空气的 η 为 1，一般气体的 η 也接近于 1。为简化计算，各种气体的 η 值取为 1，这样虽有误差，但很小。

当 $\Delta p/p_1 \leqslant 0.8$ 时，阀后气体密度的变化不大，可以不校正。

(2) 平均密度法

只给出平均密度的计算公式，而推导过程省略。

① 一般气体

当 $p_2 > 0.5p_1$ 时（亚临界状态）

$$C = (q_{vN}/3.8)\sqrt{\rho_N(273+t)/[\Delta p(p_1+p_2)]}$$

当 $p_2 \leqslant 0.5p_1$ 时（超临界状态）

$$C = (q_{vN}/3.3)\sqrt{\rho_N(273+t)/p_1}$$

② 高压气体（指公称压力 $p_N \geqslant 10\text{MPa}$）

当 $p_2 > 0.5p_1$ 时

$$C = (q_{vN}/3.8)\sqrt{Z}\sqrt{\rho_N(273+t)/[\Delta p(p_1+p_2)]}$$

当 $p_2 \leqslant 0.5p_1$ 时

$$C = (q_{vN}/3.3)\sqrt{Z}\sqrt{\rho_N(273+t)/p_1}$$

以上四式符号同前，压力单位为 kPa。式中 Z 称压缩系数，它是压力和温度有关的系数，可查附录三。

（3）膨胀系数法

这种方法以实际的实验数据为基础，还考虑压力恢复因素的影响，虽然公式复杂一些，但是更合理，更精确。

在非阻塞流情况，即 $X < F_k X_T$ 时，C 值的计算公式为

$$C = (q_{vN}/5.14p_1Y)\sqrt{T_1\rho_N Z/X}$$

$$C = (q_{vN}/24.6p_1Y)\sqrt{T_1 M Z/X}$$

$$C = (q_{vN}/4.57p_1Y)\sqrt{T_1 G_0 Z/X}$$

式中　q_{vN}——气体标准体积流量，$\text{N} \cdot \text{m}^3/\text{h}$；

ρ_N——气体标准状态下的密度，$\text{kg}/(\text{N} \cdot \text{m}^3)$；

p_1——阀前绝对压力，kPa；

X——压差比（$X = \Delta p/p_1$）；

Y——膨胀系数；

T_1——入口绝对温度，K；

M——气体分子量；

G_0——对空气的相对密度；

Z——压缩因素，是比压力和比温度的函数，可查附录三。

膨胀系数 Y 用来校正气体密度的变化，理论上 Y 值和节流口面积与入口面积之比、流路形状、压差比 X、雷诺数、比热比系数等因数有关。由于气体介质流速较高，雷诺数影响可以忽略。其他因素与 Y 的关系可以表示如下：

$$Y = 1 - X/3F_K X_T$$

式中　X_T——临界压差比，可查表 6-1；

X——压差比；

F_K——比热比系数，空气的 $F_K = 1$，非空气介质的 $F_K = k/1.4$（k 是气体的绝热指数）。

如果阀前压力 p_1 保持不变，阀后压力逐步降低，就慢慢形成阻塞流，这时即使阀后压力再减少，流量也不会增加。在压差比 X 达到 $F_K X_T$ 值时就达到极限值。X 的这一极限值就定义为临界压差比。使用公式时，X 值要保持在这一极限之内。因此 Y 值只能在 0.667（当 $X = F_K X_T$ 时）~1 的范围内。

当 $X \geqslant F_K X_T$，即出现阻塞流情况时，流量系数的计算公式可简化为

$$C=(q_{vN}/2.9p_1)\sqrt{T_1\rho_N Z/(KX_T)}$$

$$C=(q_{vN}/13.9p_1)\sqrt{T_1 M Z/(KX_T)}$$

$$C=(q_{vN}/2.58p_1)\sqrt{T_1 G_0 Z/(KX_T)}$$

5. 蒸气的 C 值计算

（1）压缩系数法

计算蒸气 C 值时应考虑下列因素。

① 蒸气是可压缩的流体，压缩后体积变小，引起流量变化，故应乘以压缩系数 ε。

② 蒸气经阀体部件节流后，阀后压力下降，密度变化，故应以阀前密度 ρ_1 代入计算，对饱和蒸气来讲，就是饱和温度下的饱和密度，对过热蒸气来讲，即可按不同的过热温度查取 ρ_1。

③ 蒸气密度的单位一般以 kg/m^3 来表示，而 $1g/cm^3=10^3 kg/m^3$，故蒸气的 C 值计算式为：

$$C=10q_{ms}/\varepsilon\sqrt{\Delta p\rho_1\times10^3} \tag{6-48}$$

式中　q_{ms}——蒸气质量流量，kg/h；

　　　Δp——阀前后压差，kPa；

　　　ρ_1——工作状态下的阀前蒸气密度，kg/m^3；

　　　ε——蒸气压缩系数。

蒸气压缩系数的确定方法和气体相同。在临界状态下，C 值计算公式推导如下：

蒸气的绝热指数 $k=1.31$，故

$$(p_2/p_1)_{临界}=[2/(k+1)]^{k/(k-1)}=0.5$$

$$\eta=0.935$$

所以，当 $\Delta p/p_1\geqslant0.5$，即 $p_2\leqslant0.5p_1$ 时，

$$\varepsilon=\eta(1-0.46\Delta p/p_1)=0.7178$$

将 ε 值代入式（6-48），得

$$C=q_{ms}/1.61\sqrt{p_1\rho_1}$$

式中　p_1——阀前绝对压力，kPa。

（2）平均密度法

当 $p_2>0.5p_1$ 时，

$$C=q_{ms}/0.00827K'\sqrt{1/[(p_1+p_2)\Delta p]}$$

当 $p_2\leqslant0.5p_1$ 时，

$$C=140q_{ms}/K'p_1$$

式中　q_{ms}——蒸气流量；

　　　K'——蒸气修正系数，见表6-6。

表 6-6　各种蒸气修正系数 K' 值

水蒸气	氨蒸气	氟里昂 11	甲烷、乙烷	丙烷、丙烯	丁烷、异丁烯
19.4	25	68.5	37	41.5	43.5

（3）膨胀系数法　根据膨胀系数的修正方法，以质量流量为单位，可推导出下面的计算公式：

① 当 $X<F_K X_T$ 时

$$C=(q_{ms}/3.16Y)\sqrt{1/(Xp_1\rho_1)} \tag{6-49}$$

$$C=(q_{ms}/1.1p_1Y)\sqrt{T_1 Z/(MX)}$$

275

② 当 $X \geqslant F_K X_T$ 时

$$C = (q_{ms}/1.78)\sqrt{1/(KX_T p_1 \rho_1)}$$

$$C = (q_{ms}/0.62 p_1)\sqrt{T_1 Z/(KMX_T)}$$

式中　q_{ms}——蒸气的质量流量，kg/h；

ρ_1——阀前入口蒸气的密度，kg/m³。

如果是过热蒸气，应代入过热条件的实际密度。

6. 两相流体的 C 值计算

当介质为气液两相合流时，一般采用分别计算液体和气体（蒸气）的 C 值，然后相加作为总的 C 值，即

$$C = C_液 + C_气$$

这种分别计算液体及气体 C 值，然后相加的方法是假定两种液体是各自单独的流动，而没有考虑他们的互相影响。实际上，当气相≫液相时，液相成为雾状，具有近似于气相的性质；当液相≫气相时，气相成为气泡杂在液相之间，这时就具有液相的性质。此时用上述方法计算误差就较大。因此在计算两相流体的 C 值时必须考虑其相互影响，或者寻找更为有效而准确的计算方法。

按照新的膨胀系统法理论，目前对两相流的 C 值计算多采用有效密度法。当液体和气体（或蒸气）均匀混合流过阀体部件时，液体的密度保持不变，而气体或蒸气由于膨胀而使密度下降，因此要采用膨胀系数法加上修正。从式（6-49）可知，质量流量与 $Y(X\rho_1)^{1/2}$ 成正比，如果气体的有效密度为 ρ_e，则：

$$\sqrt{X\rho_e} = Y\sqrt{X\rho_1}$$

$$\rho_e = Y^2 \rho_1$$

在其他条件相同的情况下，密度为 ρ_1 的可压缩流体的质量流量与密度为 ρ_e 的不可压缩流体的质量流量是一样的，因此对均匀混合的气（汽）、液两相介质可按混合介质的有效密度求取 C 值。

$$C = (q_{mg} + q_m)/3.16\sqrt{\Delta p \rho_e}$$

$$\rho_e = (q_{mg} + q_m)/(q_{mg}/\rho_1 Y^2 + q_m/10^3 \rho)$$

式中　q_{mg}——气体质量流量，kg/h；

q_m——液体质量流量，kg/h。

此外，也可以利用两相流的入口密度 ρ_m 来计算，公式及符号见表 6-7，此表汇集了计算各种 C 值的公式，以便于查找。

表 6-7　调节阀流量系数 C 值计算公式

流体	压差条件	计算公式
液体	一般	$C = \dfrac{10 q_v \sqrt{\rho}}{\sqrt{\Delta p}}$ 或 $C = \dfrac{10^2 q_m}{\sqrt{\Delta p \rho}}$
	高黏度	$C = \psi \dfrac{10 q_v \sqrt{\rho}}{\sqrt{\Delta p}}$

流体	压差条件	计算公式		
液体	闪蒸及空化 $\Delta p > \Delta p_T$	$C = 10q_v\sqrt{\dfrac{\rho}{\Delta p_T}}$ $\Delta p_T = F_L^2(p_1 - F_F p_v)$		

流体	压差条件	压缩系数法	平均密度法	膨胀系数法
气体	$p_2 > 0.5p_1$	$C = \dfrac{q_{vN}\sqrt{\rho_N(273+t)}}{5.14\varepsilon\sqrt{\Delta p\,p_1}}$	一般气体 $C = \dfrac{q_{vN}}{3.8}\sqrt{\dfrac{\rho_N(273+t)}{\Delta p(p_1+p_2)}}$ 高压气体 $C = \dfrac{q_{vN}}{3.8}\sqrt{\dfrac{\rho_N(273+t)}{\Delta p(p_1+p_2)}}\sqrt{Z}$	气体 $X < F_K X_T$ $C = \dfrac{q_{vN}}{5.14p_1Y}\sqrt{\dfrac{T_1\rho_N Z}{X}}$ $C = \dfrac{q_{vN}}{24.6p_1Y}\sqrt{\dfrac{T_1 M Z}{X}}$ $C = \dfrac{q_{vN}}{4.57p_1Y}\sqrt{\dfrac{T_1 G_0 Z}{X}}$
	$p_2 \leqslant 0.5p_1$	$C = \dfrac{q_{vN}\sqrt{\rho_N(273+t)}}{2.8p_1}$	一般气体 $C = \dfrac{q_{vN}}{3.3}\dfrac{\sqrt{\rho_N(273+t)}}{p_1}$ 高压气体 $C = \dfrac{q_{vN}}{3.3}\sqrt{Z}\sqrt{\dfrac{\rho_N(273+t)}{p_1}}$	气体 $X \geqslant F_K X_T$ $C = \dfrac{q_{vN}}{2.9p_1}\sqrt{\dfrac{T_1\rho_N Z}{K X_T}}$ $C = \dfrac{q_{vN}}{13.9p_1}\sqrt{\dfrac{T_1 M Z}{K X_T}}$ $C = \dfrac{q_{vN}}{2.58p_1}\sqrt{\dfrac{T_1 G_0 Z}{K X_T}}$
蒸气(汽)	$p_2 > 0.5p_1$	$C = \dfrac{q_{ms}}{3.16\varepsilon\sqrt{\Delta p\,p_1}}$	$C = \dfrac{q_{ms}}{0.0087K'}\sqrt{\dfrac{1}{\Delta p(p_1+p_2)}}$	气体 $X < F_K X_T$ $C = \dfrac{q_{ms}}{3.16Y}\sqrt{\dfrac{1}{X p_1 \rho_1}}$ $C = \dfrac{q_{ms}}{1.1p_1Y}\sqrt{\dfrac{T_1 Z}{X M}}$
	$p_2 \leqslant 0.5p_1$	$C = \dfrac{q_{ms}}{1.61\sqrt{p_1\rho_1}}$	$C = \dfrac{140q_{ms}}{K'p_1}$	蒸汽 $X > F_K/X_T$ $C = \dfrac{q_{ms}}{1.78}\sqrt{\dfrac{1}{K X_T p_1 \rho_1}}$ $C = \dfrac{q_{ms}}{0.62p_1}\sqrt{\dfrac{T_1 Z}{K X_T M}}$
两相流		$C = C_{液} + C_{气}$		$C = \dfrac{q_{mg}+q_m}{3.16\sqrt{\Delta p\rho_e}}$ $C = \dfrac{q_{mg}+q_m}{3.16F_L\sqrt{\rho_m p_1(1-F_F)}}$ $\rho_e = \dfrac{q_{rg}+q_m}{q_{mg}/\rho_1 Y^2 + q_m/\rho 10^3}$ $\rho_m = \dfrac{q_{mg}+q_m}{q_{mg}/\rho_1 + q_m/\rho 10^3}$

符号及单位

q_v——液体体积流量，m^3/h；

q_{vN}——气体标准状态体积流量，$N \cdot m^3/h$；

q_m——液体质量流量，kg/h；

q_{ms}——汽质量流量，kg/h；

q_{mg}——气体质量流量，kg/h；

p_1——阀前绝对压力，kPa；

p_2——阀后绝对压力，kPa；

Δp——阀前后压差，kPa；

Δp_T——产生阻塞流时阀上的压差，kPa；

ψ——黏度修正系数；

ρ——液体密度，g/cm³；

ρ_N——气体标准状态密度，kg/(N·m³)；

ρ_1——蒸气（汽）阀前密度，kg/m³；

ε——压缩系数；

K'——蒸气（汽）修正系数；

Z——压缩因数；

Y——膨胀系数，$Y = 1 - \dfrac{X}{3F_K X_T}$；

X——压差比，$X = \dfrac{\Delta p}{p_1}$；

X_T——临界压差比；

F_L——压力恢复系数；

F_K——比热比系数，$F_K = K/1.4$；

K——气体绝热指数（对空气 $K = 1.4$）；

F_F——临界压力比系数；

M——分子量；

T_1——入门温度，K；

p_v——饱和蒸气压，kPa；

ρ_e——两相流的有效密度，kg/m³；

ρ_m——两相流的入口密度，kg/m³；

G_0——对空气的比重；

t——操作温度，℃。

7. 可压缩液体计算公式的分析比较

可压缩流体的计算方法和公式很多，考虑的因素各不相同，但毕竟都以原来的液体计算公式为基础。压缩系数法是早期使用的方法，ε 值是空气在 $\Delta p/p_1 = 0.5$ 的条件下实验求得的，可由公式 $\varepsilon = 1 - 0.46\Delta p/p_1$ 计算，与上述试验数据相比，在 $\Delta p/p_1 = 0.5$ 时已有 14% 的误差。平均密度法是最初的阀前密度法或阀后密度法加以改进而推算出来的。用阀前密度法时由于密度偏大，求得的流量系数偏小，在 $\Delta p/p_1 = 0.5$ 时误差达 20%，用阀后密度法求出的流量系数偏大，在 $\Delta p/p_1 = 0.5$ 时误差可达 14%，而采用平均密度法在 $\Delta p/p_1 = 0.5$ 时，流量只偏大 4.5%。所以这种方法曾经被认为是简单而准确的。

上述方法中，取临界压差比的根据是把阀体部件简单看成流量喷嘴，而阀体部件的 p_2 是指阀的出口压力，不是缩流处的压力 p_{vc}，把阀的 p_2 而不是 p_{vc} 作为计算流量和确定临界压力的参数，必然会产生误差。误差随压力恢复系数的不同而不同，对高压力恢复阀如蝶阀、球阀来说，误差是很大的。

膨胀系数法只是新计算方法中的一种，和压缩系数法相比，ε 值与阀的压力恢复系数无关，但膨胀系数法中的 Y 值的大小却取决于临界压差比 X_T，取决于压力恢复情况。不同类型的阀门有不同的压力恢复系数和不同的 X_T 值。由于考虑了压力恢复，因此提高了计算精度，特别是对高压力恢复阀来说更是明显。例如，当使用双座球体阀时，用 ε 法计算的临界流量要比膨胀系数法小 2.5%。但对 V 形球阀来说，用 ε 法算得临界流量比膨胀系数法要大 61.5%，这说明膨胀系数法的精度是较高的。

（二）口径的计算

流量系数是确定气动调节阀口径的主要依据，从工艺提供数据到算出流量系数，直到阀口径的确定，有以下几个步骤：

① 计算流量的确定　根据现有的生产能力、设备负荷及介质的状况，决定计算流量 q_{vmax} 和 q_{vmin}；

② 计算压差的确定　根据已选择的阀体部件流量特性及系统特点选定 S 值，然后确定计算压差；

③ 流量系数的计算　选择合适的计算公式和图表，根据已决定的计算流量和计算压差，求取最大和最小流量时的 C_{max} 和 C_{min}；

④ 流量系数 C 值的选用　根据已经求取的 C_{max}，在所选用的产品形式的标准系列中，选取大于 C_{max} 值并与其最接近的那一级的 C 值；

⑤ 气动调节阀的开度验算　一般要求最大计算流量时的开度 ≯90%，最小计算流量的开度 ≮10%；

⑥ 阀体部件实际可调比的验算　一般要求实际可调比 ≮10；

⑦ 阀座直径和公称直径的决定　验证合适后，根据 C 值选定。

1. 计算流量的决定

在计算 C 值时应按最大流量来考虑。目前的设计考虑裕量过大，使阀门口径偏大，这不但造成经济上的浪费，而且使阀门经常在小开度工作，可调比减小，调节性能变坏，严重时甚至会引起振荡，因而大大降低了阀门的寿命。

在选择最大计算流量时，应根据对象负荷的变化及工艺设备的生产能力来合理确定。对于调节质量要求高的场合，更应从现有的工艺条件来选择最大流量。但是，也不能只注意调节质量，以致当负荷变化或现有生产设备经过技术改造或扩建，生产力稍有提高时，气动调节阀就不能适用了。也就是说，应该兼顾当前与今后在一定范围内扩大生产能力这两方面的因素，合理确定最大计算流量。

另一方面，气动调节阀制造时，其 C 值就有 ±（5%～10%）的误差；气动调节阀所通过的动态最大流量大于静态最大流量；从经济角度出发，也要考虑到 S 值的影响。因此最大计算流量可以取为静态最大流量的 1.15～1.5 倍。

当然，也可以参考泵和压缩机等流体传送设备的能力确定最大计算流量，有时也可以综合各种方法来确定。

2. 计算压差的确定

要使气动调节阀起到调节作用，就必须在阀前后有一定的压差。阀上的压差占整个系统压差的比值较大，阀体部件流量特性的畸变越小，调节性能就可以得到保证。但是阀前后压差越大，即阀上的压力损失越大，消耗的动力也就越多，因此必须兼顾性能及动力消耗，合理选择计算压差。系统总压差是指系统中包括气动调节阀在内的与流量有关的动能损失，如弯头、管路、节流装置、热交换器、手动阀等局部阻力上的压力损失。

选择气动调节阀上的计算压差，主要是根据工艺管路、设备等组成的系统压降大小及变化情况来选择，其步骤如下。

① 选择系统的两个恒压点　把气动调节阀前后最近的压力基本稳定的两个设备作为系统的计算范围；

② 计算系统内各项局部阻力（除了气动调节阀外）所引起的压力损失和 $\sum\Delta p_F$　按最大流量分别进行计算，并求出它们的总和；

③ 选取 S 值　S 值应为阀体部件全开时阀上压差 Δp_V 和系统中压力损失总和（在最大流量时）之比，即

$$S=\Delta p_V/(\Delta p_V+\sum\Delta p_F)$$

一般不希望 $S<0.3$，常取 $S=0.3\sim0.5$。对于高压系统，考虑到节约动力消耗，允许降低到 $S=0.15$。对于气体介质，由于阻力损失较小，气动调节阀上压差所占的分量较大，一般 $S>0.5$，但在低压及真空系统中，由于允许损失较小，所以 $S=0.3\sim0.5$ 之间为宜；

④ 求取气动调节阀计算压差 Δp_V　按求出的 $\sum\Delta p_F$ 及选定的 S 值，由下列公式求 Δp_V：

$$\Delta p_V=S\sum\Delta p_F/(1-S)$$

考虑到系统设备中静压经常波动，影响气动调节阀上压差的变化，使 S 值进一步下降。如锅炉给水控制系统，锅炉压力波动就会影响气动调节阀上压差的变化。此时计算压差还应增加系统设备中静压 p 的 $5\%\sim10\%$，即

$$\Delta p_V=S\sum\Delta p_F/(1-S)+(0.05\sim0.1)p$$

必须注意，在确定计算压差时，要尽量避免汽蚀和噪声。

3. 气动调节阀的开度验算

根据流量和压差计算得到 C 值，按照制造厂提供的各类调节阀的标准系列选取气动调节阀的口径后，考虑到选用时要圆整，因此对工作时阀门的开度应进行验算。

一般来说，最大流量时的气动调节阀的开度应 $\not>90\%$。最大开度过小，说明气动调节阀选得过大，它经常工作在小开度下，可调比缩小，造成调节性能的下降和经济上的浪费。最小开度应 $\not<10\%$，否则阀芯、阀座受流体冲蚀严重，特性变坏，甚至失灵。

不同流量特性的相对开度和相对流量的对应关系是不一样的，固有特性和安装特性又有差别，因此验算开度，应按不同特性进行。

气动调节阀在工作条件下（串联管道）的开度验算公式如下。

由式(6-20) 变换可得

$$f(l/L)=\sqrt{S/[S+(q_{v100}/q_v)^2-1]} \tag{6-50}$$

当流过气动调节阀的流量 $q_v=q_{vi}$ 时

$$f(l/L)=\sqrt{S/(S+C^2\Delta p/q_{vi}^2\rho-1)} \tag{6-51}$$

式中　C——选用的阀体部件的流量系数（标准系列）；

Δp——气动调节阀全开时的压差，即计算压差，$10^2\,kPa$；

ρ——介质密度，g/cm^3；

q_{vi}——被验算开度处的流量，m^3/h。

若固有流量特性为直线，则

$$f(l/L)=(l/30)+29l/30L \tag{6-52}$$

若固有流量特性为对数，则

$$f(l/L)=30^{(Ll)-1} \tag{6-53}$$

280

将式(6-52)、式(6-53)代入式(6-51)，得验算公式：

固有流量特性为直线的开度

$$K \approx \left[1.03 \sqrt{\dfrac{S}{S + \left(\dfrac{C^2 \Delta p}{q_{vi}^2 \rho} - 1 \right)}} - 0.03 \right] 100\%$$

固有流量特性为对数的开度

$$K \approx \left[\dfrac{1}{1.48} \lg \sqrt{\dfrac{S}{S + \left(\dfrac{C^2 \Delta p}{q_{vi}^2 \rho} - 1 \right)}} + 1 \right] 100\%$$

4. 可调比的验算

目前我国统一设计的气动调节阀，其理想可调比 $R = 30$，但考虑到在选用气动调节阀口径时对 C 值的圆整和放大，特别是对使用时最大开度和最小开度的限制，都会使可调比下降，一般 R 值只有 10 左右。此外还受到安装流量特性畸变的影响，使实际可调比下降，在串联管道情况下，$R_{实际} \approx R(S)^{1/2}$。因此可调比的验算可采用下列公式：

$$R_{实际} \approx 10 \sqrt{S} \tag{6-54}$$

从公式(6-54)可知，当 $S \geqslant 0.3$ 时，则 $R_{实际} \geqslant 5.5$。这说明气动调节阀实际可调的最大流量 $q_{v max} \geqslant$ 最小流量 $q_{v min}$ 的 5.5 倍，一般生产中取 $(q_{v max}/q_{v min}) \leqslant 3$ 已满足要求了。

当选用的气动调节阀不能同时满足工艺上最大流量和最小流量的调节要求时，除增加系统压力外，可采用两个调节阀进行分程控制来满足可调比的要求。

[例] 在某系统中，拟选用一台直线流量特性的直通双座调节阀。根据工艺要求，最大流量 $q_{v max} = 100 \mathrm{m}^3/\mathrm{h}$，最小压差 $\Delta p_{min} = 0.45 \times 10^2 \mathrm{kPa}$，最大压差 $\Delta p_{max} = 5 \times 10^2 \mathrm{kPa}$，最小流量 $q_{v min} = 20 \mathrm{m}^3/\mathrm{h}$，$S = 0.5$，被调介质为水，求阀门口径 DN 应选多大？

解：

① 计算流量的确定

$$q_{v max} = 100 \mathrm{m}^3/\mathrm{h} \qquad q_{v min} = 20 \mathrm{m}^3/\mathrm{h}$$

② 计算压差的确定

$$\Delta p_{max} = 5 \times 10^2 \mathrm{kPa} \qquad \Delta p_{min} = 0.45 \times 10^2 \mathrm{kPa}$$

③ 流量系数的计算

$$C_{max} = q_{v max} (\rho / \Delta p_{min})^{1/2} = 100(1/0.45)^{1/2} = 149$$

④ 根据 $C_{max} = 149$，查直通双座阀产品（见附录二），得相应的流量系数 $C = 160$。

⑤ 验算开度

最大流量时的开度：

$$K_{max} = \left[1.03 \sqrt{\dfrac{S}{S + \left(\dfrac{C^2 \Delta p}{q_{vi}^2 \rho} - 1 \right)}} - 0.03 \right] 100\%$$

$$= \left[1.03 \sqrt{\dfrac{0.5}{0.5 + \left(\dfrac{160^2 \times 0.45}{100^2 \times 1} - 1 \right)}} - 0.03 \right] 100\%$$

$$= 87\%$$

最小流量时的开度：

$$K_{\min}=[1.03\sqrt{\dfrac{0.5}{0.5+(\dfrac{160^2\times0.45}{20^2\times1}-1)}}-0.03]100\%$$

$$=10.7\%$$

因为 $K_{\max}<90\%$，$K_{\min}>10\%$，故满足要求。

⑥ 可调比的验算

$$R_{实际}=10(S)^{1/2}=10(0.5)^{1/2}=7$$
$$q_{v\max}/q_{v\min}=100/20=5$$

因 $R_{实际}>q_{v\max}/q_{v\min}$，故满足要求。

⑦ 根据 $C=160$，查产品目录表（见附录二）求得直通双座调节阀口径 $DN=100\text{mm}$。

第五节　气动阀门定位器的技术与应用

一、用途

（1）用于高压差的场合

当压差 $>1\text{MPa}$ 时，介质在阀芯上产生的不平衡力比较大，通过提高气动阀门定位器的气源压力来增大执行机构的输出力，以便克服这种不平衡力。

（2）用于高压、高温或低温介质的场合

气动阀门定位器能克服介质对阀芯的不平衡力，也能克服阀杆与填料之间较大的摩擦力，所以适于高压、高温或低温介质的场合。

（3）用于介质中含有固体悬浮物或黏性流体的场合

气动阀门定位器能够克服介质对阀杆移动时产生的较大阻力，因此适合于上述场合。

（4）用于大口径阀体部件的场合

当阀体部件口径 $DN>100\text{mm}$ 时，因为阀芯重量增加，摩擦力增加，要求执行机构有较大输出力。

（5）用于增加执行机构动作速度的场合

调节器与气动调节阀距离 $\geq60\text{m}$ 时，为了克服信号的传递滞后，加快执行机构的动作速度，必须使用气动阀门定位器。

（6）用于分程控制

分程控制如图 6-44 所示。一台调节器操纵两台阀门定位器，一台阀门定位器输入信号为 $(0.2\sim0.6)\times10^2\text{kPa}$，另一台输入信号为 $(0.6\sim1.0)\times10^2\text{kPa}$，输出信号均为 $(0.2\sim1.0)\times10^2\text{kPa}$。

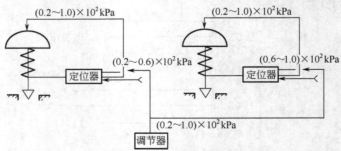

图 6-44　气动阀门定位器用于分程控制

（7）用于改善阀体部件的流量特性

阀体部件的流量特性可以通过改变反馈凸轮的几何形状来改变。因为反馈凸轮的形状不同，就改变了气动调节阀对气动阀门定位器的反馈量，使它的输出特性发生变化，从而改变调节器的输出信号与气动调节阀的位移间关系，即修正了流量特性。

二、原理

气动阀门定位器是由波纹管、主杠杆、副杠杆、反馈杆、反馈凸轮、滚轮、喷嘴挡板机构、气动功率放大器、反馈弹簧、迁移弹簧、调零弹簧等组成的，如图 6-45 所示。它是依照力矩平衡原理工作的，当输入的气压信号增加时，波纹管膨胀，推动主杠杆绕支点逆时针偏转，于是主杠杆下面的挡板靠近喷嘴，喷嘴背压增加，经气动功率放大器放大后，其输出气压信号进入执行机构，使阀杆向下移动，通过反馈杆带动反馈凸轮绕支点逆时针偏转，导致滚轮顺时针偏转，带动副杠杆绕支点转动将反馈弹簧拉伸。该弹簧对主杠杆的拉力与输入气压信号作用在波纹管上的力达到力矩平衡时，仪表就达到平衡状态。此时一定的输入信号压力就对应于一定的阀门位置。调整调零弹簧的预紧力，可使挡板的初始位置变化。迁移弹簧在分程控制中，可用来改变波纹管对主杠杆作用力的初始值，使气动阀门定位器在接受不同范围（$0.2 \sim 0.6 \times 10^2 \mathrm{kPa}$ 或 $0.6 \sim 1.0 \times 10^2 \mathrm{kPa}$）的输入气压信号时，仍能产生相同的输出信号。

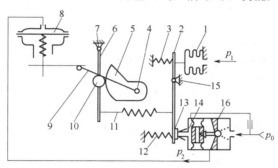

图 6-45　气动阀门定位器的结构图

1—波纹管；2—主杠杆；3—迁移弹簧；4—凸轮支点；5—凸轮；6—副杠杆；7—支点；8—执行机构；9—反馈杆；
10—滚轮；11—反馈弹簧；12—调零弹簧；13—挡板；14—喷嘴；15—主杠杆支点；16—放大器

气动阀门定位器具有以下结构特点：

① 采用组合式结构，只要把薄膜式气动阀门定位器的单向放大器换成双向放大器，就可以与活塞式的执行机构配套使用，因此可以一机多用，通用性强；

② 切换开关采用活塞式"O"形圈密封结构，如图 6-46 所示，与平板式切换开关相比，它的优点是加工方便，气路阻力小；

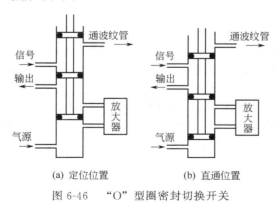

图 6-46　"O"型圈密封切换开关

③ 改变反馈杆的长度就能实现行程的调整，将正作用气动阀门定位器中的波纹管从主杠杆的右侧换到左侧，并调节调零弹簧，使气动阀门定位器的起始输出信号为 1.0×10^2 kPa，就能改成反作用气动阀门定位器。

习题与思考题

6-1　执行机构的正反作用是如何定义的？两者在结构上有什么不同？

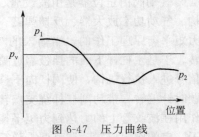

图 6-47　压力曲线

6-2　理想流量特性和安装流量特性是如何定义的？各有什么意义？

6-3　调节阀的阀芯曲面形状和流量特性有什么关系？

6-4　闪蒸、空化和气蚀是否一样？如果 p_1 表示阀前压力，p_2 表示阀后压力，p_v 表示液体的饱和蒸气压。在图 6-47 所示的工艺条件下能否产生气蚀？

6-5　什么叫压力恢复能力？那些阀门的压力恢复系数高？

6-6　用什么方法可以改变调节阀的流量特性？那种方法比较简单？

6-7　对于腐蚀性和易结晶的介质应选种调节阀？

6-8　某液体的 $q_v = 18 \text{m}^3/\text{h}$，$\rho = 1 \text{g/cm}^3$，$p_1 = 2.5 \times 10^2$ kPa，$p_2 = 2 \times 10^2$ kPa 时，问气动调节阀的流量系数 $C = ?$

6-9　介质为空气，$q_m = 50427 \text{kg/h}$，$p_1 = 34.8 \times 10^5$ Pa，$p_2 = 34.5 \times 10^5$ Pa，$\rho_N = 1.293 \text{kg/(N} \cdot \text{m}^3)$，$t = 165℃$，试用压缩系数法和平均密度法求 C 值并加以比较。

6-10　已知二氧化碳，$q_{vN} = 76000 \text{N} \cdot \text{m}^3/\text{h}$，$p_1 = 4 \text{MPa}$，$\Delta p = 1.8 \text{MPa}$，$\rho_N = 1.997 \text{kg/(N} \cdot \text{m}^3)$，$t = 50℃$，绝热指数 $K = 1.3$，试用三种方法计算出直通双座阀的 C 值。

6-11　已知介质为蒸汽，$q_{ms} = 21500 \text{kg/h}$，$p_1 = 4.5 \times 10^2$ kPa，$p_2 = 3 \times 10^2$ kPa，$\rho_N = 1.92 \text{kg/m}^3$，$t = 234℃$，绝热指数 $K = 1.3$，试用膨胀系数法计算套筒阀的 C 值。

6-12　已知气液两相介质蒸汽的 $q_{ms} = 2270 \text{kg/h}$，蒸汽的 $\rho_1 = 3.6 \text{kg/m}^3$；水的 $q_m = 4540 \text{kg/h}$，水的 $\rho_1 = 0.902 \text{g/cm}^3$；$p_1 = 7 \times 10^2$ kPa，$p_2 = 3.5 \times 10^2$ kPa，绝热指数 $K = 1.3$，如果选用角型阀，试问两相流的情况下所需的 C 值是多少？

6-13　因系统的需要，要把一个 $D_g 20$ 的直通单座阀从气开式改为气关式，应如何改装？需更换那些零件？

6-14　聚合物排料的压力调节阀和催化剂加料的调节阀应该选气开式还是选气关式？

6-15　蝶阀有什么特点？适用于什么场合？有哪些主要品种？

6-16　阀体部件可控的最小流量和泄漏量是否为一个概念？

6-17　有两个气动调节阀，其可调比 $R_1 = R_2 = 30$，第一个阀的最大流量 $q_{vmax1} = 100 \text{m}^3/\text{h}$，第二个阀的最大流量 $q_{vmin2} = 4 \text{m}^3/\text{h}$，若采用分程调节，其可调比为多少？

6-18　反应器控制系统中气动调节阀的气开、气关应如何选择？

6-19　某气动调节阀，若阀杆的位置是全行程的 50%，流过阀体部件的流量是否为最大流量的 50%？为什么？

6-20　什么情况下应当使用阀门定位器？

6-21　调节阀的流量特性为直线，$q_{vmax} = 60 \text{m}^3/\text{h}$，$q_{vmin} = 3 \text{m}^3/\text{h}$，$L = 10 \text{mm}$，当 $l = 5 \text{mm}$ 时的 $q_v = ?$。

6-22　某液体介质为重油，$q_v = 6.8 \text{m}^3/\text{h}$，$\rho = 850 \text{kg/m}^3$，$p_1 = 5.2 \times 10^2$ kPa，$p_2 = 5.13 \times 10^2$ kPa，$\nu = 180 \text{mm}^2/\text{s}$ 时，选择直通单座调节阀，求流量系数 $C = ?$

6-23　有一对数流量特性的气动调节阀，当它的流量为 q_{vmax} 时，流量系数 $C_{max} = 60$，当它的流量 $q_{vmin} = 2 \text{m}^3/\text{h}$ 时，流量系数 $C_{min} = 3$，若全行程 $L = 4 \text{cm}$，试求开度 $l = 2 \text{cm}$ 时的流量 $q_v = ?$

附　录

附录一　气动薄膜调节阀信号编制说明

气动薄膜调节阀型号由两节组成：第一节以大写汉语拼音字母表示热工仪表分类、能源、结构形式；第二节以阿拉伯数字表示产品的主要参数范围。

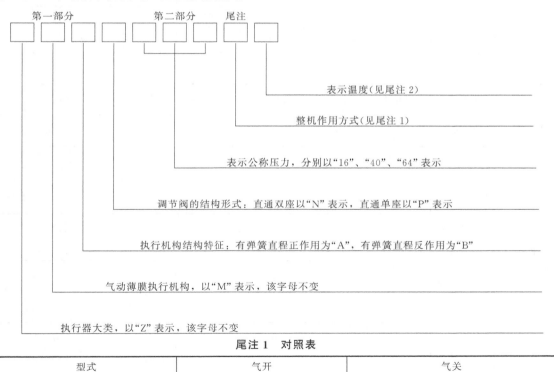

表示温度（见尾注2）

整机作用方式（见尾注1）

表示公称压力，分别以"16"、"40"、"64"表示

调节阀的结构形式：直通双座以"N"表示，直通单座以"P"表示

执行机构结构特征：有弹簧直程正作用为"A"，有弹簧直程反作用为"B"

气动薄膜执行机构，以"M"表示，该字母不变

执行器大类，以"Z"表示，该字母不变

尾注1　对照表

型式	气开	气关
代号	K	B

名称	普通型	长颈型	散(吸)热型	波纹管密封
代号	(−20～+200℃)	D(−60～−250℃)	G(−80～+450℃)	V

例：ZMAP—64K 型表示：气动薄膜直通单座调节阀，执行机构为有弹簧直程正作用式，公称压力等级为 64×10^2 kPa 整机为气开式，普通型阀。

附录二　气动薄膜直通、双座调节阀基本参数

公称直径 DN/mm		3/4″	20	25 32	40 50	65 80 100	125 100 200	250 300
阀座直径 d_g/mm		3 4 5 6 7 8	10 12 15 20	26 32	40 50	66 80 100	125 100 200	250 300
行程/mm		10		16	25	40	60	100
流量系数 C 值	单座阀	0.08 0.12 0.20 0.32 0.50 0.80	1.20 2.00 3.20 5.00	8.00 12.0	20.0 32.0	50.0 80.0 120	200 280 450	700 1100
	双座阀		10 16	25 40	63 100 160	250 400 630	1000 1600	
公称压力/(10^2kPa)		16、40、64、100、160(100)及 160 为 3/4″～200mm/通径的单座阀						
配用薄膜式执行机构型号		ZM$_B^A$-1	ZM$_B^A$-2	ZM$_B^A$-3	ZM$_B^A$-4	ZM$_B^A$-5	ZM$_B^A$-6	
薄膜有效面积 A_e/cm²		200	280	400	630	1000	1600	
允许压差 Δp/(10^2kPa)	输出压力 p_F= 0.2× 10^2kPa	单座	53.5 37 24 13.5	8 5.5	5 3	3 2 1.2	1.2 0.8 0.5	0.5 0.35
		双座		55 44	49 38	47 36 28	37.5 27 21.5	20 17
	输出压力 p_F= 0.4× 10^2kPa	单座	100 74 48 27	16 11	10 6	6 4 2.4	2.4 1.6 1	1 0.7
		双座		100 88	98 76	94 72 56	75 54 43	40 34

附录三 气体压缩因素图

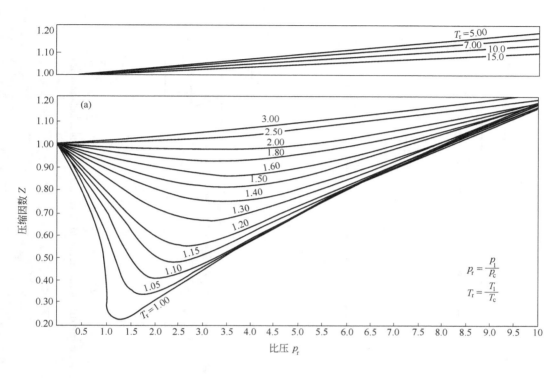

(a)

$$p_r = \frac{p_1}{p_c}$$

$$T_r = \frac{T_1}{T_c}$$

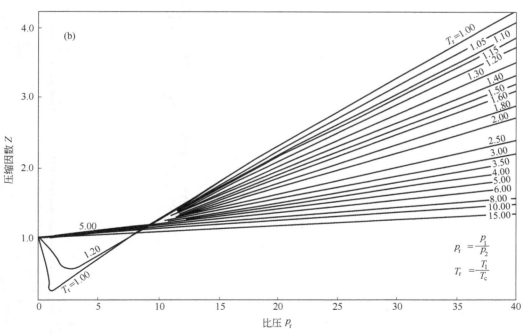

(b)

$$p_r = \frac{p_1}{p_2}$$

$$T_r = \frac{T_1}{T_c}$$

附录四 气动薄膜调节阀流量系数 C 值计算图表

（一）

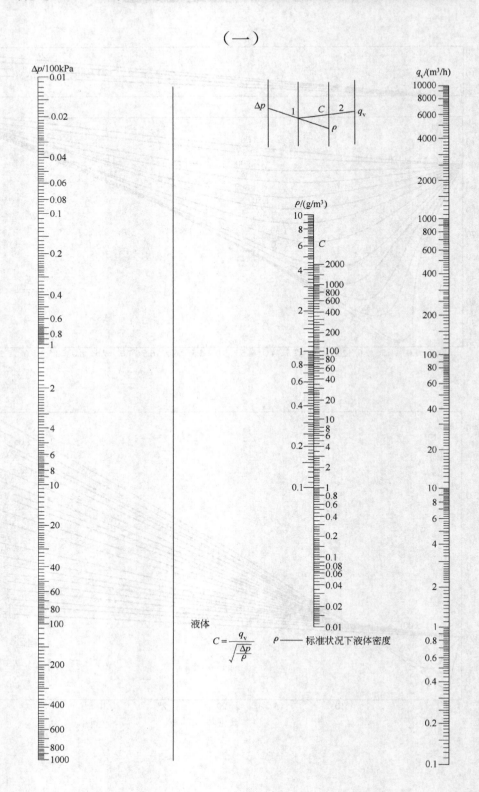

液体

$$C = \dfrac{q_v}{\sqrt{\dfrac{\Delta p}{\rho}}}$$

ρ —— 标准状况下液体密度

（二）

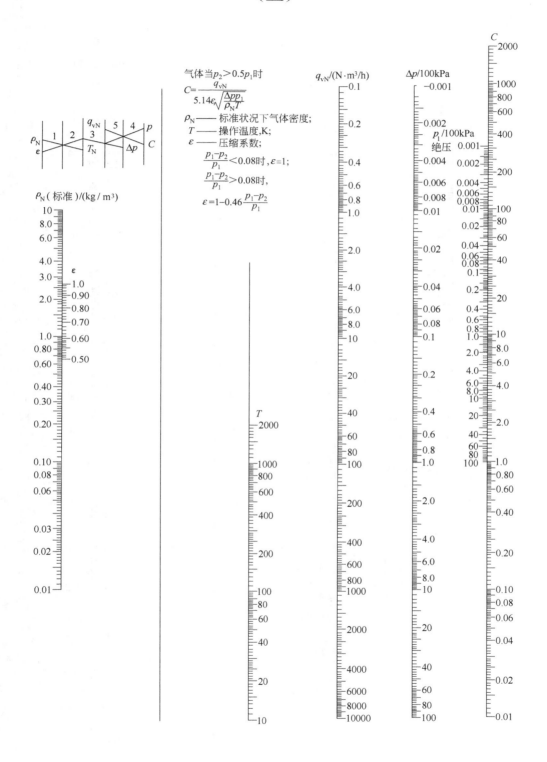

气体当 $p_2 > 0.5p_1$ 时

$$C = \frac{q_{vN}}{5.14\varepsilon\sqrt{\dfrac{\Delta p p_1}{\rho_N T}}}$$

ρ_N —— 标准状况下气体密度；

T —— 操作温度，K；

ε —— 压缩系数；

$\dfrac{p_1 - p_2}{p_1} < 0.08$ 时，$\varepsilon = 1$；

$\dfrac{p_1 - p_2}{p_1} > 0.08$ 时，

$\varepsilon = 1 - 0.46\dfrac{p_1 - p_2}{p_1}$

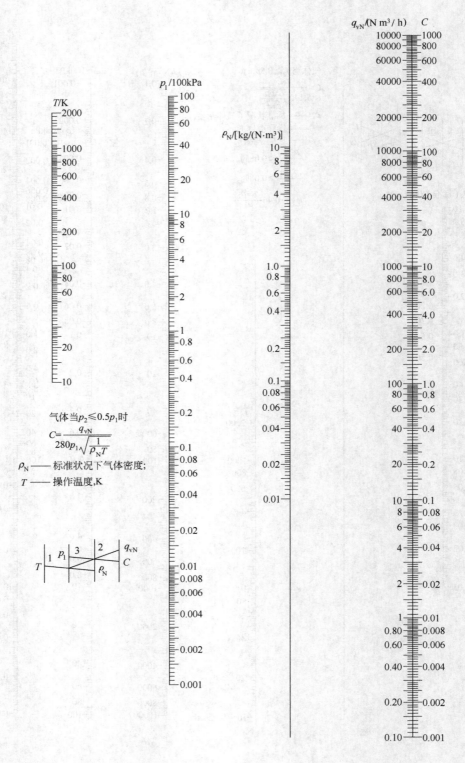

（三）

T/K

$p_1/100\text{kPa}$

$\rho_\text{N}/[\text{kg}/(\text{N}\cdot\text{m}^3)]$

$q_{\text{vN}}/(\text{N m}^3/\text{h})$ C

气体当 $p_2 \leqslant 0.5 p_1$ 时

$$C = \dfrac{q_{\text{vN}}}{280 p_1 \sqrt{\dfrac{1}{\rho_\text{N} T}}}$$

ρ_N —— 标准状况下气体密度；

T —— 操作温度，K

（四）

水蒸气当 $p_2 = 0.5p_1$ 时

$$C = \frac{q_{ms}}{31.6\varepsilon\sqrt{\Delta p \rho_1}}$$

ρ_1——操作状况下蒸汽密度；
ε——压缩系数

$\frac{p_1 - p_2}{p_1} \leqslant 0.08$ 时，$\varepsilon = 1$

$\frac{p_1 - p_2}{p_1} > 0.08$ 时，

$\varepsilon = 1 - 0.46 \frac{p_1 - p_2}{p_1}$

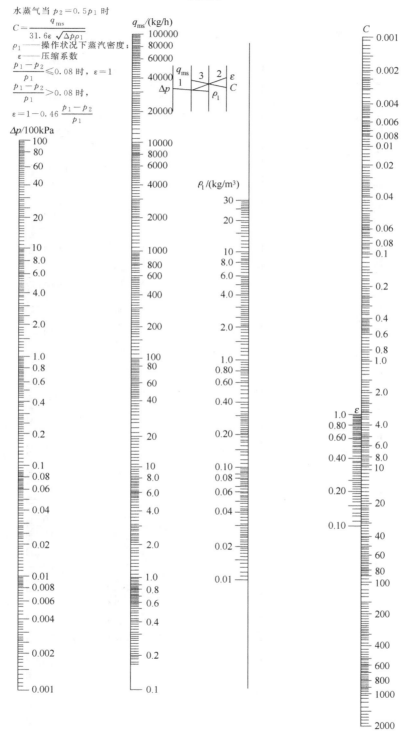

（五）

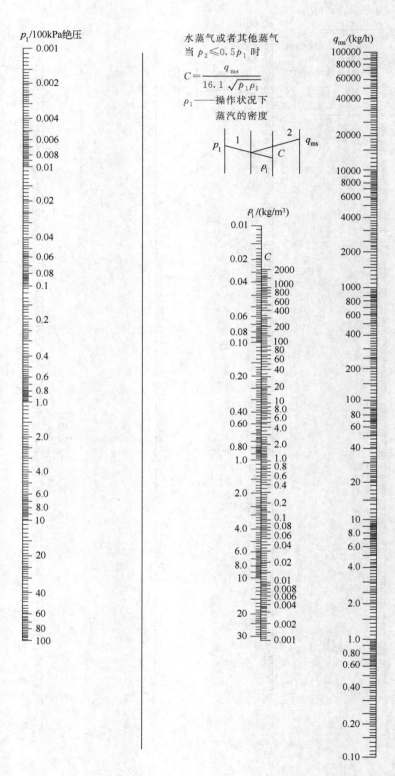

p_1/100kPa绝压

0.001
0.002
0.004
0.006
0.008
0.01
0.02
0.04
0.06
0.08
0.1
0.2
0.4
0.6
0.8
1.0
2.0
4.0
6.0
8.0
10
20
40
60
80
100

水蒸气或者其他蒸气

当 $p_2 \leqslant 0.5p_1$ 时

$$C = \frac{q_{ms}}{16.1\sqrt{p_1\rho_1}}$$

ρ_1—— 操作状况下
蒸汽的密度

ρ_1/(kg/m³)

0.01
0.02
0.04
0.06
0.08
0.10
0.20
0.40
0.60
0.80
1.0
2.0
4.0
6.0
8.0
10
20
30

C

2000
1000
800
600
400
200
100
80
60
40
20
10
8.0
6.0
4.0
2.0
1.0
0.8
0.6
0.4
0.2
0.1
0.08
0.06
0.04
0.02
0.01
0.008
0.006
0.004
0.002
0.001

q_{ms}/(kg/h)

100000
80000
60000
40000
20000
10000
8000
6000
4000
2000
1000
800
600
400
200
100
80
60
40
20
10
8.0
6.0
4.0
2.0
1.0
0.80
0.60
0.40
0.20
0.10

参　考　文　献

[1]　于润伟．电气控制与 PLC 应用．北京：化学工业出版社，2012．

[2]　王永华．现代电气控制及 PLC 应用技术．北京：航空航天大学出版社，2013．

[3]　本社．热工仪表及控制装置实验．北京：中国电力出版社，2014．

[4]　李金城．PLC 模拟量与通信应用实践．北京：电子工业出版社，2011．

[5]　陆会明．控制装置与仪表．北京：机械工业出版社，2013．

[6]　武平丽．过程控制及自动化仪表．北京：化学工业出版社，2007．

[7]　丁炜，付春仙．过程控制系仪表及装置．北京：电子工业出版社，2007．

[8]　何衍庆，黄海燕，黎冰．集散控制系统的原理及应用．北京：化学工业出版社，2006．

[9]　陈瑞阳．工业自动化技术．北京：机械工业出版社，2011．

[10]　刘翠玲，黄建兵．集散控制系统．北京：北京大学出版社，2013．

[11]　王伟．电力系统自动装置．北京：北京大学出版社，2011．

[12]　斯可克，王尊华，伍锦荣．基金会现场总线功能块原理及应用．北京：化学工业出版社，2003．

[13]　李江全．工业控制计算机典型应用系统编程实例．北京：电子工业出版社，2012．

[14]　申忠宇，赵瑾．基于网络的新型集散控制系统．北京：化学工业出版社，2013．

[15]　吴勤勤．控制仪表及装置．北京：化学工业出版社，2007．

[16]　刘美俊．电器控制与 PLC 工程应用．北京：机械工业出版社，2011．

[17]　常慧玲．集散控制系统应用．北京：化学工业出版社，2009．

[18]　刘国海．集散控制与现场总线．北京：机械工业出版社，2006．

[19]　韩岳．现场总线仪表．北京：化学工业出版社，2007．

[20]　蒋加兴．集散控制系统组态应用技术．北京：机械工业出版社，2014．

[21]　方康玲．过程控制与集散系统．北京：电子工业出版社，2008．

[22]　中国石化出版社有限公司．集散控制系统及工业控制网络．北京：中国石化出版社，2014．

[23]　王永华．现场总线及应用进程．北京：机械工业出版社，2006．

[24]　饶运涛，邹继军，王进宏编．现场总线 CAN 原理与应用技术．北京：北京航空航天大学出版社，2007．

[25]　杨庆柏．现场总线仪表．北京：国防工业出版社，2005．

[26]　史久根，张陪仁，陈真勇．CAN 现场总线系统设计技术．北京：国防工业出版社，2004．

[27]　杨冠城．电力系统自动装置原理．北京：中国电力出版社，2012．

[28]　史久根，张培仁．CAN 总线在实时系统中应用的研究．中国科学技术大学学报，2005，195-201．

[29]　王树青，乐嘉谦．自动化与仪表工程师手册．北京：化学工业出版社，2010．

[30]　王在英，刘淮霞，陈毅静．过程控制系统与仪表．北京：机械工业出版社，2008．

[31]　何衍庆，常用 PLC 应用手册．北京：电子工业出版社，2008．

[32]　《石油化工仪表自动化培训教材》编写组．可编程序控制器．北京：中国石化出版社，2011．

[33]　钟肇燊，冯太合，陈宇驹．西门子 S7-300 系列 PLC 及应用软件 STEP7．广州：华南理工大学出版社，2006．